U0309831

　　政务新媒体是网络时代政府部门的"信息窗口""形象窗口",也是生态环境部门开展生态环境舆论传播和引导的"标配"工具。

　　——生态环境部党组书记、部长李干杰在 2018 年全国生态环境宣传工作会议上的讲话

回眸

环保部发布的486天

生态环境部 编

中国环境出版集团·北京

本书编写组

组　长
翟　青

副组长
刘友宾

成　员

何家振	林　玉	凌　越
连　斌	石一辰	王　硕
徐萍萍	陈馥筠	王昆婷
李佳雯	甘　雨	唐立涵

前言 Preface

　　2016 年 11 月 22 日，原环境保护部官方微博、微信公众号"环保部发布"（后更名为"生态环境部"）开通上线。

　　"环保部发布"两微开通后，一直坚持"作为环保部新闻发布的重要平台之一"的定位，及时发布权威信息，解读有关政策，回应网友关切。

　　至 2018 年 3 月 22 日正式更名为"生态环境部"，486 天里，"环保部发布"发文 3 800 余篇，在这些文章中，有通报、约谈这样的"重锤响鼓"，也有一图一故事这样的"温情讲述"。486 天，"环保部发布"忠实地记录了中国环保事业的风云变幻和壮阔波澜，讲述了中国环保事业不平凡的故事。

　　本书以时间为轴，以月份为章节，从 3 800 余篇文章中选取了 119 篇，收录了环境保护部各月重点工作的新闻通稿，串联起 2016 年 11 月 22 日至 2018 年 3 月 22 日 486 天里环境保护工作的一个个瞬间，作为我们对"生态环境部"两微更名前那段时光的一次回眸。

　　由于编者水平有限，不妥之处，敬请批评指正。

本书编写组

2018 年 8 月

目录 Contents

2017 年 4 月

2017 年 5 月

2017 年 6 月

2017 年 7 月

2017年8月

2017 年 9 月

2017 年 10 月

2017 年 11 月

2017 年 12 月

2018 年 1 月

2018年2月

2018年3月

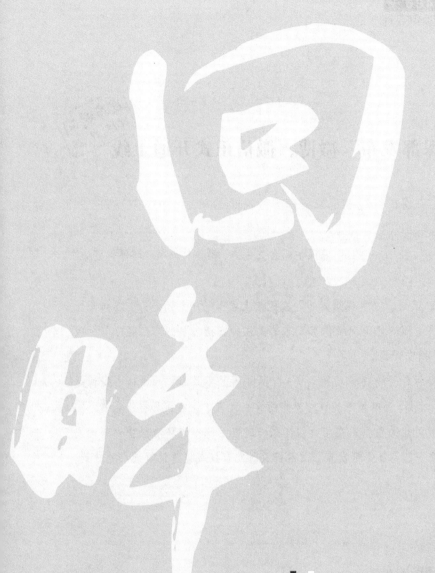

回眸

2016 年 11 月

■ "环保部发布"微博、微信正式开通上线
■ 第二批中央环境保护督察工作全面启动

发布时间
2016.11.23

"环保部发布"微博、微信正式开通上线

编者按

2016年11月22日下午，环境保护部官方微博、微信公众号"环保部发布"正式上线。

23日17时45分，"环保部发布"在微博上发布了一条消息："各位亲，初来乍到，请多关照。感谢对环保部发布的关注和支持。"此声"招呼"，收获了近4 000条网友评论。

有网友为环保部开通评论功能点赞；有网友调侃环保部"开通这个微博是要鼓足多大的勇气"；还有网友建议"发布博文别太官方语言，那样没人看"。

环保部宣教司相关负责人在接受媒体采访时表示，作为环境保护部新闻发布的重要平台之一，"环保部发布"两微将及时发布权威信息，解读有关政策，回应网友关切。

 环保部发布 V

2016-11-23 17:45 来自 微博 weibo.com

【各位亲，初来乍到，请多关照】感谢对环保部发布的关注和支持。

☆ 收藏　　　　　⤴ 2896　　　　　💬 4681　　　　　👍 4725

>>> 网友留言

暖萌暖萌哒哒：大冬天开微博有勇气。

慕少艾：够胆量，粉你了。

声控同学：看你敢开评论！这一点还是值得欣赏的！

流水作尘：建议发布博文别太官方语言，那样没人看。

天真好汉：你领个头，咱中国人一起努力，把生态治理好。讲真，生态要好了，咱中国的日子可就比不少发达国家强啊。加油！

第二批中央环境保护督察工作全面启动

发布时间
2016.11.30

经党中央、国务院批准，2016 年第二批中央环境保护督察工作全面启动，已组建 7 个中央环境保护督察组，组长分别由马馼、朱之鑫、焦焕成、陆浩、张宝顺、李家祥、马中平等同志担任，副组长由环境保护部副部长黄润秋、翟青、赵英民等同志担任，分别负责对北京、上海、湖北、广东、重庆、陕西、甘肃 7 个省（市）开展环境保护督察工作。截至 11 月 30 日，7 个中央环境保护督察组已全部实现督察进驻。

督察工作动员会上，各位组长强调，环境保护督察是党中央、国务院关于推进生态文明建设和环境保护工作的一项重大制度安排。通过督察，重点了解省级党委和政府贯彻落实国家环境保护决策部署、解决突出环境问题、落实环境保护主体责任情况，推动被督察地区生态文明建设和环境保护，促进绿色发展。在具体督察中，坚持问题导向，重点盯住中央高度关注、群众反映强烈、社会影响恶劣的突出环境问题及其处理情况；重点检查环境质量呈现恶化趋势的区域流域及整治情况；重点督察地方党委和政府及其有关部门环保不作为、乱作为的情况；重点了解地方落实环境保护党政同责和一岗双责、严格责任追究等情况。

7 个省（市）党委主要领导同志均作了表态讲话，强调要紧密团结在以习近平同志为核心的党中央周围，进一步增强政治意识、大局意识、核心意识和看齐意识，切实推进生态文明建设和环境保护工作，并要求所在省（市）各级

党委、政府及有关部门坚决贯彻落实党中央、国务院决策部署和习近平总书记等中央领导同志重要指示批示精神，统一思想，提高认识，全力做好督察配合，确保督察工作顺利推进、取得实效。

根据安排，环境保护督察进驻时间约 1 个月。督察进驻期间，各督察组分别设立专门值班电话和邮政信箱，受理被督察省（市）环境保护方面的来信来电，受理举报电话时间为每天 8:00—20:00。

微博：本月发稿 63 条，阅读量 521.8 万＋；
微信：本月发稿 24 条，阅读量 5.1 万＋。

本月盘点

回眸

2016 年 12 月

■ 约谈吕梁市政府和中国铝业公司

■ 全国 1 436 个国家环境空气质量监测
点位如期上收

中国环境与发展国际合作委员会
2016 年年会在京召开

发布时间
2016.12.7

12 月 7 日，中国环境与发展国际合作委员会（以下简称"国合会"）2016 年年会在北京开幕，本届年会主题为"生态文明：中国与世界"。

会议将听取"中国绿色转型：展望 2020—2050""法治与生态文明建设""生态文明与南南合作""中国在全球绿色价值链中的作用"等政策研究项目汇报，同时设立绿色转型新动能与可持续发展未来、环境与气候变化的全球治理、分享经济与绿色发展、南南合作与绿色"一带一路"等四个主题论坛，讨论形成本次年会给中国政府的政策建议。会议还就中国和世界环境与发展热点问题以及国合会工作重点领域进行互动讨论。

本届年会是第五届国合会第五次年会，国合会中外委员、特邀嘉宾、观察员等中外来宾 260 余人参加了会议。经国务院批准，第六届国合会将于 2017 年正式启动。

环境保护部约谈吕梁市政府和中国铝业公司

发布时间
2016.12.15

12月15日，环境保护部对吕梁市政府主要负责同志和中国铝业公司负责同志进行约谈，督促地方政府和企业强化环保责任。

根据12月1日有关媒体报道情况，环境保护部随即派员赴吕梁市开展现场调查，发现中国铝业公司下属山西华兴铝业于2016年11月2日发生矿浆泄漏事故，大量矿浆流入黄河一级支流岚漪河，造成环境污染。事故发生后，吕梁市及兴县两级政府重视不够、措施不力、调查处置不全面、信息公开不到位，带来恶劣社会影响。中国铝业公司环境管理存在薄弱环节。近两年，环境保护部先后发现该公司下属多家企业存在环境违法违规问题，尤其是山西华兴铝业在此次事故中报告不及时，处置不力。

事故处置工作被动。山西华兴铝业发生矿浆泄漏事故后，吕梁市兴县政府未按规定及时启动突发环境事件应急预案，未对事件性质和类别做出初步认定，未及时对排放的污染物及被污染河水进行监测，未对被污染河道采取处置措施，未按规定报告事故情况。县政府虽成立联合调查组，但未对事故调查处理及善后工作进行跟踪督办。

吕梁市及兴县政府在事故调查中未深入核实矿浆化学成分、泄漏量、排入岚漪河量，以及水体污染程度，在事故处置过程中，也未有效督促山西华兴铝业彻底排除环境安全隐患。截至12月2日，事故截流池、雨水排放系统内仍残留矿浆和底泥，雨水排放口仍有强碱性废水渗出，雨水排放口至入岚漪河沟

渠附着碱性物料的石块等尚未清理。

2015年约谈整改不到位。环境保护部2015年5月曾约谈吕梁市政府，明确指出该市部分重点企业和土炼油作坊污染问题突出，环境监管有所放松，大气环境质量部分指标不降反升，并要求举一反三，全面强化环境保护工作。但当地土炼油作坊环境污染问题仍较突出，多处土炼油作坊取缔不彻底或违法在建。交城县因土炼油酸渣等导致的辛南村土坑纳污问题群众反映强烈，直至上级部门多次督促后才予以解决。除事故应急处置不力外，此次现场检查还发现，山西道尔铝业、山西交口兴华科技、中铝山东分公司交口辛庄铝矿等企业也存在不同程度的环境违法违规问题。2016年1—11月，全市PM$_{10}$平均浓度较去年同期上升17.1%，大气环境质量形势不容乐观。12个水环境国家考核断面中，西崖底断面高锰酸盐指数浓度较去年同期上升约5.3倍；南姚断面高锰酸盐指数、氨氮、化学需氧量浓度分别较去年同期上升约4.6倍、0.18倍、0.2倍；北峪口断面水质类别未达到2016年度目标要求，高锰酸盐指数浓度同比上升约3.3倍。水环境质量形势较为严峻。

中国铝业公司环境管理存在薄弱环节。所属山西华兴铝业矿浆泄漏事故发生后，未按规定及时向当地有关职能部门报告，严重影响了事故处置工作。公司突发环境事件应急预案不完善，未按水污染事故控制方案的要求处理处置矿浆泄漏事故，厂区雨水收集系统不能完全关闭，导致矿浆排入外环境。中铝山西交口兴华科技有限公司物料露天随意堆放，矿料、白石灰和燃煤堆放场均未按环评要求进行封闭；中铝山东分公司交口辛庄铝矿调查时虽已停产，但矿区环境脏乱，设施陈旧，环境管理不到位。

另外，2015年以来，环境保护部督查还发现，中铝山西分公司热电厂5台220蒸吨煤粉炉只有半干法脱硫，无脱硝设施，烟气、二氧化硫、氮氧化物、粉尘等主要污染物超标排放；3台220蒸吨循环流化床锅炉排放难以稳定达标。

中铝中州分公司锅炉氮氧化物超标排放。中铝包头铝业有限公司大修渣采取临时堆放措施，未规范处理；铸造车间铝水扒渣无组织排放大量烟气；熔炼保温炉无烟气脱硫设施。中铝河南分公司沥青烟电捕焦油器损坏，沥青烟未经处理直排环境，污染严重。中铝矿业洛阳分公司（洛阳铝矿贾沟采场）Ⅱ号废石场生态恢复未按要求开展，Ⅰ号矿坑尚未回填完成，废石随处堆存，耕地复垦滞后。

环境保护部约谈强调，吕梁市和中国铝业公司应进一步提高认识，强化措施，加大环境监管和环境治理力度。鉴于吕梁市 2015 年约谈整改工作不到位，如此次约谈 6 个月内整改工作仍不到位，环境保护部将暂停其新增大气和水污染物排放项目的环评审批。约谈要求，吕梁市和中国铝业公司应及时组织研究制定整改方案，有关整改方案应在 20 个工作日内报送环境保护部，吕梁市整改方案同时抄报山西省人民政府，中国铝业公司整改方案同时抄报国务院国资委。

约谈会上，吕梁市市长王立伟和中国铝业公司党组成员刘祥民分别做了表态发言，表示将诚恳接受，深刻检讨，正视问题，深刻反思，强化整改，狠抓落实。同时举一反三，迅速行动，尽快拿出整改方案，压实责任，精准发力，严肃问责，确保整改工作落到实处。

环境保护部有关司局负责同志，华北环境保护督查中心负责同志，山西省环境保护厅负责同志参加了约谈。

全国 1 436 个国家环境空气质量
监测点位如期上收

发布时间
2016.12.22

环境保护部日前在京召开国家空气质量监测事权上收工作总结视频会议，全面总结国家空气质量监测事权上收工作情况，安排部署下一步空气质量城市站运维工作，确保国家空气质量监测网稳定、保质、高效运行。受陈吉宁部长委托，环境保护部副部长翟青出席会议并讲话。

国家环境空气质量监测事权上收是生态文明体制改革的重要内容，也是贯彻落实《生态环境监测网络建设方案》的重要举措，环境保护部党组高度重视，如期完成了全国 1 436 个国家环境空气质量监测点位的上收工作。

翟青对空气质量监测事权上收工作给予充分肯定，他说空气质量监测事权上收是一项艰巨复杂的系统工程，牵涉面广，任务量大，质量要求高。各地环保部门高度重视，与运维公司密切协作，及时协调解决交接工作中出现的问题，体现了良好的责任意识和大局意识，保证了交接工作的顺利完成。交接工作完成后，各地环保部门和运维公司要把问题和困难想在前面，周密谋划，密切配合，妥善应对和解决"磨合期"中可能出现的各种问题。环境保护部也将印发国家空气质量监测站点运行维护实施细则和仪器参数管理工作方案，对国控城市站的运行维护和监测质量控制作出详细规定。

翟青强调，运维交接工作完成后，要保证城市站正常稳定运行，监测数据真实可靠，各方仍需付出巨大努力。各地环保部门要按照"扶上马，送一程"

的要求，既要全力协助运维公司做好运维基础条件保障工作，支持但不干预空气质量自动监测；又要利用好监测数据，深入综合分析，为地方党委、政府履行环境保护责任当好参谋助手。运维公司要严格按照合同要求开展运维工作，配齐配强运维力量，严格执行运维操作规范，全面加强环境监测质量管理。环境保护部将建立数据异常处理与实时共享机制，进一步提高审核复核后的数据共享时效，建立健全异常数据处理机制；严肃查处监测数据弄虚作假行为，将干扰调查、查处不力、隐瞒不报等情形纳入中央环境保护督察范畴，联合公安部门对大案要案挂牌督办，坚决打击监测数据造假行为。

 >>> 聚焦环保一线

2016年12月上旬，内蒙古自治区兴安盟环境监测站与吉林省白城市环境监测站工作人员，在两省交界处突泉县蛟流河宝泉断面，组织开展跨省联合监测。

《轻型汽车污染物排放限值及测量方法（中国第六阶段）》发布

发布时间
2016.12.23

环境保护部、国家质检总局近日联合发布《轻型汽车污染物排放限值及测量方法（中国第六阶段）》（以下简称"轻型车国六标准"），公布了第六阶段轻型汽车的排放要求和实施时间。

近年来，我国机动车污染物排放标准逐步提升，2001 年，国家第一阶段机动车排放标准开始实施，经过 15 年的发展，目前全国实施国家第四阶段排放标准，重点区域实施第五阶段排放标准，单车污染物排放降低 90% 以上，有效促进了汽车行业技术升级。为进一步强化机动车污染防治工作，从源头减少排放，落实《国民经济和社会发展第十三个五年规划纲要》有关"实施国六排放标准和相应油品标准"的要求，环境保护部、国家质检总局出台了轻型车国六标准。

轻型车国六标准改变了以往等效转化欧洲排放标准的方式，邀请汽车行业全程参与编制，充分汲取专家学者和企业界的意见和建议。编制组开展了大量的调查研究工作，共分析汇总 8 600 种国五车型排放数据，调查了 50 万辆轻型车行驶里程情况，设计开展了验证试验。轻型车国六标准的重要意义体现在：一是从以往跟随欧美机动车排放标准转变为大胆创新，首次实现引领世界标准制定，有助于我国汽车企业参与国际市场竞争，推动我国汽车产业发展；二是在我国汽车产能过剩的背景下，可以起到淘汰落后产能、引领产业升级的作用；

三是能够满足重点地区为加快改善环境空气质量而加严汽车排放标准的要求。

　　轻型车国六标准在技术内容上具有六个突破：一是采用全球轻型车统一测试程序，全面加严了测试要求，有效减少了实验室认证排放与实际使用排放的差距，并且为油耗和排放的协调管控奠定基础；二是引入了实际行驶排放测试（RDE），改善了车辆在实际使用状态下的排放控制水平，利于监管，能够有效防止实际排放超标的作弊行为；三是采用燃料中立原则，对柴油车的氮氧化物和汽油车的颗粒物不再设立较松限值；四是全面强化对挥发性有机物（VOCs）的排放控制，引入48小时蒸发排放试验以及加油过程VOCs排放试验，将蒸发排放控制水平提高到90%以上；五是完善车辆诊断系统要求，增加永久故障代码存储要求以及防篡改措施，有效防止车辆在使用过程中超标排放；六是简化主管部门进行环保一致性和在用符合性监督检查的规则和判定方法，使操作更具有可实施性。

　　为保证汽车行业有足够的准备周期来进行相关车型和动力系统变更升级以及车型开放和生产准备，本次轻型车国六标准采用分步实施的方式，设置国六a和国六b两个排放限值方案，分别于2020年和2023年实施。同时，对大气环境管理有特殊需求的重点区域可提前实施国六排放限值。目前，标准实施的行业生产和油品条件也已初步具备。多家轻型汽车生产企业已基本完成符合轻型车国六标准样车的开发工作。国家质检总局、国家标准委也已于同期批准发布了第六阶段车用汽、柴油国家标准。

　　下一步，环境保护部将积极协调有关部门，切实保障轻型车国六标准的实施，进一步加大机动车环保达标监督检查力度，推动车用油品升级，切实改善城市空气质量。

环境保护部发布重污染天气预警提示

发布时间
2016.12.28

　　环境保护部 12 月 28 日发布京津冀及周边地区重污染天气预警提示，并要求各地按照应急预案迅速采取应对措施。

　　经中国环境监测总站会商京津冀及周边地区省级环境监测中心，预计自 2016 年 12 月 29 日至 2017 年 1 月 5 日前后，受不利气象条件影响，京津冀中南部、山东西部和河南北部等地区将发生一次持续 4 天以上的重污染天气过程。受后续气象条件的不确定性影响，本次重污染天气过程的准确结束时间有待进一步判断。环境保护部将密切关注空气质量趋势，加密会商，及时提出应对建议。

　　环境保护部已向北京市、天津市、河北省、山东省、河南省人民政府通报空气质量预测预报结果，提示各地及时发布响应级别预警信息，并有序调整预警级别，切实落实各项减排措施，共同做好重污染天气应对工作。

　　环境保护部将派出 10 个督查组对各地重污染天气应对措施落实情况开展督查，严厉打击企业超标排放等违法行为，加大对"散小乱污"企业的监督检查力度，保障各项应对措施落实到位。同时，提醒公众做好健康防护，绿色出行。

环境保护部重污染天气应急督查组开展工作

发布时间
2016.12.30

环境保护部12月30日向媒体通报，2016年12月29日至2017年1月5日，受不利气象条件影响，京津冀及周边地区将发生一次区域性重污染天气过程，影响范围包括北京、天津、河北、山西、山东、河南等地。期间，受偏北弱冷空气影响，1月2日全天，北京、天津等京津冀区域北部城市污染形势将有所好转，但整体污染过程会持续到5日。预计1月5日起，受新一轮冷空气影响，污染形势有望自北向南逐步缓解。

初步统计结果显示，截至目前，包括河北省石家庄、保定、廊坊，河南省郑州、鹤壁、安阳，山东省济南、德州、聊城等24个城市按照环境保护部的预警建议和当地污染预测结果启动了重污染天气红色预警；北京、天津等21个城市启动了橙色预警；陕西省西安、山西晋中等16个城市启动黄色预警。

环境保护部派出的10个督查组已全部到位开展工作，重点督查重点工业企业停限产措施落实情况。通过核对企业在线监控数据、用电量变化情况等锁定重点违法排污工业企业，并利用卫星遥感数据，确定高排放重点区域。严查未按要求落实停限产措施的企业和"小散乱污"企业违法排污行为。

与此同时，环境保护部还运用远程监控手段，对区域内1 239家"高架源"企业的2 370个监控点，通过在线监控平台及时发现超标等数据异常情况，第一时间给属地环保部门下达督办指令，查处违法行为。

发布时间
2016.12.31

第二批中央环境保护督察进驻结束

经党中央、国务院批准，2016年第二批7个中央环境保护督察组于11月24日—12月30日陆续对北京、上海、湖北、广东、重庆、陕西、甘肃等省（市）实施督察进驻。经过省级层面督察、下沉地市督察和梳理分析归档三个阶段，截至12月30日，7个督察组全部完成督察进驻任务。

进驻期间，督察组高度重视群众信访举报问题的查处，要求地方边督边改，即知即改，积极回应社会关切。对地方查处不力或公开不到位的，及时核实督办，并随机开展现场抽查。各地坚决落实督察组要求，建立机制、立行立改、及时公开、依法问责，解决了一批群众反映强烈的环境问题。截至12月30日，7个督察组共计受理举报26 330件（其中来电16 999件，来信9 331件），经过梳理分析并合并重复举报，累计向被督察地方交办有效举报15 396件。地方已办结12 005件，其中责令整改10 512家，立案处罚5 779家，罚款24 303.2万元；立案侦查595件，拘留（含行政和刑事）287人；约谈4 066人，问责2 682人。

督察组将继续密切关注已经转办、待查处落实的群众举报案件，要求各地继续推进边督边改工作，确保查处到位、整改到位、公开到位、问责到位。对于进驻结束后收到的、群众在规定时间寄出的举报信件，督察组仍会按照相关要求及时向被督察地方转办，并督促地方及时查处，及时整改，及时公开，努力做到件件有回音，事事有着落。

督察结束后，人民群众可继续通过拨打"12369"环境举报电话和其他正常渠道投诉反映环境问题。

微博： 本月发稿 140 条，阅读量 504.2 万＋；

微信： 本月发稿 74 条，阅读量 28.9 万＋。

本月盘点

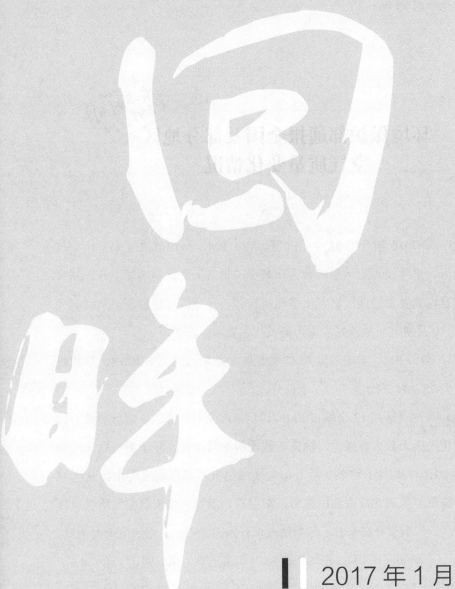

回眸

2017 年 1 月

■ 跨年重污染天气应对
■ 约谈临汾市政府主要负责同志

发布时间
2017.1.4

环境保护部通报全国及部分地区
空气质量变化情况

从 2015 年、2016 年全国 31 个省（区、市）PM$_{2.5}$ 日均值浓度来看，空气质量总体向好，重度及以上污染天数占比减少，优良天数比例明显上升。从区域分布看，京津冀及周边地区空气质量相对较差，呈现区域性特征。从时间分布来看，3—10 月空气质量较好，重污染天气主要发生在冬季。

2016 年，全国 PM$_{2.5}$ 平均浓度为 47 微克 / 立方米，同比下降 6%。平均优良天数比例为 78.8%，同比上升 2.1 个百分点。

从近四年京津冀区域 13 个城市 PM$_{2.5}$ 日均浓度来看，该地区空气质量总体改善，区域重污染天数大幅减少，优良天数比例明显上升，夏季空气质量改善显著。尤其 2016 年 8 月下旬至 9 月上旬全区域空气质量以优良为主。从区域分布看，污染浓度呈现北低南高的态势，秦皇岛、承德、张家口空气质量总体优于南部地区。从季节分布来看，冬季供暖季开始污染严重，重污染天气频发。

2016 年，京津冀区域 PM$_{2.5}$ 平均浓度为 71 微克 / 立方米，同比下降 7.8%，与 2013 年相比下降 33.0%，其中北京市 PM$_{2.5}$ 平均浓度为 73 微克 / 立方米，同比下降 9.9%，与 2013 年相比下降 18.0%。京津冀区域平均优良天数比例为 56.8%，同比上升 4.3 个百分点，其中北京市平均优良天数比例为 54.1%，同比上升 3.1 个百分点。

从近四年长三角区域 25 个城市 PM$_{2.5}$ 日均浓度来看，该地区空气质量优于京津冀区域，重度及以上污染天数显著减少，优良天数比例明显上升。从区域分布看，污染浓度呈现北高南低的态势。从季节分布来看，6—10月全区域空气质量以优良为主，重度及以上污染主要集中在冬季。

2016 年，长三角区域 $PM_{2.5}$ 平均浓度为 46 微克/立方米，同比下降 13.2%，与 2013 年相比下降 31.3%，其中上海市 $PM_{2.5}$ 平均浓度为 45 微克/立方米，同比下降 15.1%，与 2013 年相比下降 27.4%。该区域平均优良天数比例为 76.1%，同比上升 4.0 个百分点，其中上海市平均优良天数比例为 75.4%，同比上升 5.2 个百分点。

环境保护部发布《排污许可证管理暂行规定》

发布时间
2017.1.5

　　为落实《控制污染物排放许可制实施方案》（以下简称《实施方案》）相关要求，加快推动实施控制污染物排放许可制，环境保护部发布《排污许可证管理暂行规定》（以下简称《规定》）。

　　《规定》是全国排污许可管理的首个规范性文件，依据《环境保护法》《水污染防治法》《大气污染防治法》《行政许可法》等法律和《实施方案》的要求，从国家层面统一了排污许可管理的相关规定，主要用于指导当前各地排污许可证申请、核发等工作，是实现2020年排污许可证覆盖所有固定污染源的重要支撑，同时为下一步国家制定出台排污许可条例奠定基础。

　　《规定》明确，环境保护部按行业制订并公布排污许可分类管理名录，分批分步骤推进排污许可证管理。环境保护部根据污染物产生量、排放量和环境危害程度的不同，在排污许可分类管理名录中规定对不同行业或同一行业的不同类型排污单位实行排污许可差异化管理。对污染物产生量和排放量较小、环境危害程度较低的排污单位实行排污许可简化管理。县级环境保护主管部门负责实施简易管理的排污许可证核发工作，其余的排污许可证原则上由地（市）级环境保护主管部门负责核发。

　　《规定》要求，排污许可证应当载明下列许可事项：排污口位置和数量、排放方式、排放去向等；排放污染物种类、许可排放浓度、许可排放量；法律法规规定的其他许可事项。地方人民政府制定的环境质量限期达标规划、重污染天气应对措施中，对排污单位污染物排放有特殊要求的，应当在排污许可证中载明。排污许可证应当载明下列环境管理要求：污染防治设施运行、维护，无组织排放控制等环境保护措施要求；自行监测方案、台账记录、执行报告等要求；排污单位自行监测、执行报告等信息公开要求；法律法规规定的其他事项。

《规定》对排污许可证申请、核发、管理的具体程序、申请材料和办理期限作出了详尽规定。《规定》明确，现有排污单位应当在规定的期限内向具有排污许可证核发权限的核发机关申请领取排污许可证；新建项目的排污单位应当在投入生产或使用并产生实际排污行为之前申请领取排污许可证。环境保护部制定排污许可证申请与核发技术规范，排污单位依法按照排污许可证申请与核发技术规范提交排污许可申请，申报排放污染物种类、排放浓度等，测算并申报污染物排放量。排污单位对申请材料的真实性、合法性、完整性负法律责任。

《规定》强调，环境保护主管部门应依据排污许可证对排污单位排放污染物行为进行监管执法。对投诉举报多、有严重违法违规记录等情况的排污单位要提高抽查比例。对检查中发现违反排污许可证行为的，应记入企业信用信息公示系统。鼓励社会公众、新闻媒体等对排污单位的排污行为进行监督。

《规定》明确，排污许可证的申请、受理、审核、发放、变更、延续、注销、撤销、遗失补办工作应当在国家排污许可证管理信息平台上进行。排污许可证的执行、监管执法和社会监督等信息应当在国家排污许可证管理信息平台上记录。环境保护部负责建设、运行、维护、管理国家排污许可证管理信息平台，各地现有的排污许可证管理信息平台应实现数据的逐步接入。

发布时间
2017.1.6

陈吉宁就大气污染防治相关问题召开媒体见面会

编者按

2016 年 11 月至 2017 年元旦期间，京津冀地区共发生 7 次持续性中到重度霾天气过程，其中 12 月 16—21 日、12 月 30 日—2017 年 1 月 7 日两次过程，范围广、持续时间长、污染程度重，在北京上空更是盘踞 9 天、长达 212 小时始消散，被称之为"跨年霾"。

2017 年 1 月 6 日，环境保护部部长陈吉宁主持召开媒体见面会，介绍大气污染防治相关问题，并回答了记者提问。

陈吉宁： 各位记者朋友，大家晚上好。在周五晚上又是雾霾天请大家来，借这个机会感谢大家长期以来对环境保护工作的关心和支持。

去年入冬以来，全国多个地区发生多起大面积长时间的重污染天气，给人民群众生产生活造成一定影响。大家对雾霾问题感到很焦虑。作为环保部部长，看到这样的污染天气，我感到很内疚和自责。今天请大家来，就大气污染问题回答大家的提问。

我先花点时间给大家做个简单的情况介绍。在工作中有很多人问我各种各样的问题，我想这些问题你们也很关心。

党中央、国务院对生态文明建设高度重视。生态文明建设是写进党章的，是"五位一体"总体布局的重要组成部分，是在战略层面上进行部署和推动的。

习近平总书记非常重视生态文明建设和环境保护，党的十八大以来，总书记有关重要指示批示有 100 多次。李克强总理做过多次重要批示。张高丽副总理亲力亲为，多次研究和部署相关工作。大家都知道，我

们今天执行的"大气十条"就是在张高丽副总理直接带领下完成的，前后大概 50 次易稿。在这里我想说的是，中央对于解决当前环境问题的决心是坚定的，行动是坚决的。

今年是"大气十条"第一阶段实施的最后一年，大家都很关心，这三年多我们到底怎么看大气污染治理，特别是最近重污染天这么多，很多人有怀疑，治理方向对还是不对？措施管不管用？我想先请大家看一个片子（略）。

这是京津冀 2013—2016 年四年间每天的空气质量情况。越绿的就是优良天，颜色越深、紫黑色就是重污染天。这是非常形象的图表。可以看到，从 2013 年启动"大气十条"开始，到 2016 年变化还是很明显的。我们统计了一下，2016 年北京 $PM_{2.5}$ 浓度是 73 微克 / 立方米，比 2015 年下降 9.9%，优良天数比例比 2015 年上升 3.1 个百分点，这是北京这几年改善幅度最大的一年。

我们可以看一些其他地方，京津冀、长三角、珠三角的情况。不仅北京在改善，三个重点地区都在改善。改善的幅度大概多少呢？跟 2013 年相比，改善的幅度大约在 30%。全国层面上，我们统计了 74 个重点城市 $PM_{2.5}$ 浓度，与 2013 年相比改善幅度也是在 30% 左右。这个改进是实实在在的。这个改善速度快还是慢？这也是大家关心的一个问题。我们把这个速度和发达国家做个对比，我们改善的速度比发达国家在同一发展阶段还要快一些。

但是我们的条件其实并不好。大家知道发达国家解决 $PM_{2.5}$ 的阶段比我们要后一些，工业化过程快完了才开始解决这个问题，我们是在偏重的产业结构、偏化石原料能源结构条件下，同时生活方式也发生很大变化的过程中来完成。我们是在单位面积排放强度和人类活动远远比已经解决这个问题的国家高得多的情况下来实现改善的，面临的难度当然更大一些。

这些变化说明什么？说明我们大气治理的方向是正确的，措施是管用的。去年中国工程院组织国内精兵强将对"大气十条"做了中期评估，评估报告对"大气十条"这几年来执行的技术路线、方向和采取的措施给予肯定。所以，我们对这些措施是有信心的。

目前有没有问题呢？有！问题是什么？特别是最近一段时间，这么大范围的重污染天气，问题到底在哪里？京津冀现在的问题是什么？我们最大的问题是，冬季改善的幅度非常小，甚至没有多少改善。跟 2013 年比有改善，但是 2016 年与 2015 年比没有改善。我们面临的问题是，一些措施在冬季之前是管用的，到了冬季之后、进入供暖期，我们的措施还很不够。

怎么看这件事情？我过去讲中国今天的环保工作、环境质量改善，是处在一个负"重"前行的阶段。这个"重"是加引号的重。就是我们的环境质量是在一个非常高的污染物排放总量的前提下进行改善。我们要改善得快，就要加快减少污染物的排放量，这样才能轻装前进。但是这么高的污染物排放量，不是一个单纯的数字，说降下去就降下去，这个排放后面是有经济因素、社会因素在里面的。这个后面是我们偏重的产业结构、能源结构以及生活水平提高所带来的非绿色的生活方式。我们现在燃煤的用量，家庭供暖房间温度都很高，机动车都是大型的、SUV，非绿色的生活方式也带来很多影响。

大家可以通过几个数据看到，京津冀地区有多"重"。京津冀周边地区统计了 6 个省市，北京、天津、河北、山西、山东、河南，国土面积占全国 7.2%，消耗了全国 33% 的煤炭，单位面积排放强度是全国平均水平的 4 倍左右，6 省市涉气排放主要产品产量基本上占全国的 30%～40%。例如，钢铁产量 3.4 亿吨，占全国 43%；焦炭产量 2.1 亿吨，占全国 47%；电解铝占全国 38%；平板玻璃产量 1 200 万吨，占全国 33%；水泥产量 4.6 亿吨，占全国 19%。还有排放氮氧化物的一些化工产业，如原料药产量占全国 60%，农药产业占 40% 左右。此外，煤电占 27%，原油加工占 26%，机动车保有量占 28%。所以我们讲这么重的负担，高污染、高能耗产业大量聚集，燃煤、燃油集中排放，快速增长的机动车，是这个地区大气污染的直接原因，也是改善的难点。

调整这样的结构，涉及复杂的社会因素，需要一个过程。大气治理必然是一个比较长的时期，是一个比较长的过程，不可能一蹴而就。前几天网上有很多人在讲洛杉矶怎么一夜之间解决了污染问题呢？德国怎么一夜之间解决了污染问题呢？其实他们也不是一夜之间，他们都是用了 20～40 年的时间才解决的。我相信我们会比他们更快一些。对大气污染问题，我们不能因为几次重污染天气就失去信心。既要打好攻坚战，又要打好持久战。这是我们必须保持的战略指向。要有这样的信心，我们才不会无序地进行大气污染治理。

当前大气污染治理一个核心问题是冬季问题，冬季问题怎么办？这几年下来，冬季问题没有很好地解决。这里面反映了两个问题。一个是，冬季强化措施还不够，需要进一步强化。第二个是，冬季的气象条件变化比我们想象得要更困难、更复杂、更不利。就像是我们这么大的负重在走一个隧道，到了冬季的时候，这个隧道突然变窄了，而且这个隧道不仅冬季变窄了，而且变得越来越窄。这是有科学依据的。

工程院去年对"大气十条"中期评估显示，京津冀地区的污染气象条件，2014 年比 2013 年差了 17%，2015 年比 2014 年好一点，但是比 2013 年差了 12%。冬季的情况要更差一些。据气象部门分析，2014 年曾经是全球最暖的一年，

2015 年打破了 2014 年的记录，2016 年再次打破 2015 年的记录，而且这个记录不仅打破了、打破的幅度还比较大。气象监测数据显示，刚刚过去的 2016 年 12 月，是 1951 年以来最暖的 12 月。全国的平均气温比多年平均情况高了 2.6℃，北京偏高 1.6℃。所以这个隧道每年到冬季都变这么窄，而且变得越来越窄。还有一些数据，比如北京的地面气象观测数据显示，2013 年以来采暖季的大风频率都在 10% 以下，小风和高湿频率都在 50% 以上，最近三年还在逐步上升。2016 年冬季的小风和高湿频率已经接近 60%。这样一个气象条件，一方面不利于污染物扩散，另一方面有利于 $PM_{2.5}$ 的生成。$PM_{2.5}$ 不只是一次产生的，相当部分是经化学反应二次生成的，加剧了污染程度。

去年 5 月我们曾经预测到冬天会比较困难，启动了京津冀强化措施，出台两年专门针对京津冀地区的强化方案。今天回过头看，我们感到隧道变窄的速度快于污染物减排的卸负速度。这几年连续下来，冬季的污染气象条件变得越来越差，超过了我们卸负的减排速度。这就是我们的问题所在。

我们很清醒，不能寄希望于明年会从暖冬变成冷冬，气象条件会有很大改善，我想不要寄希望于这方面。环保部最近一个时期正在加班加点研究，我们要提出一些更有效的措施来更针对性地解决好这段时期的冬季污染问题。

所以从全年看，我们是在改进，有实在的进步，但是如果单独看冬季，进步十分有限，甚至没有进步。老百姓是不满意的。我们要采取更多的措施来加快解决冬季问题。

我先把情况给大家讲一下，看看你们有什么问题，我在这里尽量回答大家提出的问题。

科技日报：陈部长您好，现在老百姓有迫切的期待到底我们什么时候能呼吸上新鲜的空气，能不能请你预测一下。

陈吉宁：这是一个非常难以预测的问题。这个问题比较复杂，涉及背后非常复杂的经济活动和社会接受程度，也取决于我们在技术上能不能有更快的突破。美国解决这个问题的时候，花了很长时间来找原因，我们现在原因找得比他们要快一些，治理的措施力度也比较大，但是我们有我们的困难。今天让我讲大概多长时间一定能解决，不符合科学规律，认识上没有到这种程度。但有一点我可以告诉大家。大家如果看珠三角，2015 年珠三角整体达标，我说整体上达标不是讲它所有的城市都达标，也不是讲它每一天都达标，而是全年平均下来 $PM_{2.5}$ 在 35 微克 / 立方米以下。2016 年在整体气象不利情况下，再次达标，而且还在改善。

广东大概用了多长时间解决这个问题？广东大概是在 2000 年前后开始考虑这个问题，那时候还没有公开测 $PM_{2.5}$，但是减排的方案已经开始实施了。广东大概用了十几年的时间取得今天的进步。这个速度比英国、比美国、比日本，都要快。这是我们一个很典型的例子。

第二个例子是长三角。长三角在这三年过程中，曾经有一段时间改善很缓慢，这里面有一个措施选择的问题。但是去年改善速度上来了。这有一个不断深化认识、调整策略的过程。我们有"大气十条"2017 年的目标，也有明确的 2020 年目标，我相信这些目标一定能完成。但是再远一些的趋势，就要看我们经济发展水平，看大家每个人愿意付出多少。不可能我们每个人都不去改变自己的生活方式，还希望马上就能有蓝天。这取决于经济调整，又取决于每个人，取决于我们愿意为这样的蓝天做多少事情、改变多少。如果大家愿意多付出，这个过程就会快。如果我们技术上有更快的突破，也会促进这个过程大幅度加快。

中国日报：陈部长您好，我是中国日报记者。我们注意到每次重污染预警启动以后环保部和地方政府都会有执法检查，会发现有一些企业违法排污，一直说对他们实行严格的处罚。第一个问题是对企业后续处罚的情况大概是什么样的？第二个问题是为什么每次查都会有这样的企业，小型

企业、大型国有企业都有这样的情况，这个原因是什么？

陈吉宁：我们把污染源分成两类，一类叫重点污染源，是京津冀地区所有的 45 米以上的高架污染源，共有 1 239 家。这 1 239 家 45 米以上可以高空传输的污染源现在已经全部实现自动监控并与环保部门联网。我们每个季度公布不达标的企业，同时加大处罚。从去年 1 月份到现在，这个改善幅度还是惊人的，由 30% 多不达标到现在只有 4% 左右的不达标。这是重点污染源，可以实行在线监测。

还有一类，就是"小散污"的污染源。不是重点企业，没有在线监控，对这部分企业的查处面临很多困难。这些企业体量小，随意性很大，受经济利益驱动，在京津冀地区有大量分散的小企业。包括北京也有这样的企业，我们叫工业大院。这就要通过遥感、大数据，也包括用无人机来发现，我们希望有更多的公众来参与举报这些小污企业。首先要发现它，我们才能去监管它。

"小散污"的企业管起来非常困难。下一步要开展专项行动，对一些重点地区"小散污"企业进行清理。比如去年，北京加强对"小散污"企业进行清理，比较突出的是通州，清理的力度很大。通州去年 1—10 月 $PM_{2.5}$ 浓度降低 30% 以上。"小散污"的企业是很重要的污染源，而且扰乱市场秩序，这是我们下一步整治的重点。

现在正在开展网格化布局，落实属地原则，每个网格落实责任人。我们也希望媒体和公众对这些"小散污"企业加强监督。另外依托一些现代技术，能够远距离观测到这些"小散"企业的聚集点，只要发现就可以依法进行处理。

新华网：我想问在京津冀地区的冬季，您作为环保部部长，觉得最困难、最为难的或者最重要的是什么样的措施？

陈吉宁：京津冀的问题从长线来看，还是产业结构和能源结构问题，必须对产业结构、能源结构进行比较大的调整，我们才能更好地解决大气污染问题。这需要一段时间，不是企业说关就关掉的。同时，大家看京津冀地区是有进展的，而且还是比较大的，这说明调整产业结构、能源结构上是有进步的。

京津冀地区比较困难的是解决冬季供暖问题。冬季供暖大概新增了多少污染物排放量呢？我们估算了一下，大概增加 30% 的污染物排放量。就是进入冬季，我们背负的污染物增加了 30%，还要走一个更狭窄的隧道，这就是我们现在面临的难题。

供暖问题主要有三个方面。一个是京津冀地区热电联产程度低，城市供热基础设施比较差，目前大概只有 50%。采暖主要依赖燃煤锅炉。在一些城市很多小区，一个小区配备一个锅炉房，一个锅炉房 2 ~ 3 台燃煤小锅炉。这里面既有管网建设不足的问题，也有地方利益保护的问题。所以热电联产项目的潜能还没有发挥出来。第二个就是这些小燃煤锅炉环保设施跟不上，装备水平低，运行管理水平也差，污染物排放浓度甚至是大电厂的十几倍，环境影响很大。但如果要让这些企业去安装高效的脱硫脱硝设施，在当前的供热电价下这些企业基本上又没有办法承受。这里面涉及民生供暖问题，不是很容易处理。第三个就是农村散煤问题。北方地区现在用煤量很高，全国大概有 2 亿吨散煤，京津冀占了 20%。烧 1 吨散煤的大气污染物排放量是电煤的 10 倍以上。另外，塑料大棚多了，有些大棚也在用散煤，监管起来更困难。

我们在考虑跟有关部门配合起来，加强部门合作，从六个方面来强化冬季污染治理。

第一是要加大燃煤锅炉取缔力度。通过加大热电联产等方式淘汰分散的小锅炉。我们的目标，就是 20 万人口以上县城都要实现热电联产，今年底淘汰京津冀 10 蒸吨以下燃煤小锅炉。

第二是加快推进城中村、城乡结合部和农村地区的散煤治理。今年 10 月底前，北京、天津、保定、廊坊完成禁煤区（京昆高速以东、荣乌高速以北，

天津、保定、廊坊与北京接壤区域）替代任务，这个区域不能再烧散煤，要全部完成替代。同时我们也在推动天津、石家庄、济南、太原、郑州等市加大"煤改电""煤改气"的力度。

第三是加大工业企业冬季错峰生产力度。工业企业在冬季要为民生让位。通过加大采暖期工业企业错峰生产，来抵消采暖期民生上不得不用的供暖带来的污染物排放量。错峰生产不仅可以减少本身的排放，还可以减少由这些企业带来的产品运输排放。如生产1吨钢铁要用5倍运输量。我们这几年也在抓这项工作，如2015年、2016年同工信部对冬季水泥错峰生产做了部署，2016年又对京津冀大气污染传输通道城市铸造、砖瓦窑等提出错峰生产的要求。

最近做了一个评估，这项工作是有效的，但是仍然有潜力，还需要再加大力度。从评估情况看，重污染天气期间这些错峰生产城市的用电量下降的幅度不大，只有10%左右，而且有些企业不降反升，并没有落实错峰生产要求。下一步会进一步强化工业企业的错峰生产。我们现在一个行业一个行业分析，如钢铁行业，哪些企业要错峰，污染物排放量大的，环保不达标的，或者达标有困难的，要按照环保绩效提出错峰要求。还有一些其他行业，一个一个落实，加大错峰生产力度，给民生使用腾出一些空间来，来减少冬季供暖污染物排放量的大幅度提升。

第四是提高行业排放标准。这么重的产业结构必须不断加强污染物排放标准的制定，提高排放标准，让那些不能达标的企业在这个地区关闭。我刚才讲了，45米以上烟囱现在基本控制了，目前的主要问题是工厂无组织排放标准不够严，现在正研究钢铁厂排放、化工厂排放要加大无组织排放的管控，要制定新的标准，要把这些标准的执行跟排污许可证结合起来。环保部刚公布了两个重点行业排污许可证方案，我们就是要把重点企业在线监测、排污许可证以及新的排放标准结合起来落实。

第五是强化"小散乱污"企业整治。京津冀地区有一大批这样的小型制造企业，小化工、小家具、小印刷、小水泥、小煤炉、小锅炉，工业中大量采用挥发性的涂料、油墨等。要划出重点地区，对重点地区加强监管，逐步清理。

第六是机动车的事情。这也是大家关心的事情。我们更关心的是高排放车辆监管。什么车是高排放车？老旧车，一辆车相当于国四、国五车 20～40 辆小车排放；重型柴油车，相当于 200 辆小车排放，而且很多不达标。要加快在线监控设施建设，只要路过激光测试，马上知道什么车，什么超标了。加大监控，还是得用技术手段。加快淘汰老旧车，加大对重污染车的监管。要逐步提出新的汽车排放标准，同时加强油品管控。这里有长线工作，也有一些需要赶紧动起来的，还有一些工作是在已经部署的基础上进一步加大力度、进一步强化责任。

新京报：在重污染过程中有些城市污染特别突出，如石家庄持续爆表 90 小时，临汾出现了二氧化硫和 $PM_{2.5}$ 同时爆表，二氧化硫浓度过千。对于这样的城市出现这样的高浓度污染，是不是应该采取一种更特殊的应急手段。刚刚您也提到环保部正在加班加点研究采取更有效的措施，这些措施能达到什么样的效果？我们什么时候才能看到冬季重污染有一个明显的改善？

陈吉宁：你刚才问的问题我有一些已经回答了。关于石家庄、临汾，我们也高度关注，长时间的爆表，这是我们非常关注的问题，也在具体研究这两个地区的问题。

重污染天气预警是要依法启动的，这个依法是有标准的，红色预警已经是最高等级了。但是这不是借口，这样的地区确实要加大重污染天气的应急力度。重污染天气应对工作，一开始是预报，然后是会商，环保部和各省各地区会商，之后会发布信息。启动预警是地方的责任，环保部会把预测预报结果通报给地方，提醒他们及时启动。之后环保部就会按照启动的级别下去督查，看你是不

是按这个方式落实了责任。

我们在督查中发现，地方在实施应急预案的时候，有两个问题。第一是针对性不强的问题，采取的措施不见得那么有效，有的甚至有一刀切的问题。这里面有科技支撑能力不够的问题。我们有非常好的专家队伍，是国际一流的，但是人员太少。地方在制定针对性预案的时候，科技支撑不足，这是下一步需要强化的。

第二是预案落实不实。比如说红色预警要减排多少，该停产多少，有些地方没有很好落实。所以需要环保部加强督查，对于不实的一旦抓住，就顶格处理。从督查情况来看，情况逐渐在好转，但是对一些长时间爆表的，我们确实需要采取一些更加有效的措施。这段时间我们正逐个对京津冀"2+18"城市的应急预案进行评估，希望通过这轮评估能够提高这些城市应对重污染天气的能力，提高针对性和有效性。

北京晚报： 您也提到北京大气治理。北京今年 $PM_{2.5}$ 降幅很大，但是根据提出的目标，到 2017 年要到 60 微克／立方米，完成的困难可能会非常大，包括媒体的同行和环保基层同志普遍感觉不是很乐观。北京现在问题是燃煤到了 1 000 吨以下量级，经济结构总体比较合理，清洁排放比较高。您觉得北京要在 2017 年实现这样的有难度的目标，该做些什么，有什么建议？

陈吉宁： 我们非常关心这个事情。从环保部的角度来研究这个事情，来加大对相关工作的调动力度。这也是去年 5 月份我们启动京津冀强化措施的一个重要内容，即帮助北京完成它的目标。这件事情确实有难度，但不是没有可能，做好了可以完成。你们可能注意到我们有"2+4"，两个大城市带四个周边城市，加快污染治理。重点是保定和廊坊。我们做了大量工作，包括散煤替代，禁煤区的划定都在这个地区，还有加强对高架源的管控。北京实现目标，既有北京自身需要努力的地方，也需要京津冀及周边地区的努力。

北京实现目标是推动京津冀实现目标的一个非常重要的过程，大家都会受益。正是从这个角度着眼，我们强化措施既加大北京管控力度，又加大对周边地区高架源传输问题的解决。北京市有北京的污染结构，跟其他地区不一样。它的产业结构比较好，但是也有它特殊的问题。一个是工业大院问题，"小散乱"在城郊仍然很重，要加大力度清除这些"小散乱"。一个是散煤问题，特别是在城郊，散煤量还很大，要加大散煤的替代工作。最核心的问题是北京必须解决重污染车问题。我们要鼓励环保的绿色出行，特别鼓励大家利用公共交通出行。北京如果不解决车的问题，特别是重污染车的问题，改善空气质量是比较困难的。北京的挑战还有城市管理，扬尘太大。所有 $PM_{2.5}$ 浓度能够达标的城市，扬尘量都控制在很低水平，目前北京的扬尘量太高了，需要加强城市管理，更加精细的管理。

第一财经：您刚才多次提到高污染车，我想知道怎么能抓到这些高污染车，环保部有没有什么具体措施？总体上来看尽管这几年环保部对重污染车越来越重视，但在重污染车防治方面似乎缺少系统的整体规划，在这方面下一步环保部会有什么新的动作？

陈吉宁：我们现在机动车保有量增加非常快，2016 年产销量均达到 2 700 万辆左右，全国机动车保有量已达 3 亿辆，其中汽车是 1.9 亿辆。机动车污染物排放量居高不下。机动车污染问题目前不在中小城市，主要在大中城市。我们有很详细的源解析，表明机动车已成为许多大中城市细颗粒物的首要来源，分别占北京 31.3%，占上海 29.2%，占杭州 28%，广州稍微少一点占 21.7%。

我们对机动车主要开展以下几方面工作：一是不断升级新生产机动车污染物排放标准。新车要越来越好，新上路车排放量要越来越少。今年 1 月 1 日起全国范围正式实施国五排放标准，轻型车国六标准 2016 年底也正式发布了。与国一车相比，新生产汽车的单车污染排放量下降 90% 以上。存量车用十几年

了，有一个逐步替代的过程。不是说用了国五、国六标准明天这些车都变好了，已经上路的车需要一个逐步淘汰的过程。

二是加快淘汰黄标车和老旧车。大家可能注意到总理的《政府工作报告》，这几年每年都明确提出黄标车和老旧车淘汰的数量，这是环保部非常重要的一项工作。政府出台一些补贴政策，2014年、2015年、2016年三年，全国合计淘汰1 600多万辆黄标车和老旧车，力度是非常大的。这个淘汰不是把北京车卖到河北，这不算，要彻底注销的才算。我们一些汽车拥有者也不容易，把自己还能开的车替下来，为环保做出了牺牲。

三是加强机动车环境监管能力建设。现在有13个省（区、市）和70多个城市出台了关于机动车污染防治的专项法规，183个城市成立机动车环境管理机构，建设1万多条在用车的排放检验线。

四是提升车用燃油品质。2000年我们淘汰了含铅汽油，这个对儿童影响非常大。今年开始供应国五标准车用汽、柴油，车用汽柴油含硫量已从2000年的1 000ppm下降到目前的10ppm，降低了99%。

下一步也有一些部署，总的思路是：落实大气污染防治法，落实国务院简政放权、放管结合、便民惠民的决策部署，以高污染、高排放车辆为重点（把最脏的解决），坚持"车油路"统筹，强化区域协同联动，努力构建以全面信息公开为中心、严格排放标准为引领、大数据互联共享为支撑、严格执法监督为保障的机动车管理新模式。

主要采取几个方面的措施：第一，落实好大气法，构建机动车环保监管制度体系。依法实施新生产机动车和非道路移动机械环保信息公开制度，必须公开生产车的标准是什么，包括非上路的、非道路的移动机械，建筑工地排放也很大。建立环保达标的监督检查以及环境保护召回制度。哪些企业生产车不合适，就要采取手段，不合适的车就要召回。

第二，加快修订标准，强化对新生产机动车的监管。鼓励有条件的地区提前实施新的排放标准，强化新生产机动车环保达标监管，把增量部分首先管住。

第三，强化监督管理，降低在用机动车排放水平。加快国家、省、市三级机动车排污监控平台联网，特别是加强对重型柴油车等高排放车的监督管理。加强在线监测能力，只要上路，路过在线监测设备就能知道是什么车型、是否超标了，利用大数据加大查处力度。

第四，实施清洁柴油行动。有些地区船舶污染排放也是很大的，比如说长三角地区，污染排放量占 10% 以上。督促地方依法划定并公布禁止使用高排放非道路移动机械的区域。配合有关部门严格管理船舶排放控制区，鼓励船舶使用岸电，开展港口空气质量监测。

第五，推进油品升级。还是解决油的问题。配合有关部门加快推进车用柴油、普通柴油和部分船用燃料油并轨，严厉打击生产销售假劣车用油品。

第六，优化交通运输结构。提高铁路货运比例，改变过分依赖货车的状况。

澎湃新闻：根据以往了解，珠三角地区空气质量一般比北方好，但是这次珠三角地区也出现重污染天气，很多当地人都说，佛山、中山空气质量排名是非常靠前的，这次也是污染非常严重，想了解一下具体原因是什么？另外一个就是现在冬季的重污染天气应对，省里要求市里，市里要求县里，县一级环保人员有能力不足、人手不够的问题，想了解下这种情况怎么解决？

陈吉宁：谢谢你的问题。去年冬天的雾霾，大家如果关注一下，其实不只是中国的，而是全球性的，从印度、伊朗到韩国、英国、法国。英国、法国解决雾霾问题很久了，很长时间没有出现重污染天气，但今年冬天也出现持续大范围的空气污染。这个冬天确实遇到了全球性的极端气象状况。这就是我刚才讲的，我们在走一个隧道，这个隧道变得特别窄，不仅在中国变得窄，在其

他地方也变得窄。冷空气跑到北美去了，暖空气都跑到欧亚大陆来了。极端天气出现的时候，有些地方就可能雾霾重现，我想广东跟这个也有关系。总体上全年是达标的，而且改善幅度还不小，连续两年总体上达标了。今年这样一个极端气候下，又出现重污染。这也说明，即使在某个阶段解决了污染问题，也不能掉以轻心，治理雾霾是一项长期的任务。

关于基层能力不足问题，确实存在。去年是环保改革非常重要的一年。环保改革非常重要的指向就是落实地方党委、政府责任，这里面有几个大的方面。

第一，环保督察。要用两年时间完成全国各省（区、市）环保督察，去年完成对河北省试点和第一批对8个省（区）督察，最近刚刚结束对7个省（市）督察，今年还要完成对其他各省（区、市）的督察。督察就是要落实地方党委、政府责任，特别是省一级的责任。通过对省一级的督察，很多省也在建立省级督察机制，就是要把环保责任一层一层压下去。环保法明确规定地方政府对本辖区的环境质量负责，这也是依法落实地方政府责任非常重要的举措。

第二，国家环境质量监测权上收。现在已经完成国家空气质量监测事权上收，由环保部委托第三方运行，减少地方干预。

第三，垂改。通过垂直管理提高基层执法能力。我们的指向是非常明确的，一个是落实地方责任，一个是提高地方的执法能力，减少地方直接干预。我们已经连续两年开展环保法实施年活动，2016年是把环保法实施年活动和全系统执法大练兵结合起来。这也非常重要，确实基层执法能力不足、执法人员少，很多地方连执法车辆都没有，也没有执法着装，下去之后执法有困难。这个问题正在逐步解决。通过执法大练兵，互相学习，规范执法过程，提高执法能力。

另外一个正在建设环境监管执法大数据平台。在6个省（区、市）开展试点。建立全国执法平台，每一个基层执法人员实时与执法平台连线，查哪个企业、去没去查、查到什么情况实时在线上记录，就可以落实每一个人的责任，同时规范执法。我们需要从人员能力、体制机制、装备各个方面花大力气，来提高基层执法能力。

中国青年报：我有两个问题，第一个是关于河北的问题，为实现质量改善目标实施"调度令"，但效果并不理想，这个您怎么看？第二个像哈尔滨、成都、西安等城市，也出现了重污染天气，对于这些新增加的地方，我们将采取哪些措施应对？

陈吉宁：第一个问题，我们讲环境污染治理要提高"五化"水平：科学化、系统化、法治化、精细化和信息化。环保治理从来都不是靠蛮干来解决的，必须是有序的、科学的，这样社会代价才能小，才能一步一步知道采取的措施有效性如何。系统化是讲，多种手段要互相配合，不同的地区需要联防联控才能更有效，靠单个是不可能解决的。法治化就是依法行事。精细化，我们确实需要强化管理，向管理要环境质量是一个非常有效的方式。兰州是最典型的例子。兰州过去污染很重，这个城市发展水平也不高，但是污染治理有很好的效果，很重要的就是精细化管理，责任到人、责任到位。通过精细化管理来约束每一个企业、每一个人的排污行为，就会见效。还有就是信息化，要利用大数据，利用信息手段来提高我们的管理能力和水平。我也注意到有些地方由于各种原因，采取了一些与民生相冲突或者比较极端的一些措施，我们希望这些地区能够把功夫用在平时，更有序更好地解决面临的污染问题。

你刚才讲哈尔滨、成都、西安，我们也在研究这个问题。哈尔滨不是2016年才有重污染天，2015年北方地区第一个重污染天就是出在哈尔滨。不是新问题，是老问题。我们现在也不平衡，总体上全国是在改进，也有个别地区环境质量不升反降。所以我们也在研究评估，看这个问题是由于极端天气，像广东就是极端天气带来的，还是没有干活造成的。我们要采取措施，也在督促这些地方加大措施。首先要遏制环境恶化，环境质量只能好不能坏，对每一

个不升反降的地方都要采取措施，不管是空气还是水，都要采取很硬的措施。我们 2015 年约谈了不少地方，2016 年继续约谈，环保督察其中一个重要内容就是环境质量不升反降的地区。我们希望通过落实地方党委、政府责任来解决这个问题。环境问题是受边际条件影响的，有时候人努力不见得马上就能见到效果，我们要客观评价一下到底是什么原因。

光明日报：我的问题是大气污染治理实际上是一个系统工程，其实也不只是环保部门一家的事，虽然我们在其中担任很重要的职责。我想知道您希望地方政府部门或者社会力量能出来做一些什么，提供什么样的支持形成合力？毕竟在这件事情上每个人每个组织都不可能置身度外。

陈吉宁：谢谢你提出一个非常好的问题。我们讲落实责任，环保督察是落实两个责任，一个是落实地方党委、政府"党政同责"的责任，一个是落实部门"一岗双责"的责任，就是各个部门在环保方面的责任，这是中央非常明确的要求。环保工作的统筹协调、统一监管在环保部门，但是各个部门都有责任，不能说管发展不管保护，不能说搞建设不管环保。这里涉及一岗双责的事情。

无论是"大气十条""水十条"还是"土十条"，每一条都明确了牵头单位和配合部门，每一条里面已经明确哪些是环保部门责任哪些是其他部门责任。现在有 18 个省（区、市）党委、政府出台文件明确生态文明建设和环境保护的分工，这里面不仅包括政府部门，发改、工信、国土、建设、水利等，也包括党的部门，如组织部门负责干部的生态文明考核。我们也在推动这项工作，环保工作需要大家一起来做。但是我们也很清醒，出了问题最终是环保部门的责任，我们要补好位、站好台，把这项工作做好。这是为大家服务、为人民服务。

我特别同意你的观点，环保从来不只是政府的事情，必须调动大家来参与环保。比如最近网上流传各种说法，大家可能注意到有个"十大谣言"，谣言现在传的比真实的东西要快一些。我们希望媒体和公众参与，一起来正确认识一些问题。这里面有很多是错误的，是虚假的。有些错误的认识，是误导大家的，要进行反驳，要澄清，希望媒体、非政府组织和公众一起做这项工作。

这里面还有一个问题，就是有很多学术性的研究，特别是关于污染来源和产生过程有很多专家在研究。一方面，我们要鼓励科学家充分的学术争论，这是非常必要的，这会加深我们对问题的理解和认识，帮助采取针对性更强的措施，减少控制成本，更好地解决问题。但是专家的这些解释和学术争论是从不同角度看的，真正转变成政策，真正转变成一个地区的真实的现实，需要一个复杂的过程。

大家看监测工作。我们有一个全国的监测网，这个监测网是全国$PM_{2.5}$的监测网，这里面不包括一些微探头测定的$PM_{2.5}$的量，在京津冀更密集。其实我们更关心的是组分网，不仅仅测$PM_{2.5}$浓度，而且还测到底有哪些成分，这个对我们解释污染物是什么产生的、怎么产生的非常重要。这里面包括手工监测，包括在线组分网，包括激光雷达，通过走航看到污染物在大气中怎么迁移，传输过程是什么样的，所以是一个大尺度的实验，不是一个简单的实验室里面甚至理论模型计算的结果。

我们对每一个专家的学术争论非常关注，对每一个都精心研究，也有专家组对这些问题进行考虑。比如说最近有关于氮氧化物排放的研究，我们也感到这个思路对，对我们下一步制定政策非常有意义。但确实有些专家，角度不一样，观测的微观点不一样，提出各种方案，一些在学术层面没有被验证的观点在媒体中大量传播，之后会引起很多误解。这是我们现在面临的新问题。我们希望能建立起科学家和媒体之间的互动关系，你们多关心环保的事情，能够把科学家讲的话用正确的方式传递出去。同时也鼓励科学家去做研究，鼓励科学家跟公众对话，这个是我们过去不大注意的，但确实是一项重要的工作。

需要加强不同方面的对话、合作，需要动员整个社会关心这件事情，大家

都以积极的心态，一起面对这件事情，而不是逃避。大家一起积极面对，一起努力，每个人去改变自身行为，每个人都更绿色，一起宣传、一起推动，重污染的问题就会解决得更好。

希望你们继续关心支持环保工作。如果有什么问题，你们可以随时跟环保部宣教司联系，我们随时解答你们的问题。我们希望你们能加入进来，希望能有更多的媒体、非政府组织和公众加入到这个过程中。谢谢大家。

长江经济带生态环境保护座谈会在京召开

发布时间
2017.1.9

在习近平总书记关于推动长江经济带发展座谈会上的重要讲话发表一周年之际，环境保护部 6 月 11 日在京召开座谈会，再次学习、深入领会习近平总书记重要讲话精神，总结 2016 年长江经济带生态环境保护工作进展，统筹谋划 2017 年工作目标和重点任务。环境保护部部长陈吉宁出席会议强调，要坚决贯彻习近平总书记"共抓大保护、不搞大开发"的重要指示，始终坚持生态优先、绿色发展，以改善环境质量为核心，聚焦目标任务，解决突出问题，在保护生态的前提下推进长江经济带绿色低碳循环发展，为保护中华民族的"母亲河"贡献力量。

2016 年 1 月 5 日，习近平总书记在重庆主持召开长江经济带发展座谈会，指出推动长江经济带发展必须从中华民族长远利益考虑，走生态优先、绿色发展之路，使绿水青山产生巨大生态效益、经济效益、社会效益，使母亲河永葆生机活力。当前和今后相当长一个时期，要把修复长江生态环境摆在压倒性位置，共抓大保护，不搞大开发。从长江经济带发展座谈会，到中央财经领导小组第十二次会议，再到中共中央政治局会议，习近平总书记关于长江经济带"共抓大保护，不搞大开发"的要求一以贯之、态度坚决明确。

陈吉宁说，学习贯彻总书记重要讲话精神，必须牢固树立"绿水青山就是金山银山"的强烈意识，正确认识和把握长江保护与发展的辩证关系；必须坚持生态优先，自觉实行最严格的环境管理制度；必须把加强生态修复作为优先

选项，努力增加环境承载力；必须增强系统思维，把长江经济带建设成为我国生态文明建设的先行示范带、创新驱动带、协调发展带。必须增强紧迫感，强化责任心，坚持生态优先、绿色发展的战略定力，共抓大保护、不搞大开发，以改善环境质量为核心，聚焦目标任务，解决突出问题，在保护生态的前提下推进长江经济带绿色低碳循环发展，为保护中华民族的"母亲河"贡献力量。

陈吉宁指出，过去一年，环境保护部和沿江省市深入贯彻习近平总书记重要讲话和指示批示精神，开展一系列专项行动，推动长江经济带生态环境保护取得积极进展。环境保护部全面启动各项工作，推动实施长江经济带大保护战略，组织编制《长江经济带生态环境保护规划》；推动、指导沿江11省（市）将长江经济带内重点生态功能区、生态环境敏感区和脆弱区等区域全部划入生态保护红线；全面开展长江流域水质监测，"十三五"时期将实现所有跨界（省界、市界）水体开展联合监测；开展沿江饮用水水源地环保执法专项行动，推动126个地级以上城市完成全部319个集中式饮用水水源保护区划定。长江经济带沿线各省（市）加强协调联动，形成齐抓共管工作合力，共同推动长江经济带生态环境保护工作取得积极进展。2016年，长江经济带水质优良（Ⅰ～Ⅲ类）断面比例为75.2%，比2015年提高2.8个百分点，劣Ⅴ类水质断面下降2.9个百分点。但同时，长江经济带生态环境保护形势依然紧迫而复杂，仍面临流域系统性保护不足，生态功能退化严重；污染物排放量大，饮用水安全保障任务艰巨；沿江化工行业环境风险隐患突出，守住环境安全底线压力大；部分地区城镇开发建设严重挤占江河湖库生态空间，发展和保护矛盾凸显等问题和挑战，需要长期持续努力。

陈吉宁强调，当前和今后一个时期，要不折不扣地贯彻落实习近平总书记关于长江经济带生态环境保护的重要指示，按照《"十三五"生态环境保护规划》和即将出台的《长江经济带生态环境保护规划》部署的各项目标任务，从严从实抓好长江经济带生态环境保护工作。

一要坚持预防为主、守住底线，加快划定并严守生态保护红线。2017 年年底前，沿江 11 个省（市）要完成生态保护红线划定，全面建立生态保护红线制度。

二要坚定不移推动产业结构调整，优化产业布局。推进实施差别化环境准入，优化沿江产业布局，严格控制高耗水行业发展，从源头防范环境污染和生态破坏。

三要深入推进污染综合治理，持续改善环境质量。全面排查工业污染源排放情况、加大超标排放整治力度；加大饮用水水源地排查整治力度，确保城乡居民饮水安全；配合住建部门强化城市黑臭水体整治监管与考核，2017 年年底前，11 个直辖市、省会城市、计划单列市建成区基本消除黑臭水体；加快实施控制污染物排放许可管理，强化企业主体责任，建立系统化管理机制。

四要强化流域生态保护，增加生态环境承载能力。统筹水域陆域，细化主体功能区生态保护要求；加强生态保护和修复，依法严厉打击流域生态破坏行为。开展沿河环湖生态保护和修复，努力提升流域环境承载能力。

五要深入开展农村环境综合整治，探索建立可持续的农村环保体系。加快完成畜禽养殖治理、非正规垃圾堆放点排查整治等任务；以农村饮用水水源保护、生活污水垃圾治理为重点开展环境综合整治；开展农村有机废弃物资源化利用试点，探索规模化、专业化、社会化运营机制，带动农村污水垃圾综合治理。

六要强化监督考核，落实各方责任。实施以控制单元为基础的水环境质量管理，改革完善流域环境监管和行政执法体系，把河长制的建立和落实情况纳入中央环保督察，推动各地落实属地责任，健全长效机制。

会议由环境保护部副部长黄润秋主持。环境保护部纪检组组长周英，副部长刘华出席会议。长江经济带沿江 11 省（市）有关负责同志参加座谈会。

2017年全国环境保护工作会议在京召开

发布时间
2017.1.11

　　1月10—11日，环境保护部在京召开2017年全国环境保护工作会议，全面贯彻党的十八大和十八届三中、四中、五中、六中全会精神，深入贯彻习近平总书记系列重要讲话精神和治国理政新理念新思想新战略，总结2016年环保工作主要进展，研究落实"十三五"生态环境保护规划，部署安排2017年环保重点任务。陈吉宁出席会议强调，要深刻领会、全面贯彻习近平总书记系列重要讲话精神和重要指示批示，以更有效方式方法推动各项部署和政策措施落地生根，用环境质量改善增强人民群众获得感，以优异成绩迎接党的十九大胜利召开。

　　党的十八大以来，以习近平同志为核心的党中央高度重视生态文明建设和环境保护。习近平总书记以宽广的全球视野、深厚的民生情怀、强烈的使命担当，多次对生态文明和环境保护作出重要指示，提出一系列新理念新思想新战略，充分体现了新时期我们党治国理政的新气象新境界新思路。特别是12月，习近平总书记对生态文明建设再次作出长篇重要指示，强调："生态文明建设是'五位一体'总体布局和'四个全面'战略布局的重要内容。要切实贯彻新发展理念，树立'绿水青山就是金山银山'的强烈意识，努力走向社会主义生态文明新时代。"这一重要指示，站在党和国家发展全局的高度，进一步明确了生态文明建设的战略定位，强调了加快生态文明建设的重要性紧迫性，指明了今后一段时期生态文明建设重大任务，体现了总书记以人民为中心、加快改善生态环境质量的殷切希望，提升和深化了我们对生态文明建设、对环境保护的理解和认识。李克强总理、张高丽副总理也多次对环境保护工作提出要求，这次会前又专门做出重要批示，明确要求我们以解决突出环境问题为重点，坚持不懈、综合施策、标本兼治，积极推进环保领域改革，创新管理方式，强化环保责任，严格环境督察和执法，及时回应群众关切，加大生态保护力度，着力推动大气、水、土壤环境不断改善，为建设生态文明和美丽中国做出新贡献。

陈吉宁说，深刻领会、全面贯彻习近平总书记系列重要讲话精神，贯彻落实好李克强总理、张高丽副总理的重要批示要求，必须强化"四个意识"的自觉性。要在政治上认识我们的责任，建设生态文明、解决环境问题是党的宗旨的一部分，是我们不容推卸的职责所在；要从大局上找准我们的定位，落实环境监管这一首要职责，推动地方政府、有关部门和企业落实主体责任；要以看齐意识和核心意识在行动上不折不扣落实中央决策部署，向中央的大政方针看齐，向总书记看齐，并落实到每一件环保工作上。

陈吉宁说，2016 年环境保护任务异常繁重，工作量大面广。在党中央、

国务院的坚强领导下、在各地区各部门的大力支持下、在全国环保系统的共同努力下，我们牢固树立新发展理念，统筹把握发展与保护的关系，抓方向，以改善环境质量为核心，统筹布置环境保护工作；抓责任，强化地方党委、政府和有关部门环境保护责任，推动落实企业的排污守法责任；抓落实，对重点工作实施清单管理并加强督察督办，确保各项工作按照时间节点高效推进；抓底线，优先解决突出环境问题，积极应对环境风险；抓作风，落实全面从严治党主体责任，打造忠诚干净担当的环保队伍，取得了以下具体工作进展。

第一，打好大气、水、土壤污染防治三大战役。深入实施"大气十条"，加快燃煤电厂超低排放改造；全国累计淘汰黄标车和老旧车 404.58 万辆，完成全年淘汰任务的 106.5%；加强区域联防联控。2016 年，338 个地级及以上城市细颗粒物（$PM_{2.5}$）平均浓度同比下降 6.0%，优良天数比例同比提高 2.1 个百分点。全面推动落实"水十条"，加强流域水环境综合治理，落实长江经济带大保护工作，启动上下游横向生态补偿试点，组织排查城市黑臭水体，开展农村环境综合整治。2016 年，全国地表水国控监测断面 I～III 类水体比例同比增加 5.7 个百分点，劣 V 类断面比例减少 2.3 个百分点。组织实施"土十条"，出台相关配套政策措施、技术指南及工作方案，研究起草实施情况考核规定；启动 6 个土壤污染综合防治先行区建设，以及第二批土壤污染治理与修复试点项目；编制《全国土壤污染状况详查总体方案》，经国务院批准启动详查工作；发布《国家危险废物名录》，初步实现危险废物分级分类管理。

第二，推进供给侧结构性改革。化解钢铁、煤炭行业过剩产能，对钢铁、水泥、平板玻璃等行业开展专项执法检查。切实发挥环评源头预防作用，深入推进京津冀、长三角和珠三角地区战略环评；严格建设项目环评准入，国家层面对 11 个不符合环境准入要求的"两高一资"、低水平重复建设和产能过剩项目不予审批，涉及总投资 970 亿元。完善政策和标准技术体系。健全环境信用体系，构建绿色金融体系；发布 59 项国家环境保护标准，现行有效的环境保护标准达 1 732 项。深化行政审批制度改革。环境影响登记表项目由审批制改为备案制管理，358 家环保系统环评机构全部完成脱钩。

第三，深化落实各项改革举措。在环境保护督察方面，完成河北省试点及第一批对内蒙古等 8 个省（区）中央环保督察，刚刚结束第二批对北京、上海等 7 个省（市）督察进驻，共受理群众举报 3.3 万余件，立案处罚 8 500 余件、罚款 4.4 亿多元，立案侦查 800 余件、拘留 720 人，约谈 6 307 人，问责 6 454 人。在省以下环保机构监测监察执法垂直管理改革方面，河北、重庆率先启动改革实施工作，在环境监察体系、环境监察专员制度、生态环保委员会、环境监测机构规范化建设等方面做出制度性安排。在实施控制污染物排放许可制方面，已印发《排污许可证管理暂行规定》，初步构建全国排污许可证管理信息平台，启动火电、造纸行业排污许可证申请核发，在京津冀部分城市开展高架源排污许可证管理试点，在山东、浙江、江苏等省开展流域试点，海南石化行业试点已经启动。在生态环境监测网络建设方面，全面完成 1 436 个国控环境空气质量监测城市站监测事权上收任务；建成由 3 186 个监测断面组成的国家地表水监测网；初步建成国家土壤环境网，完成 22 000 个基础点位布设，建成约 15 000 个风险监控点；全面加强环境监测质量管理，严厉打击监测数据造假案件。在生态环境保护红线划定方面，《关于划定并严守生态保护红线的若干意见》已经中央全面深化改革领导小组会议审议通过，全国各省（区、市）均已启动生态保护红线划定工作。在生态环境损害赔偿制度改革方面，印发《生态环境损害鉴定评估技术指南 总纲》《生态环境损害鉴定评估技术指南 损害调查》等技术规范，在吉林等 7 省（市）开展改革试点。

第四，强化环境法治保障。健全环境法律法规体系，配合完成环境保护税法制定和环境影响评价法等修改，配合"两高"修改《关于办理环境污染刑事

案件适用法律若干问题的解释》。持续开展环境保护法实施年活动，对环境质量恶化趋势明显的 7 个市政府主要负责同志进行公开约谈，落实地方党委、政府环境保护责任；严厉打击环境违法行为，全国实施按日连续处罚案件 974 件，实施查封扣押案件 9 622 件，实施限产停产案件 5 211 件，移送行政拘留案件 3 968 起，移送涉嫌环境污染犯罪案件 1 963 件，同比分别上升 36%、130%、68%、91%、16%。加强环境执法能力建设，开展环境执法大练兵活动，推动基层执法人员依法、严格、规范执法；推动环境监管执法平台建设。

第五，加大生态保护力度。强化自然保护区综合管理，对 446 个国家级自然保护区人类活动开展遥感监测，对贺兰山等 5 个国家级自然保护区进行公开约谈，对 6 个国家级自然保护区进行重点督办；加强生物多样性保护，推进实施生物多样性保护重大工程；开展生态文明示范创建，命名 91 个国家生态市县，浙江建设首个部省共建美丽中国示范区。

第六，严格核与辐射安全监管。全面落实国家核安全政策，建立国家核安全工作协调机制并有效运转；我国 35 台运行核电机组、19 座民用研究堆保持良好安全运行业绩，21 台在建机组建造质量受控；辐射环境质量保持良好。

第七，积极应对环境风险。开展环境领域引发的社会风险防范与化解工作；开展垃圾焚烧发电行业专项执法检查，指导地方依法推进项目建设；妥善应对自然灾害引发的环境事件；直接调度处置突发环境事件 60 起，有力维护了环境安全和群众合法权益。

第八，强化各项保障措施。强化资金保障，建立"十三五"环保投资项目储备库。加强环保机构和人才队伍建设，水、大气、土壤环境管理机构调整到位，实现按环境要素设司。全面推进科技支撑、国际合作、宣传教育等基础工作，积极推进生态环境大数据工程建设，积极推进绿色"一带一路"建设，开通"环保部发布"官方微博微信公众号，改善环境宣传工作方式。

第九，扎实推进作风建设和党风廉政建设。落实全面从严治党主体责任，从党组书记到处长层层签订全面从严治党责任书；深入开展"两学一做"学习教育，切实把严肃党内政治生活落到实处；扎实推进巡视整改任务再深化，制定整改落实清单，立行立改、逐项落实；加强基层党组织建设，基层党组织的凝聚力、向心力和活力有所增强。

陈吉宁强调，2017 年是党和国家事业发展中具有重大意义的一年，也是全面实施《"十三五"生态环境保护规划》的重要一年。全国环保系统要科学把握中央关于经济社会发展的总体要求、准确分析当前我国生态环境保护基本形势、清醒认识环保工作面临的困难和问题，坚持以改善环境质量为核心，以全面实施《"十三五"生态环境保护规划》为主线，对打赢补齐环保短板攻坚战进行全面部署，细化落实各项工作任务和改革措施，务求取得实实在在的效果，以优异成绩迎接党的十九大胜利召开。

一要坚决治理大气、水、土壤污染。持续推进大气污染治理，完善大气环境管理制度，部署推进臭氧污染防治；加大燃煤电厂超低排放改造、散煤和"小散乱污"企业群治理、中小锅炉淘汰、挥发性有机物减排等工作力度；深化机动车环境管理；加强重污染天预测预报和预警会商，继续强化重污染天气应对。深入推进水污染治理，以贯彻落实"水十条"为主线，督促落实地方政府责任；配合住建部门加大黑臭水体整治力度；推进饮用水水源规范化建设；指导各地开展 2.8 万多个建制村的环境综合整治；各地工业集聚区要在 2017 年年底前按规定建成污水集中处理设施，并安装自动在线监控装置。全面实施"土十条"，全面启动土壤污染状况详查，开展建设用地土壤环境调查评估，加快土壤污染防治法立法，继续推动土壤污染治理与修复技术应用试点和土壤污染综合防治先行区建设。

二要深化和落实生态环保领域改革。实现中央环保督察全覆盖，适时组织

开展督察"回头看",推进中央各项环境保护决策部署落实到位。稳步推进省以下环保机构监测监察执法垂直管理制度改革,推动试点省份结合实际抓好落实,在2017年6月底前基本完成改革任务。加快排污许可制实施步伐,尽快形成以排污许可为核心、精简高效的固定源环境管理制度体系。推动生态环境损害赔偿改革,加强改革试点的协调指导、跟踪评估和督促检查,制定相关鉴定评估技术指南。完善环境经济政策,继续推进环境信用体系建设,深化绿色金融政策,加快实施环保领跑者制度。

三要加强环境法治建设。继续加强环境立法,推进水污染防治法、土壤污染防治法等法律法规制修订工作。强化环境监管执法,持续开展环境保护法实施年活动,保持环境执法高压态势,对偷排偷放、数据造假、屡查屡犯企业依法严肃查处,加大重大环境违法案件查办力度。实施工业污染源全面达标排放计划,依法追究超标排污企业的行政、民事、刑事责任,促进企业自觉守法。

四要积极主动应对环境风险。健全环境社会风险的防范与化解体系,强化关系公众健康重点领域风险预警与防控。推进突发环境事件环境影响和损失评估,支持重特大突发环境事件环境民事公益诉讼。初步建立环境与健康监测、调查和风险评估制度。

五要加大生态保护力度。加快划定并严守生态保护红线,指导京津冀和长江经济带14个省市完成划定任务。推进自然保护区综合管理转型,加强自然保护区遥感监测,严肃查处各类违法违规行为。积极推动生物多样性保护重大工程实施,开展生物多样性调查、评估和观测。

六要加强核与辐射安全监管。有效运行核安全工作协调机制,推进核安全政策实施。宣传贯彻核安全文化,推进核与辐射安全监管体系和监管能力现代化建设。落实企业安全责任,加快培养核安全监管人才。升级重点核设施外围监督性监测系统,强化核与辐射事故应急、反核恐应急能力。

七要创新决策和管理方式。实施生态环境大数据建设工程，完善生态环境监测网络，着力提高环评工作水平，完善环境标准和技术政策体系，加大公众参与力度，开展例行新闻发布，及时发布环境保护权威信息。

八要加强科技支撑和基础能力。促进科技创新和支撑，着力加强基础研究和前沿技术研发，为改善环境质量提供强有力的科技支撑。加强环保干部人才队伍建设，加大对基层工作人员的关心关爱，逐步改善基层工作条件。加强环保能力建设，提高人员业务素质和能力。强化投资保障，资金安排与环境质量改善和资金使用绩效挂钩。开展国际合作，积极推动绿色"一带一路"建设，组建第六届国合会。

九要加强党风廉政建设和反腐败工作。深入学习贯彻党的十八届六中全会精神，强化党员干部"四个意识"，严明政治纪律和政治规矩，加强和规范党内政治生活，加强党内监督，推动部系统党风廉政建设落到实处，培育党员干部求真、务实、开拓、担当的优良作风，真正抓住基层、打牢基础，建设坚强的战斗堡垒。

陈吉宁最后强调，今年环保重点工作头绪多、任务重、要求高，全国环保系统要深刻领会、迅速传达会议精神，把握重点、明确目标任务，落实责任、抓好跟踪督办，做好形势分析，加强调查研究，提出有效措施，强化能力建设，层层传导责任，以更有效方式方法推动各项部署和政策措施落地生根，见到实效。

会议由环境保护部副部长黄润秋主持，环境保护部纪检组组长周英，副部长翟青、赵英民、刘华，以及部分老领导出席会议。

中央和国务院相关部门同志，各省、自治区、直辖市和副省级市、解放军和新疆生产建设兵团环境保护厅（局）长，环境保护部机关各部门，各派出机构和直属单位的主要负责人出席会议。

大气污染成因与控制及趋势分析
学术研讨会在京召开

发布时间
2017.1.18

　　1月17—18日，环境保护部在京召开大气污染成因与控制及趋势分析学术研讨会。京津冀区域大气污染防治联合研究顾问组 5 名院士和总体专家组 25 名专家，以及全国各地大气领域各研究方向的专家代表受邀参加研讨会，交流大气污染防治研究成果，凝聚科学和管理共识，为完成"大气十条"及"十三五"环境空气质量改善目标强化科学支撑。经过两天的深入研讨，专家代表对大气污染的成因与控制途径达成如下共识。

　　在我国大气污染总体形势方面，与会专家认为，"大气十条"发布实施 3 年多以来，各部门、各地方紧紧围绕环境空气质量改善目标，因地制宜，狠抓落实，大力推进大气污染防治的各项工作，取得了积极的成效。2016 年，全国 338 个地级及以上城市细颗粒物（$PM_{2.5}$）平均浓度为 47 微克 / 立方米，同比下降 6.0%，优良天数比例为 78.8%，同比提高 2.1 个百分点。其中，2016 年京津冀、长三角、珠三角区域 $PM_{2.5}$ 平均浓度分别为 71 微克 / 立方米、46 微克 / 立方米、32 微克 / 立方米，较往年明显下降。京津冀区域 $PM_{2.5}$ 平均浓度同比下降 7.8%，与 2013 年相比下降 33.0%，北京市 $PM_{2.5}$ 平均浓度为 73 微克 / 立方米，同比下降 9.9%，与 2013 年相比下降 18.0%，为"大气十条"实施以来下降幅度最大一年。京津冀区域平均优良天数比例为 56%，同比上升 4.3 个百分点，北京市平均优良天数比例为 54.1%，同比上升 3.1 个百分点。去年，经中国工程院评估，认为"大气十条"确定的治污思路和方向正确，执行和保障措施得力，空气质量改善成效已经显现。

从季节分布来看，秋冬季是重污染高发季节。尤其是京津冀及周边地区，进入采暖季后重污染呈高发态势。2016 年，进入冬季以后全国空气质量不升反降，11 月、12 月优良天数比例同比下降 7.5 个、6.3 个百分点，$PM_{2.5}$ 浓度分别上升 7.4 个、5.4 个百分点。11—12 月京津冀区域发生 6 次影响范围广、持续时间长的重污染过程，$PM_{2.5}$ 浓度同比上升 6.4%。特别是 12 月中下旬，全国出现大范围、长时间重污染天气，京津冀及周边的北京等 35 个城市启动红色预警，石家庄等多地 AQI 爆表。冬季重污染天气频发较大幅度拉升了全年 $PM_{2.5}$ 平均浓度，一定程度上抵消了全年空气质量的改善效果，影响了公众对全年空气质量改善的感受，成为现阶段大气污染治理的焦点和难点。

在我国大气污染物排放状况方面，与会专家认为，"大气十条"的发布与实施推动我国大气污染控制思路从"总量控制"过渡到"质量控制"，并进一步促进我国主要大气污染物排放量快速下降。2005—2010 年，我国二氧化硫（SO_2）排放量下降了 12.8%。2013—2015 年，据相关研究估算，主要污染物排放除挥发性有机物（VOCs）以外均呈现快速下降趋势。其中电力部门是对 SO_2 和氮氧化物（NO_x）减排量贡献最大的部门。

从区域排放强度来看，京津冀地区的排放强度远高于全国其他地区。从季节变化特征看，采暖季排放强度远高于非采暖季，以京津冀地区为例，采暖期和非采暖期相比，主要污染物排放量增加了 30% 左右。

目前，工业排放是我国 SO_2、NO_x、一次 $PM_{2.5}$ 及 VOCs 的第一大排放源，民用排放是一次 $PM_{2.5}$ 的重要排放源，交通源是 NO_x 和 VOCs 的重要排放源。因此在未来排放控制中，需强化非电行业（钢铁、水泥和玻璃行业）提标改造、燃煤锅炉整治、民用散煤清洁利用、黄标车及老旧车辆淘汰、挥发性有机物治

理（能源加工储运行业）等治理措施，实现 SO_2、NO_x、一次 $PM_{2.5}$ 和 VOCs 排放量同步下降。

在我国大气污染成因方面，与会专家认为，大气本身具有自净能力，在排放总量相对较低的情况下，大气扩散作用可以使大气污染物稀释和消散，大气氧化作用可以将大气成分有效地降解并清除。之所以大气成分（如 SO_2、NO_x 和 $PM_{2.5}$）能够累积到形成大气污染的程度，主要的原因是 3 个方面，即污染物一次排放、二次转化以及气象条件。

污染物排放是大气污染形成的内因，这已是国际国内大气污染成因的一个共识。我国当前面临的主要大气污染问题，是以 $PM_{2.5}$ 和臭氧为代表的大气复合污染问题，大气中多种污染物都以很高的浓度水平存在，这一特征也与发达国家曾经经历的大气污染显著不同。造成这一现象的关键驱动力，是自改革开放以来我国进入快速的经济增长和城市化进程中，颗粒物（PM）、SO_2、NO_x、VOCs、氨等的排放大幅增加，而且高密度地集中在城市为中心的区域，这是我国重点城市群大气污染频发的根源。每到冬季，由于居民采暖的刚需，京津冀地区大气污染物排放平均增加约 30%。近年来，我国投入很大的力量实施污染减排，SO_2、NO_x 和 $PM_{2.5}$ 等污染物排放量出现下降，但总体上排放在全球仍居于高位，仍需较大幅度实施减排。同时，VOCs、氨等排放尚需要加大力度实施高效减排。

$PM_{2.5}$ 来源复杂，其化学成分既来自于直接排放，也来自于二次转化。最新的研究显示，除了 SO_2 转化为硫酸盐，NO_x 转化为硝酸盐，VOCs 转化为二次有机气溶胶，氨转化为铵盐等过程外，还存在这些化学成分之间的相互影响，如 NO_2 促进 SO_2 加快转化为硫酸盐，产生"1＋1＞2"的大气污染生成效果。这些新的机制在大气重污染形成中起到怎样的作用，对于重污染的预报预警、多污染物协同控制方案的制定都是十分关键的。另外，我国大气观测能力不断增强，颗粒物和臭氧雷达等垂直观测手段可以更加精确地给出大气污染物输送的关键信息，为区域大气污染的研判和防控提供支撑。

气象条件是大气污染形成的外因。不利的气象条件，比如静稳、小风、高湿以及逆温等，会在排放基本相同的前提下导致更加严重的大气污染。研究显示，2013 年以来京津冀区域的污染气象条件整体不利，2014 年比 2013 年转差17%，2015 年比 2013 年转差 12%，2016 年气象条件总体不利，特别 12 月是我国 1951 年以来最暖的 12 月，全国平均气温比多年平均情况偏高 2.6℃。同时，重污染形成还受到气候变化的影响，以全球变暖为主要特征的气候变化使大气层结更加稳定，这是国际上已形成的共识。受全球普遍异常气候的影响，2016年冬天，英、法、韩等国也遭遇了空气污染现象。

因此，要真正实现科学治污、精准治霾，就必须在准确预判气象条件变化的基础上，规划和设计大气污染防控的方案，包括精细准确的重污染应对措施。

在大气污染防治控制途径方面，与会专家认为应加强以下四个方面的工作：

一是构建清洁煤供应体系，进一步推动煤炭高效清洁集中利用。有效控制煤炭消费规模，从调整终端能源结构入手，加强散煤治理，严格市场准入标准；有序淘汰民用散烧煤和10吨以下燃煤工业锅炉，进一步提高终端用能的燃气化、电力化等非煤化比例，并建议实施冬季替代散煤的电价补助；促进煤炭更多采取大规模集中发电、供热和化工转化等集约化利用方式。2030 年，京津冀煤炭用于集约化利用提高到90% 以上，力争京津冀 2030 年煤炭比重降至 40% 以下，农村散煤削减 50% 以上。解决京津冀秋冬季农村供暖煤炭散烧污染高强度排放的问题。

二是结构减排和工程减排结合，推进工业烟气污染深度治理和超低排放控制。进一步优化主要耗能行业能源消费结构和产业结构，提高集中度，淘汰落后产能，降低单位产品能耗，提高产品深加工能力、高附加值和高技术含量产

品的研发和生产能力。2020年基本淘汰钢铁、电力、水泥、平板玻璃等行业的落后产能；全面实施火电行业超低排放控制工程，加强动态监测和评估，推动低成本、全负荷超低排放控制技术研究与示范。非电行业全面实现污染达标排放，择机提出特殊排放限值，有序推进非电行业超低排放技术的试点和示范；推动钢铁、平板玻璃、水泥等行业全过程节能和烟气治理工程，发展多污染物协同控制新技术和超低排放控制技术。石化化工行业VOCs控制技术普及率大幅度提高，VOCs排放总量较2015年削减50%以上。

三是全面实施轨道和公交都市战略，重塑区域综合交通运输体系。在城市化进程中重塑节能减排、安全快捷的公共交通体系，鼓励绿色可持续的出行模式。积极推进区域内干线铁路、城际铁路、市域铁路、城市轨道的"四网融合"；加快推进区域交通网络由"单中心、放射状"转为"多中心、网络状"。构建"车—油—路"一体化的移动源排放污染综合控制体系，建立区域协同、物联网和大数据技术融合的全覆盖和全链条的移动源机动车污染防治和监管体系，强化道路和非道路移动源排放全生命周期的排放控制和监管。重点开展道路柴油车、工程机械、船舶等关键柴油机领域的清洁化专项工程，在京津冀、长三角、珠三角等重点区域率先实施"清洁柴油机行动计划"；重点推进"新能源汽车行动计划"，构建"超低—零行驶排放"的新能源交通系统。

四是加强大气污染防治相关科学研究，建立大气污染防治的系统科技支撑体系。将大气污染防治作为京津冀一体化发展的重要任务，尽快率先启动京津冀环境综合整治重大工程的大气防治部分，深入推进大气污染联防联控。重点研发趋势预判、精细化防治方案、治理措施成本效益评估等关键技术，构建区域空气质量精准调控的一体化技术体系，建立一个区域大气复合污染应对的科学支撑平台，组建一支重污染过程防控和空气质量保障服务的团队，形成研判—决策—实施—评估—优化的决策支持体系。加强区域一体化的大气污染监测网络，动态污染源清单和空气质量预测预报能力建设，以科技创新引领我国大气污染防治进入到精准管理新阶段。

此外，与会专家还提出坚持以 $PM_{2.5}$ 污染防治为首要目标和重点工作、强化多污染物协同控制、科学选择重点控制对象实施精确打击、重点解决冬季大气重污染问题、加强大气污染防治的区域联防联控等工作建议。

发布时间
2017.1.19

环境保护部约谈临汾市政府主要负责同志

编者按

2017 年 1 月 4—14 日，临汾市二氧化硫浓度均值严重超标，并多次出现小时浓度"破千"的状况，引发社会广泛关注。

1 月 12 日，环保部与山西省政府联合派出专家组，9 名环保专家紧急赴临汾，帮助当地开展污染成因分析，制定应对措施。

1 月 19 日，因对重污染天气应对不利，焦化、钢铁等工业企业违法排污问题严重，空气质量持续恶化等问题，环保部约谈山西省临汾市主要负责同志，并宣布暂停临汾市新增大气污染物排放项目的环评审批。临汾市成为 2017 年环保部约谈的首个城市。

2017 年 1 月 19 日，环境保护部对山西临汾市政府主要负责同志进行了约谈，督促临汾市严格落实环境保护主体责任，深化大气污染治理，强化重污染天气应急响应，尽快遏制大气环境质量恶化趋势。约谈认为，临汾市大气环境突出问题有：

一是大气环境质量持续恶化。临汾市 2016 年 PM_{10}、$PM_{2.5}$、二氧化硫、二氧化氮、臭氧、一氧化碳浓度均值较 2015 年分别上升 33.3%、25.4%、29.7%、3.1%、19.3% 和 11.1%，空气质量六项监测指标均不降反升。2016 年，全市重度及以上污染天数同比增加 31 天，优良天数同比减少 22 天，大气环境质量已连续两年呈现恶化趋势，形势严峻。

二是焦化、钢铁等工业企业违法排污。临汾市目前有焦化企业 20 余家，部分企业环保设施运行不正常，或未按要求提标改造，或装煤、推焦、熄焦过程无组织排放管控不到位，二氧化硫等污染物超标排放严重。同时大量焦化废水未经处理达标就用于熄焦，导致废水蒸发排放，污染问题突出。近期重污染天气应急督查发现，山西焦化集团公司 6 条生产线脱硫脱硝设施仍未建成，二氧化硫、氮氧化物超标排放，熄焦废水挥发酚浓度超标 0.6 倍。三维瑞德焦化二氧化硫超标排放，熄焦废水挥发酚浓度超标 97 倍。临汾万鑫达焦化熄焦废水挥发酚、化学需氧量、氨氮浓度分别超标 69 倍、8 倍和 125 倍。临汾晋能焦化熄焦废水挥发酚、化学需氧量、氨氮浓度分别超标 495 倍、5 倍和 13 倍。

钢铁行业球团设备普遍没有建成脱硫设施，部分钢铁企业高炉及烧结机上料、落料口无密闭设施，物料露天堆存，厂区地面积尘严重。亚新集团中升公司球团工序未建脱硫设施，烧结工序脱硫设施运行不正常，二氧化硫长期超标排放。

三是散烧煤及锅炉污染管控不力。临汾市沿汾河平川六县（市）冬季采暖用煤数量大，对煤质监管不严，燃煤污染排放严重。抽查发现，临汾市 2016 年冬季居民用煤含硫率均值达到约 1.6%。临汾市区 86 台 10 蒸吨及以下燃煤锅炉基本无脱硫设施，燃煤煤质差，污染排放严重。尧都区海姿供热公司 2 台 100 蒸吨锅炉仅建有水膜除尘脱硫一体化装置，脱硫装置基本没有运行，污染物超标排放。襄汾县供热公司两台 40 蒸吨锅炉未提标改造，脱硫设施运行不正常，且擅自停运在线监控设施，逃避监管。翼城首旺煤业公司锅炉除尘设施运行不正常，烟尘排放超标。

四是综合督查整改不到位。2016 年 5 月，环境保护部组织华北督查中心会同山西省环保厅对临汾市开展环境保护综合督查，并于当年 8 月进行公开反馈。督查指出的焦化企业治污设施升级改造滞后、钢铁企业除尘设施运行不正

常、工矿企业扬尘污染明显、城乡结合部小企业污染突出等涉及大气污染问题，均未整改到位，一些问题甚至更加严重，加剧了冬季大气污染程度。

五是重污染天气应急响应不力。2016年入冬以来，全市大气环境质量持续恶化，尤其是二氧化硫浓度均值严重超标。但临汾市未及时向社会发布预报预警，也未采取有效的针对性控制措施，应对工作被动。

约谈指出，为切实督促临汾市加快整改，尽快降低大气污染程度，回应社会关切，环境保护部决定暂停临汾市新增大气污染物排放项目的环评审批（民生及节能减排项目除外），并要求山西省环保厅，以及临汾市县两级环保部门同步执行。

约谈要求，临汾市应切实提高认识，按照环境质量"只能更好、不能变差"要求，履行环境保护主体责任，尽快遏制大气环境质量恶化趋势。对长期超标违法排污的企业，要坚决按《环境保护法》要求，实施按日连续处罚。有关整改方案应在20个工作日内报送环境保护部，并抄报山西省人民政府。

约谈会上，临汾市市长刘予强同志作了表态发言，他表示，对临汾市大气环境质量现状和存在的环境问题深感不安，心情沉重，如芒在背，如坐针毡，将诚恳接受约谈，正视问题，深刻反思，举一反三，强化整改，狠抓落实，严肃问责，尽快拿出方案，压实责任，深化治理，确保大气治理工作落到实处，尽快遏制大气环境质量恶化趋势。

环境保护部有关司局负责同志，华北环境保护督查中心负责同志，山西省环境保护厅有关负责同志参加了约谈。

发布时间
2017.1.28

环境保护部通报2017年除夕至初一
全国城市空气质量状况

1月28日，环境保护部有关负责人向媒体通报2017年除夕至初一（1月27日19时至1月28日5时，以下同）全国城市空气质量状况。

这位负责人介绍说，除夕至初一，受烟花爆竹燃放影响，全国338个地级及以上城市中有部分城市出现重度以上污染。重点区域中，京津冀区域空气质量相对较差，部分城市出现空气重污染；长三角和珠三角区域空气质量相对较好。除夕至初一，338个城市中，79个城市空气质量优良，占23.4%；259个城市出现不同程度的污染情况，占76.6%，其中124个城市为重度及以上污染，主要位于京津冀及周边地区、中部地区、西部地区、华南等地区。338个城市$PM_{2.5}$平均浓度为141微克／立方米，同比下降4.7%；PM_{10}平均浓度为214微克／立方米，同比上升1.9%。

京津冀区域北京、保定、承德、廊坊4个城市空气质量为严重污染，天津、石家庄、邢台、沧州、衡水、张家口为重度污染，唐山为中度污染，邯郸为轻度污染，秦皇岛为良，首要污染物为$PM_{2.5}$。区域$PM_{2.5}$、PM_{10}平均浓度分别为235微克／立方米、302微克／立方米，与去年同期相比分别上升19.3%和9.0%。长三角区域25个城市中，上海、南京、杭州等16个城市为良，徐州、南通、镇江等6个城市为轻度污染，金华、衢州、台州3个城市为重度污染。区域$PM_{2.5}$、PM_{10}平均浓度分别为71微克／立方米、120微克／立方米，

与去年同期相比分别下降 47.8% 和 42.9%。珠三角区域 9 个城市中除广州、佛山、肇庆、中山 4 个城市为轻度污染外，其他 5 个城市空气质量均为良，区域 $PM_{2.5}$、PM_{10} 平均浓度分别为 69 微克 / 立方米、93 微克 / 立方米，与去年同期相比分别上升 11.3%、3.3%。

这位负责人介绍说，三大重点区域中，京津冀区域受烟花爆竹集中燃放影响最大。该区域 $PM_{2.5}$ 小时均值浓度在 28 日 1 时达到峰值（374 微克 / 立方米），高于 2016 年峰值（331 微克 / 立方米）。该时段京津冀区域北京、保定、承德、廊坊 4 个城市空气质量为严重污染，天津、石家庄、邢台、沧州、衡水、张家口为重度污染，唐山为中度污染，邯郸为轻度污染，秦皇岛为良。北京市除夕夜间 $PM_{2.5}$、PM_{10}、SO_2、NO_2 等主要污染物浓度明显上升，自 21 时开始持续达到重度及以上污染级别，小时 AQI 在 1 时至 5 时持续 5 个小时达到最高值 500。其中 28 日 2 时污染程度最为严重，$PM_{2.5}$ 小时浓度达到峰值 647 微克 / 立方米（浓度最高的点位为农展馆，$PM_{2.5}$ 小时浓度达到 835 微克 / 立方米）。3 时 $PM_{2.5}$ 浓度开始下降，至 7 时 $PM_{2.5}$ 小时浓度为 458 微克 / 立方米，空气质量为严重污染。长三角、珠三角区域受烟花爆竹集中燃放的影响不大，$PM_{2.5}$ 小时浓度变化相对平缓。长三角区域 $PM_{2.5}$ 小时浓度低于 2016 年，珠三角区域 $PM_{2.5}$ 小时浓度略高于 2016 年。

按 $PM_{2.5}$ 小时峰值浓度排序，全国地级及以上城市中，受烟花爆竹燃放影响最大的 10 个城市分别为：大同市、来宾市、呼和浩特市、包头市、岳阳市、赤峰市、通化市、贺州市、百色市、甘南州。京津冀及周边"2+26"城市中，受烟花爆竹燃放影响最大的 10 个城市分别为：保定市、北京市、廊坊市、天津市、阳泉市、德州市、沧州市、石家庄市、滨州市、衡水市。在上海、南京、杭州等采取烟花爆竹禁放措施的城市，除夕至初一空气中颗粒物浓度均未出现明显升高情况，在全国平均浓度出现峰值时段，$PM_{2.5}$ 小时浓度分别为 16 微克 / 立方米、48 微克 / 立方米、24 微克 / 立方米，空气质量良好。

这位负责人说，京津冀及周边地区前期（1月28日—2月1日）受先后两股冷空气影响，大气扩散条件总体有利，空气质量总体较好。其中，28日和31日区域中南部扩散条件略差，京津冀中南部、河南北部和山西南部部分地区可能出现重度污染；后期（2月2日起）大气扩散条件逐渐转为不利，区域中南部可能出现一次重度污染过程。长三角区域大气扩散条件较好，空气质量将以优良为主。珠三角区域扩散条件一般，空气质量以良到轻度污染为主。

这位负责人说，春节是燃放烟花爆竹的高峰期，为多一些蓝天，少一些污染，提倡大家不放或少放烟花爆竹。每个人都可以从自身做起，共同努力，让春节期间的天更蓝、空气更清新，度过一个安全、祥和、绿色、环保的节日。

 >>> 春节环保茶座

春节假期为什么还有重污染?

春节期间，在大城市工作和生活的很多人回家过年，很多中小企业停产，京津冀及周边地区大气污染物的排放量总体有所下降，但排放的空间分布有明显变化。1月24—26日，京津冀及周边地区又遭遇了一次大气重污染过程，从本次污染过程京津冀及周边地区8个城市的污染来源解析结果看，燃煤排放没有明显下降，多个城市$PM_{2.5}$污染的首要来源均为燃煤排放，石家庄、保定、郑州等城市的燃煤排放贡献高达40%左右。事实上春节期间的污染规律和其他时间的重污染过程有所不同,我们分析，主要有以下几个方面的原因：

一是中小企业生产减少，但很多大企业的生产没有停。春节期间，京津冀及周边地区的中小企业大多放假了，但很多大型企业，特别是钢铁冶金、石油化工等企业，由于生产工艺需求，需要连续生产。特别是近期钢铁、电解铝市场需求旺盛，有些企业可能还要加班加点生产。去年京津冀及周边地区的全社会用电量数据显示，春节期间用电量下降了30%左右。但从用电结构分析，用电量下降主要是中小企业停产的缘故，钢铁、有色、石化等大型企业用电量

基本没有下降。2016年春节前后，京津冀钢铁产量基本上没有变化，在同等污染物控制水平下，这些大企业的污染物排放量并没有因为假期而下降。

二是城市排放量下降，农村地区排放有所增加。春节期间，城市人口大量离开后，机动车排放和城乡结合部的燃煤散烧排放显著下降，但居民小区的供暖没有停，集中供暖锅炉的排放没有减少。

另外，中国环境科学研究院的科研人员在京津冀及周边地区十多个城市的调研结果表明，大量外地务工人员返乡后，京津冀及周边地区农村居民的供暖面积和供暖温度等需求明显增加，农村燃煤采暖排放显著升高。同时，监测数据显示，近期京津冀各城市城区 SO_2 浓度有所下降，但农村地区的 SO_2 浓度不降反升，且普遍高于城区，也反映了农村地区燃煤排放的增加。目前，京津冀及周边地区的大气重污染过程往往都具有明显的区域性特征，农村地区燃煤排放的增加，同样是重污染形成的重要原因。

三是公路货运大幅下降，但客运显著增加。春节放假前期，各工业企业均提前储备原料、辅料和煤炭等生产必需品，导致和工业生产紧密相关的柴油货车运输大幅下降，货运量下降达到20%以上。但受春运外地返乡影响，公路客运显著增加，客运量上升30%左右，所以柴油客车的排放不降反升。

综合以上原因，加上近期华北地区再次遭遇不利于大气污染物扩散的气象条件，因此出现了京津冀及周边地区持续3天左右的重污染过程，但由于污染源的排放总量和空间分布发生了变化，部分城市重污染程度较预测相比还是有所减轻的。下一步的工作重点还应放在加快北方地区冬季清洁取暖工程进度，加大工业企业污染治理力度，才能从根本上解决重污染的问题。

中国环境科学研究院研究员　柴发合

微博： 本月发稿 109 条，阅读量 797.1 万＋；

微信： 本月发稿 76 条，阅读量 49.1 万＋。

本月盘点

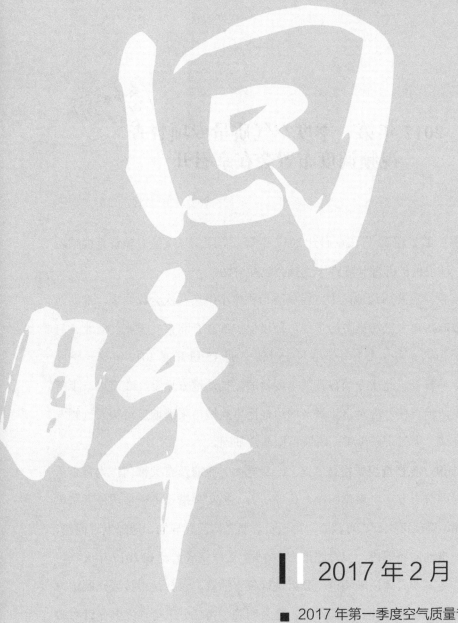

回眸

■| 2017 年 2 月

■ 2017 年第一季度空气质量专项督查

2017年第一季度空气质量专项督查
视频调度布置会在京召开

发布时间 2017.2.23

　　环境保护部2月22日在京召开2017年第一季度空气质量专项督查视频调度布置会。环境保护部部长陈吉宁主持会议并讲话。

　　为落实京津冀及周边地区大气污染防治协作小组第八次会议要求，推动地方党委、政府落实大气污染防治责任，环境保护部联合北京、天津、河北、河南、山东、山西6省（市），于2月15日—3月15日开展2017年第一季度空气质量专项督查。此次专项督查的主要目的是推动地方党委、政府进一步落实大气污染防治责任，应对京津冀及周边地区重点城市采暖期重污染天气频发问题，为完成"大气十条"第一阶段目标奠定基础。

　　陈吉宁说，各督查组要将县（区）一级党委、政府及有关部门作为督查重点，严格对照督查方案，聚焦问题，传导压力，抓实举措，将一项项任务清单化、责任化，确保可执行、可核查、可追责。要坚持问题导向，通过发现问题，倒推责任，推动问题解决。要对照地方2016年工作完成情况和2017年大气污染防治工作方案及具体措施清单，分组进行督查抽查，包括是否按要求制定方案，措施是否具备针对性和可操作性，是否明确了责任分工等，尤其是针对政府制定的方案，各部门是否进行了部署，措施是否细化，是否落实到位；企业是否知晓，是否有具体实施方案，是否有所行动，是否不折不扣。

　　陈吉宁强调，专项督查的具体内容，要紧盯突出问题，细化深化实化。一是应急预案编制及落实情况，相关地市是否组织编制了重污染天气应急预案，以及应急预案措施、减排清单的科学性、真实性和可操作性。二是"散乱污"企业整治情况，尤其是县与县交界地带的小企业集群。三是小锅炉清理淘汰情况，摸清淘汰进展、在用燃煤锅炉的详细情况以及分布清单。四是企业达标排放情况，结合实施工业污染源全面达标排放计划和重点城市大气污染热点网格，建立当地重点污染源及"散乱污"企业群清单，重点督查企业达标排放以及超标依法处理情况。五是政府扬尘控制情况，对照政府制定的有关扬尘治理方案，重点督查相关措施是否落实到位。六是错峰生产落实情况。七是在线监控数据质量，重点督查在线监控数据质量保证措施以及数据真实情况。

H 5

专项督察咋回事？带你走进空气质量专项督察

陈吉宁要求，要进一步改进督查方式，开展交叉检查，加强暗查夜查力度。要加强与地方环保部门的信息沟通，把此次督查作为促进地方政府责任落实、严格企业守法、解决突出环境问题的重要抓手。要加大曝光力度，及时向社会公布督查中发现的问题。

环境保护部副部长赵英民出席会议。河北省环保厅以及北京、邢台、临汾、郑州专项督查组汇报了近期工作情况。环保部有关部门负责同志在主会场参加会议；有关省（市）环保厅（局）长在各自省（市）环保厅（局）参加会议；有关市主管市长、环保局长和专项督查组成员在所在市环保局参加会议。

微博：本月发稿 96 条，阅读量 470.5 万＋；

微信：本月发稿 80 条，阅读量 39.3 万＋。

本月盘点

回眸

▮▮ 2017 年 3 月

- ■ 京津冀及周边地区大气污染防治协作小组
  第九次会议在京召开
- ■ 陈吉宁在全国"两会"记者会上答记者问

京津冀及周边地区大气污染防治协作小组
第九次会议在京召开

发布时间 2017.3.1

京津冀及周边地区大气污染防治协作小组第九次会议今日在京召开，贯彻落实中央领导同志关于加快推进京津冀区域大气污染防治工作的重要指示，分析研判当前面临的突出问题，安排部署下一阶段的重点工作任务。中共中央政治局委员、北京市委书记郭金龙，环境保护部部长陈吉宁，北京市委副书记、市长蔡奇，河北省委副书记、省长张庆伟出席会议。

会上，北京、天津、河北、山西、内蒙古、山东、河南和交通运输部、国家能源局负责人分别汇报了大气协作小组第八次会议要求贯彻落实情况、2017年大气污染防治重点工作及重要时间节点工作安排。

郭金龙讲话说，"2·26讲话"三周年之际，习近平总书记再次视察北京并发表重要讲话，深刻阐述了"建设一个什么样的首都，怎样建设首都"这个重大问题，对建设国际一流和谐宜居之都提出了进一步要求，对当前北京重点工作做出了部署，其中就专门讲了大气污染防治。要认真学习领会总书记重要讲话精神，提高政治站位，增强责任担当，加大治理力度，健全长效机制，不断提高大气污染防治工作水平。

郭金龙指出，今年是完成国家"大气十条"、《京津冀协同发展规划纲要》近期目标的决胜之年。大气污染防治任务艰巨。要进一步增强紧迫感，坚定信心、铁腕治理，坚决打好蓝天保卫战。

一要切实推动各项措施落地见效。着力在抓早上下功夫，在抓细上做文章，在拓展上加大力度。抓早，就是各项措施要早实施、早见效，减排的计划早下达、项目早安排。抓细，就是各项工作既要有"施工图"，还要有"进度表"，要在解决燃煤污染、推进污染源达标、强化机动车尾气治理、有效应对重污染天气等方面进一步细化工作方案和措施，确保每项工作可检查、可考核、能追责，真正成为"折子工程"。抓拓展，就是要注重把治理措施向前端拓展、向深度拓展，着力把大气污染防治与供给侧结构性改革结合起来，把停工、停产等临时应急措施与转方式、调结构对接起来，形成长效治理机制。同时，提高措施的针对性和时效性。

二要狠抓各方面责任落实。突出问题导向，通过落实一份责任，解决一个问题。大气污染防治既要攻城拔寨，也要严守阵地，坚持治理和管理并举。认真履行依法监管责任，切实提高通过法治思维和法治方式治理大气污染的水平。当前，对北京来讲，要在全面落实"大气十条"各项措施的同时，重点加强重型柴油车、外埠过境高排放车、扬尘等方面的治理，切实加大精细化管理的力度，进一步强化区域联合执法、协同管理。

三要着力加强舆论引导。抓大气污染防治，归根结底是坚持以人民为中心的发展思想，让群众有更多环境改善获得感。要主动发声，解疑释惑，讲清情况，表明决心，赢得群众的理解和支持，激发全社会参与的热情和干劲，形成强大的工作合力，营造良好的社会氛围，以优异成绩迎接党的十九大胜利召开。

陈吉宁说，党中央、国务院高度重视大气污染防治工作，习近平总书记多次做出重要指示，李克强总理、张高丽副总理都有明确要求。协作小组第八次会议以来，环境保护部与各地方各部门协调联动、密切配合，印发实施《京津冀及周边地区2017年大气污染防治工作方案》，提出更加严格的空气质量改善目标和更大力度的大气污染治理举措；成立重污染天气联合应对工作小组，

统筹指导督促各地做好重污染天气应对；部署开展一季度空气质量专项督查，以问题倒推责任、传导压力，推动地方尤其是区县一级切实履行大气污染防治责任。

陈吉宁强调，要清醒认识当前大气污染防治工作面临的严峻形势，不折不扣地落实党中央、国务院各项部署要求，切实推动区域空气质量改善。

一要持续推进各项重点工程。加紧推进北方地区冬季清洁取暖，全面实施散煤综合治理；加快实施燃煤电厂超低排放和节能改造，2017年实现东部地区所有燃煤机组完成改造；加快实施排污许可制，对无证或不按证排污的企业实行按日处罚，情节严重的要依法关停。

二要严格落实网格化监管。环保部已将热点区域按3 000米×3 000米划分网格，要全面排查网格内的工业污染源和燃煤锅炉，列出清单，明确责任。

三要加强城市精细化管理。要向管理要质量，逐步解决扬尘污染。加快构建全国机动车排放监管平台和技术支撑体系，各地要加强与公安部门联动，开展高排放机动车专项执法，依法严惩超标排放车辆。

四要强化重污染天气应对。各地要进一步修订完善重污染天气应急预案，加强应急措施的精准性、可操作性和可核查性，同时建立快速有效的应急响应体系，确保区域协调联动，缓解空气重污染形势。

环境保护部印发《国家环境保护"十三五" 环境与健康工作规划》

发布时间
2017.3.1

为提高国家环境风险防控能力、保障公众健康，有序推进环境与健康工作，根据《环境保护法》《中共中央　国务院关于加快推进生态文明建设的意见》《"健康中国 2030"规划纲要》《"十三五"生态环境保护规划》有关精神和要求，环境保护部近日印发《国家环境保护"十三五"环境与健康工作规划》（以下简称《规划》）。

《规划》坚持问题导向，突出战略性、实用性和可操作性，具有以下特点：

一、坚持预防为主、风险防控理念

对具有高健康风险的环境污染因素进行主动管理，从源头预防、消除或减少环境污染，是最大限度地防止健康损害问题的发生或削弱其影响程度的有效手段。"十三五"时期环境保护部将继续坚持"立足风险管理是环境与健康工作的核心任务"这一理念，以推动环境管理向"污染物总量控制—环境质量管理—环境风险管理"三者统筹协调管理转型，通过深入分析现阶段我国环境与健康工作面临的形势，确定"十三五"时期亟需解决的重大问题，为环境与健康工作的长期可持续发展奠定良好基础。

二、坚持以问题为导向设置重点任务

"十二五"时期，环境保护部门环境与健康工作在取得积极进展的同时也面临亟待解决的突出问题，如基础能力依旧薄弱、制度建设亟待推进等。为此《规

划》从调查 / 监测、标准 / 基准、信息化建设、实验室建设、人才队伍建设及科学研究几个方面提出"十三五"期间需要重点加强的工作。此外，针对现阶段我国每 100 个 15 ~ 69 岁的居民中仅有不足 9 人具备环境与健康基本理念、基本知识和基本技能的情况，"十三五"时期将对环境与健康素养监测和评估进行系统性部署，为有针对性地开展环境与健康公众参与和风险交流提供依据。

三、坚持与环境保护相关法规政策的衔接

据国家环境监管体制改革发展趋势及国家现行环境法律法规，《规划》在具体任务设置上，强调了环保部门"应该干"，而且"也能干"的原则。所谓"应该干"主要是以近期国家已经出台的重要文件为依据，把与环境健康风险管理相关的内容进行归纳总结，如有毒有害大气污染物名录、优先控制化学品名录、生态环境监测网络建设及生态环境大数据建设工程等，做到《规划》任务有依据。所谓"也能干"，强调的是目前科学认识和技术上已经可操作、环境保护部门已经具备工作基础和能力，如调查、监测、标准、基准等。

为保障规划目标的实现，《规划》从加强组织领导、推动试点示范、加大资金投入三个方面，提出保障措施。要求各级环境保护部门将做好环境与健康工作纳入建设生态文明和健康中国的重要议事日程，加强对环境与健康工作的领导及部门间协作，同时，在《规划》指引下，坚持试点先行，重点突破，努力探索形成可复制、可推广的经验。

  >>> 环保微讲座

重污染天气对健康的影响及其卫生防护

我国冬季重污染天气的主要特征是高浓度的细颗粒物（$PM_{2.5}$）污染。世界卫生组织等权威机构已经确认，重污染天气下的 $PM_{2.5}$ 污染，可增加居民患呼吸

系统疾病（如支气管炎、哮喘）和心血管系统疾病（如高血压、冠心病）的风险。儿童和老年人则是重污染天气的易感人群。

应对重污染天气的健康危害，居民可酌情采取个体卫生防护措施：

1.儿童、老年人和患有心肺疾病的易感人群，重污染天气应尽量留在室内，保持门窗紧闭。确需外出应采取防护措施，减少活动的时间或强度。

2.避免吸烟、烹调等室内来源的颗粒物污染，居室清扫宜采用湿式清扫法。重污染天气结束，及时开窗通风。

3.科学合理地佩戴口罩。建议佩戴符合我国国标（GB/T 32610—2016）的产品。保持口罩与面部紧密贴合，使用时间不能过长，避免形成二次污染。特殊人群（如呼吸系统疾病患者）佩戴口罩时，建议在专业医师指导下使用。

4.科学合理地使用空气净化器。建议选用符合我国国标（GB/T 18801—2015）的产品，尽量选择具有高洁净空气量、高累计净化量、高能效值、低噪音的产品，并注意根据产品使用要求定期维护。

复旦大学公共卫生学院教授 阚海东

发布时间
2017.3.9

陈吉宁在两会部长通道上答记者问

3月8日下午，环境保护部部长陈吉宁在"部长通道"就一季度空气质量专项督查有关情况回答了记者提问。

陈吉宁说，去年入冬以来，重污染天气频发，大气污染治理形势严峻。针对这一情况，环境保护部与地方环保部门共同组织了一季度空气质量专项督查。此次督查为时一个月，总共抽调 260 多人组成 18 个督查组，共 54 个小组。督查主要解决两个问题：

一是层层传导压力，重点督查区县环保工作落实情况，这是环保工作的难点，也是薄弱环节。

二是切实落实地方环境保护责任。环境保护部对京津冀及周边重点地区按照 3 千米 ×3 千米划分网格，共计 37 000 个左右，每个网格按 $PM_{2.5}$ 排放量由高到底排序，排名前 400 多个网格，贡献了全区域约 40% 的污染排放；排名前

3 000 个左右网格，贡献了全区域约 80% 的污染排放，我们这次督查落实责任的重点也是这些重点地区。

陈吉宁介绍，此次督查主要集中在 7 个问题：

第一，重污染天气的应急

预案落实情况。例如，有没有把一些不存在的企业放在了应急预案里，企业是否了解怎么执行应急预案。

第二，网格里"小散乱污"企业情况。京津冀地区，尤其是区县及其交界地，存在大量"小散乱污"的企业，通过此次督查摸清情况，为下一步治理打下基础。

第三，了解和督查这些地区小锅炉淘汰及改造情况。

第四，督查重点企业达标排放情况。

第五，现场检查重点企业在线监测设备是否存在造假问题。

第六，核查企业是否切实落实冬季错峰生产。

第七，督查区域扬尘问题。北方地区尤其是京津冀及周边地区，扬尘问题十分突出，对$PM_{2.5}$影响较大，要督促地方采取措施切实解决扬尘问题。

陈吉宁说，截至目前，已督查将近 6 000 个部门、单位和企业，发现了 2 000 多个问题，推动解决了一批突出环境问题。问题清单已交地方政府整改落实，并将整改落实情况向社会公开，环境保护部将继续盯住不放。另外，将通过梳理这些问题，倒追地方政府责任，发现责任问题多的，将视情采取约谈等措施。

陈吉宁最后表示，环境保护部年内还计划开展 1 ~ 2 次区域专项督查，保持执法高压态势，切实改善环境质量，也希望社会各界继续关心、支持环保工作。

发布时间
2017.3.10

陈吉宁在十二届全国人大五次会议
记者会上答记者问

十二届全国人大五次会议新闻中心 3 月 9 日举行记者会，邀请环境保护部部长陈吉宁就"加强生态环境保护"的相关问题回答中外记者的提问。

陈吉宁： 非常高兴今天有机会与媒体朋友们见面，回答大家的问题，感谢大家长期以来对环保工作的关心和支持。环境问题是人类现代化进程中面临的一项重大挑战，优美环境是人类的重要福祉，美丽中国是中国梦的重要内容。党中央、国务院高度重视生态文明建设和环境保护工作。十八大以来，习近平总书记提出了关于生态文明建设的一系列新理念新思想新战略。总书记关于生态环保的有关批示指示有 200 多次。生态文明建设作为"五位一体"总体布局的重要组成部分，从战略的高度加以推进。李克强总理也对环境保护作出多次重要批示，在今年的政府工作报告中专门对环保工作做了重点部署，他特别强调，要坚决打好蓝天保卫战。党中央、国务院对解决当前包括大气污染在内的突出环境问题，决心是坚定的，行动是坚决的，力度和深度前所未有。环境保护部将按照中央的决策部署，全力以赴落实好各项环境保护的工作和任务，努力向人民交出一份合格的答卷。环境保护涉及千家万户，与我们每个人都息息相关。我们每一个人既是受害者，又是享有者，既是污染者，也是保护者。所以，我在这里也期盼每一个人不要成为环境问题的旁观者、指责者，要成为解决环境问题的参与者、贡献者。从我做起，从现在做起，只要我们大家共同努力，我们就会更好、更快地实现天蓝、水清、地净的美丽中国。

中国日报和中国日报网记者： 老百姓都希望天天看到像今天这样的蓝天白云，但是我们经常也会遇到一些重污染天气。"大气十条"出台实施已经 3 年多了，请问秋冬季节重污染天气频频出现的原因是什么？目前我们治理的路子对不对？什么时候能够看到重污染天气的状况能够有所好转？

陈吉宁： 大气污染防治行动计划已经实施三年多了，大家都很关心这三年到底有没有进展，特别是去年入冬以来出现了多次大面积的重污染天气，大家有一些困惑。我今天就你这个问题先谈一点概念，我们怎么看这个问题。空气质量包括 $PM_{2.5}$，主要受两个变量的影响，一是污染物的排放量，二是气象条件。其中气象条件是边界条件，决定了这个区域有多大的环境容量，也就是说，这个区域可以接受多少污染物的排放量，而环境质量不超标。污染物的排放量，我们认为它是一个自变量，是引起环境质量变化的决定因素。这两个变量所发挥的作用是不同的。

在这两个因素中，气象条件是自然因素，是不可控的，而且它有一个突出的特点，就是气象条件具有很强的波动性。随着小时、每天，甚至再长一点的时间尺度，每周、每月、每年都会有很大的变动。这意味着在一个地区环境的容量是随着气象条件变化的，在冬季更容易形成静稳天气的条件，所以冬季的环境容量是比较低的，但同时冬季我们要取暖，又会增加污染物的排放量。这一减一增，导致了冬季频繁出现重污染天气。第二个因素是排放量。排放量主要是人为因素造成的，所以它是一个可控因素。我们环保工作的目标就是把这

个人为污染物排放量尽可能减下去，减到什么程度呢？减到最小环境容量允许的排放量，就会减少甚至不发生重污染天气。这时环境问题就解决了。

一般来讲，环境问题不是短期两三年可以解决的，需要一个比较长的时间，所以当我们判断一个环境污染控制策略是不是有效，需要把这些起波动作用的气象条件排除出去。这样我们才知道采取的措施方向对不对，力度够不够，这是一个非常重要的工作方法。国际上一般有一个通用的办法，不是简单地今年和去年比，而是用三年滑动平均法进行评价，这种方法是用更长一个时期，尽可能把气象的波动因素给剔除掉。中国的"大气十条"已经实施三年多的时间，所以我们是可以做一个三年的类似比较来看，我们采取的措施方向对不对、力度够不够。这就回答了刚才这位记者的问题。

我把这三年的情况在这里给大家看一下。2016 年，北京市 $PM_{2.5}$ 平均浓度为 73 微克 / 立方米，比 2013 年下降 18%。2016 年，京津冀、长三角、珠三角，这是我们三个控制 $PM_{2.5}$ 的重点地区，平均浓度分别为 71 微克 / 立方米、46 微克 / 立方米、32 微克 / 立方米，与 2013 年相比，分别下降 33.0%、31.3%、31.9%。另外还有一组数据，2016 年 74 个重点城市，去年 $PM_{2.5}$ 平均浓度是 50 微克 / 立方米，比 2013 年下降 30.6%。大家可以看出，除了北京之外，所有控制 $PM_{2.5}$ 的地区，在过去的三年里都减少了 30% 以上。随着这 30% 的减少，与此同时，优良天数的比例在上升，重污染天气发生的频次也在明显降低。

从这三年的情况来看，我们的变化是实实在在的，是显著的。可以讲，它是一个整体的、全面的改善。这个改善方向是对的。力度够不够，我们也可以跟发达国家解决这一问题三年时间改善的程度做比较，即使从改善速度上看，我们也不慢，甚至比一些国家还要快。但是我们解决这一问题的条件跟他们比要难得多，发达国家解决大气污染问题，基本上是分阶段解决，先解决燃煤的问题，再解决机动车问题，是分阶段、用比较长的一个时期解决的。我们不同，我国产业结构偏重，能源结构主要是以煤炭、化石燃料为主。同时，随着生活水平的提高，我们的生活方式也不够绿色，汽车的保有量增长也很快。所以，我们单位面积上的人类活动强度比他们高很多。在这样一个比较难的情况，三年时间取得这样的成绩，充分说明我们当前大气治理的方向和举措是对的，是有效的。

2016 年，我们请中国工程院集合了各方面的专家对"大气十条"的执行情况做了中期评估，他们独立得出的结论也说明了当前的治理方向和路径是正确的，取得了积极的效果。所以我们对大气污染治理要有充分的信心，这个信心是在事实的观测基础上得到的，不是一个盲目的信心。

那么我们的问题是什么？说成绩，不是要掩盖问题，我们还是要面对问题。我在 1 月初的记者会上明确说过，我们冬季取暖期的污染改善程度并不大。我今天也在这里给大家报告一下，也是用三年的时间看一看，冬季取暖期我们变化有多大。2016 年京津冀、长三角、珠三角三个重点地区和 74 个城市取暖季的 $PM_{2.5}$ 平均浓度分别为 122、61、47、76 微克 / 立方米，与 2013 年相比分别下降 9.6%、36.5%、26.6% 和 20.8%。可以看出，除京津冀之外，其他地区即使是在冬季，环境质量也有比较大的改善，比较明显的是广东，已经连续两年年均浓度整体达标。

那么应该怎么看待京津冀的问题，这也是大家关心的。这里面也有主客观两方面的原因。客观原因就是我们去年秋天入冬以来，全球出现了普遍的气候异常现象，污染物扩散条件是多年来最不利的一次。不仅影响到中国，从印度、伊朗等中东国家到韩国等东亚国家，再到英国、法国、德国等欧洲国家，都出现了严重的空气污染问题。有些国家已经解决了这个问题，可是这次重污染天气又卷土重来。中国北方地区去年冬天是一个大暖冬，冷空气不活跃，强度弱，风度小，温度明显偏高，不利于污染物扩散，不仅增加了污染物的积累，而且

推高了 PM$_{2.5}$ 浓度。主观原因是我们针对冬季的污染防控措施还需要进一步加强。这是我们当前治理大气污染的难点和弱点。针对这个问题，中央做了专门部署，大家可能注意到，总书记亲自研究北方冬季供暖工作。李克强总理在这次政府工作报告中，部署今年大气污染治理工作，提了五个方面的重点，很多工作就是针对冬季重污染问题的。张高丽副总理也多次专题研究这个问题。应该说，我们现阶段对下一步如何解决冬季大气污染问题，使各种措施都非常明确，关键是抓落实，就是要撸起袖子，把这些已经部署的工作抓实、抓细、抓好。

我也说过，我们是在一个高污染排放量的情况下来改善环境，高污染排放量不是一个表面数字，后面有复杂的经济社会活动，包括偏重的产业结构、能源结构。这些问题的调整涉及方方面面的工作，所以它需要一个过程，不可能一蹴而就。发达国家解决空气污染问题用了 20～40 年的时间，有的甚至用了 50 年的时间，所以我们既要打好攻坚战，又要打好持久战。有一点可以告诉大家，我们一定会比发达国家更快地解决这个问题。我这也是有依据的，从过去我们一些环境问题解决上看，比如说二氧化硫导致的酸雨问题，如水中的有机物问题，这都是过去比较突出的环境问题。我们解决这些问题峰值出现拐点的时间要远远早于发达国家。所以我们有信心在我们大家的共同努力下，一定能够更快、更好地解决当前突出的环境问题。谢谢。

中央人民广播电台央广网和央广新闻客户端记者： 新环保法被称为史上最严环保法，各方对它寄予了厚望。但是，就目前的一些情况看，一些地方环境违法行为依然比较突出，环保部也经常对此问题做出典型案例的通报。请问陈部长，新环保法实施两年来，您觉得在执行偏软的问题上有没有得到有效改善，环境违法行为有没有得到有效遏制，您如何评价？

陈吉宁： 新环保法是 2015 年 1 月 1 日生效实施的。我们已经连续两年开展环保法的实施年活动。这两年来各种配套的法规不断完善，也在不断地加大执法力度，宣传培训工作也全面展开。可以说还是取得了积极的进展。总的来看，环境守法的态势正在逐步形成，为什么这么讲？在这里给大家报告几个方面：

第一，依法落实地方政府的责任。环保法总则第六条明确规定，地方各级人民政府应当对本行政区的环境质量负责。落实地方政府的环境保护责任，是落实环保法的重中之重。我们抓了三件事：

一是开展中央环保督察，明确地方和各部门的责任。通过督察落实党政同责和"一岗双责"，就是抓发展、抓建设的也要抓环保，这才是落实五大新发展理念，这样才能形成环保工作各部门齐抓共管的局面。在中央环保督察的带动下，去年各省级环保部门对 205 个市（区、县）政府开展了综合督查。二是对环境问题突出的 33 个市县政府进行公开约谈，通过揭短露丑，起到警示作用，形成压力、推动工作。三是对工作任务不落实、问题突出的 5 个市县实施了区域环评限批。

第二，落实企业的环保主体责任。主要是要从严查处各类环境违法行为。去年各级环保部门下达行政处罚决定 12.4 万余份，罚款 66.3 亿元，比 2015 年分别增长 28% 和 56%。环境保护部挂牌督办 27 起重点环境违法案件，组织查处取缔"十小"企业 2 465 家。我们把企业守法和企业的信用结合起来，出台《关于加强企业环境信用体系建设的指导意见》，还有大力推动企业信息公开，让老百姓能够看到这些企业的环境表现到底怎么样。我们按季向社会公布严重超标的国家重点监控企业名单，京津冀及传输通道上共有 1 239 家、2 370 个高架源。什么叫高架源？就是烟囱高度超过 45 米的排放源，其排放的污染物从河北南部几个小时就可以吹到北京，我们进行重点监控。通过一年的信息公开和查处，高架源的超标率从 2016 年年初的 31% 已经下降到年底的 3.8%，进展非常明显。

第三，制定实施配套文件。环境保护部单独或会同有关部门和司法机关出

台配套文件 35 件，包括一些司法解释。这些文件的出台，为环境保护法的实施提供了具体规范和依据。大家知道，环保法对企业处罚比较重要的手段，一个是查封扣押，一个是停产限产，一个是按日连续处罚。通过明确执行规定，2016 年这几类案件分别是查封扣押 9 976 件，停产限产 5 673 件，按日连续处罚 1 017 件，分别比 2015 年增长 138%、83% 和 42%。这成为遏制企业环境违法的一个重要手段。

第四，运用好刑事和民事等多种法律手段。通过配合高法、高检出台《关于办理环境污染刑事案件适用法律问题若干问题的解释》，联合公安部、高检制定实施《环境保护行政执法与刑事司法衔接工作办法》，过去行政执法采用的很多证据跟刑事证据接不上，很难把它作为刑事案件来处理。通过这些工作，去年全国移送涉嫌环境污染犯罪案件共 6 064 件，比 2015 年增长 37%。另外，我们还联合公安部组织开展全国打击涉危险废物的违法犯罪专项行动，共检查涉危险废物单位 46 397 家，立案查处 1 539 件，移送公安部门 330 件。同时，推行环境公益诉讼，去年共有 40 多件公益诉讼案件。

第五，提高环境监管执法能力。这里有三项工作：一是推动环境监察执法体制改革。结合监测监察执法机构的垂直改革，依法赋予环境执法机构实施现场检查行政处罚和行政强制的手段和条件。同时将环境执法机构列入政府行政执法部门序列，解决了执法着装、用车和设备问题。二是能力建设。去年，我们开展了为期三个月的全国环境执法大练兵，同时也推动执法的标准化建设工作。三是加强公安机关打击环境污染犯罪专业力量建设。公安部专门印发了《公安环境安全保卫部门装备配备标准（试行）》，推动各地环境污染犯罪侦查队伍建设和业务建设。目前北京、陕西等 9 省市已经组建了环境警察队伍。

第六，推动法律法规制修订。2016 年，核安全法和水污染防治法修订已经全国人大常委会的一审，配合开展大家都关心的土壤污染防治法起草工作，

还有一些条例。

从新环保法两年实施的情况来看，我们在工作当中还是感觉到一些突出问题，我们正在研究这些问题，希望逐步解决。主要是有四方面的问题：

一是有一些制度还不健全，个别条款还需要进一步完善。比如说环保法明确要落实地方政府责任，但是制约的法律手段现在看还不足。再如，有些条款在操作层面上执行起来还有困难，需要完善。比如说，按日计罚这个效果非常明显，但是法律要求企业违法排污拒不改正的，才能启动按日计罚。打个比方，如果你上公共汽车，抓到你没有票，得先补票，如果拒绝补票，才能够进行处罚。还有大家关心的未批先建问题。虽然法律规定了责令停止建设、恢复原状等措施，但对监管部门授权有限，缺乏有力的强制手段，难以及时制止该类违法行为。未批先建可以适用拘留，但违法建成并已投产建设项目的责任人，却不在拘留的适用范围。这些问题，我们都要在下一步从制度上进行完善。

二是部分地方党委、政府及有关部门环境保护的职责落实不到位，层层传导的压力不够。其中突出的表现是，一些地方政府对环境保护法落实任务的分工不明确，而且这种不明确越到基层越衰减。环保法规定的部门职责只有一半在环保部门手里，大气污染防治法中，环保部门的职责只占三分之一，所以下一步要明晰各部门的责任，才能更好地落实环保法，这也是我们工作的一个重点。

三是企业环保的主体责任仍然落实不够，各种违法行为屡禁不止。包括偷排偷放时有发生。

四是环境执法能力不足，影响法律实施的进程和效果。总的来看，我们有很多地区特别是在区县级环境监管的人员严重不足，装备老化等问题十分突出，很难适应现在日益繁重的监管任务。

下一步，我们希望通过抓几项工作，继续保持执法的高压态势。

一是继续开展环境保护法的实施年活动，我们在前两年的基础上，今年要

继续深化这个实施活动，坚持问题导向和多方协同，督政和查企并重，严惩违法和规范执法并行。今年我们要完成 15 个还没有进行中央环保督察省份的督察任务。

二是破解体制机制的束缚，加强基层执法能力建设。主要是结合省以下环保机构监测监察执法垂直管理改革来进行。

三是完善相关的法律法规，刚才已经讲了，让这些法规在实施中有更强的操作性，更具体。最后是不断加大执法力度，就是要通过不断地查处，对环境违法行为零容忍，来保持这样一个高压态势，把环保法落到实处。

香港卫视记者：从这一次中国绿色建设战略方面，我们已经看得出中国对环保生态问题的重视，包括我们也是看到有一系列的措施在采取，非常高兴。但是如您所说的，我们每一个人都是污染者，每一个人也可以是保护者。在环保教育、环保宣传以及培养环保意识上，让每一个人知道，为了环保可以做些什么，在这方面中国会有什么样的措施？

陈吉宁：环境问题是一个公共利益的问题。刚才我也讲了，它需要我们大家共同参与，唯有共治才有共享。所以提高环保公众的参与度是我们环保工作的一项重要内容。我们今年在部署 2017 年环保工作的时候，专门把环保的宣传教育作为我们环保工作的核心工作。过去不是我们的核心工作。我们从四个方面开展工作：

第一，强化制度保障。大家如果注意的话，新环保法增加了一个专章，专门规定了信息公开和公众参与的内容。作为一个配套措施，我们在 2015 年出台了《环境保护公众参与办法》，并对各地的落实情况进行指导检查，在全国也建立了一些公众参与的示范试点。目前我们正在修订环境影响评价公众参与暂行办法，因为环评的公众参与是大家最关注的一个环节。通过明确建设单位的主体责任，优化公众的参与程序和方式，同步公开环评报告书和公众参与情况，严厉处罚建设单位公众参与弄虚作假等行为措施，来优化和规范建设项目公众参与的程序。

第二，加强环境宣传教育。我们和中宣部、中央文明办等单位已经共同出台和制定《关于全国环境宣传教育工作纲要（2016—2020）》，对"十三五"的工作做出整体安排，就是要充分调动社会各界参与到环境保护当中。我们积极利用媒体平台，特别是新媒体向社会大力宣传环保信息、工作举措和进展。另外，我们也有几个大的活动，包括"六五环境日"纪念活动，中国生态文明奖、绿色中国年度人物评选等来激励更多的人参与到环保工作当中来。

第三，非常重要的是推动信息公开。环境保护部大力推动大气、水环境质量的信息公开。大家很容易看到这些信息。我们重点是推动排污企业的信息，这部分是必须让老百姓看到，推动环境影响评价，监管部门的环境信息，就是要把政府和企业都放在阳光下接受公众的监督。另外，我们也畅通公众表达意愿的渠道，去年10月，"12369"环保举报平台在全国实现了上线使用，全国各省级环保部门、各地市级和各区县都可以进行直接登录和对接，在同一个平台上共享举报受理。另外，我们也设置了一些污水处理厂、垃圾处理厂（场）作为环境教育的基地，使公众亲自体会产生的污染是怎么处理的，提高环保意识。

第四，引导和支持非政府组织健康有序地参加环保工作。我们建立了环保社会组织数据库，收录了708家组织的有关情况，向近百家环保社会组织赠阅各种期刊宣传资料。另外，我们又组织重点组织负责人座谈培训，加强与环保社会组织的沟通。2016年，我们做了两场非常好的培训，有近百家组织130多人参加培训。我们也通过一些项目资助或购买服务来支持公益诉讼，支持社会公益组织开展相关的环保活动，凝聚社会力量，最大限度地形成污染治理和保护环境的合力。

还有一项工作是把环保教育进学校、进社区，这也是非常重要的工作。我

们在这方面也在积极推动。

中央电视台央视网央视新闻移动网记者：陈部长您好，我的家乡在长江边上，我们那的老一辈人都说，在他们年轻的时候，长江上的江豚是四处可见的，但是眼下江豚成为濒危物种。其中一个很重要的原因，在长江两岸林立着非常多的化工企业，存在着非常严重的环境风险，在这里想问陈部长的是，就环保部现在了解的情况，长江究竟存在着哪些突出的生态环境问题，国家具体的治理措施是什么，有哪些成果？

陈吉宁：2016 年初，总书记两次对长江经济带生态环境保护工作作出重要指示，大家可能也会注意到，总书记明确指出，涉及长江的一切经济活动都要以不破坏生态环境为前提，共抓大保护，不搞大开发。总书记的重要讲话不仅体现了党和国家对长江经济带生态环境保护的高度重视和严格要求，更蕴含着对长江经济带推动绿色发展、建设生态文明的殷切期盼。过去一年我们按照总书记的指示精神，会同有关部门和 11 个省市，积极推动长江经济带的生态环境保护工作，主要做了四个方面的工作。

第一，加强规划统筹，推动大保护战略。我们会同发改委、水利部共同编制了《长江经济带生态环境保护规划》，同时也制定了《2016—2017 年长江经济带生态环境保护行动计划》，部署 11 个方面的工作措施，并加以推动落实。

第二，划定生态保护红线，强化宏观与系统的保护。我们优先把长江经济带重点生态功能区纳入生态保护红线。目前江苏等六个省市已经制定或者实施了生态保护红线方案。另外，我们强化战略规划环评，完成规划环评审批 22 项，避让环境敏感目标 72 个，减少规划岸线 210 千米，缩减围填海 380 多平方千米，对于不符合环保要求的 4 个项目不予审批，涉及投资 220 亿元。

第三，严厉打击各种环境违法行为，解决突出环境问题。其中核心问题是解决长江的饮用水安全。所以去年我们组织开展了一项专项行动，推动 126 个地级以上城市，完成全部 319 个集中式饮用水水源保护区的划定，共发现 6 大类 399 个问题。对这些问题实行一个水源地一套整治方案，一抓到底。

第四，加强环境污染治理，加快改善环境质量。我们落实了"水十条"确定的 943 个国家考核断面及水质目标要求，谁的责任，什么要求，已经层层分解完毕。建设了 52 个省级断面水质自动站，对 126 个省界断面开展联合监测。另外，划定了 3.2 万个禁养区，关闭搬迁 16 万个养殖场，还有大家关注的黑臭水体，一共排查了 885 条，在长江沿线完成和正在治理 421 条。281 家省级以上的工业聚集区全部建成了污水处理设施。

这是去年做的四个方面工作，从进展来看，还是比较明显的。2016 年，沿江 11 省市 I ～III 类的水质断面比例是 75.2%，提高了 2.8 个百分点。劣 V 类水质断面下降 2.9 个百分点，这是很不容易的进步。

目前长江经济带的生态环境保护主要有四个问题：一是流域的系统性保护不足，生态功能退化严重，缺乏整体性。二是污染物的排放基数大。大家看，不论是废水、化学需氧量、氨氮的排放总量分别占全国的 43%、37% 和 43%，饮用水安全的保障任务非常艰巨。三是沿江化工行业环境风险隐患突出，守住环境安全的底线挑战很大。四是部分地区城镇开发建设严重挤占江河湖库生态空间，发展和保护的矛盾仍然突出。

下一步，我们要做好以下几个方面的工作，进一步改善长江经济带的生态环境质量。

一是建立生态环境硬约束机制。坚持预防为主，今年年底前要完成沿江 11 个省市生态保护红线的划定工作，建立河湖水域岸线用途管制制度。

二是要建立环境承载力监测评价预警、河长制和领导干部自然资源资产离任审计制度的落地。

三是解决工业布局的问题，优化沿江产业布局。我们会结合生态红线划定，

推动"三线一单"工作方式，一个是生态保护红线、一个是环境质量底线、一个是资源利用上线和环境准入负面清单。要明确哪些地方可以做，哪些地方不能做，能做到什么程度。同时要严格限制新建的小水电和引水式水电项目，干流及主要支流岸线 1 千米内严禁新建重化工园区，中上游沿岸地区严控新建石油化工和煤化工项目，严防高污染企业向上游转移。这是关于产业布局的。

四是推进污染综合治理。长江现在的问题是，有机物在逐步下降，总磷问题在凸显。我们要对总磷超标的地区加大污染治理力度，特别是要加大对饮用水水源的保护力度。

五是提高流域的生态环境承载力。这里主要是大力实施退耕还林、退耕还湿、退渔还水、退房还岸等政策实施，还要实施重大生态修复工程，因地制宜地建设人工湿地，加大自然保护的生态补偿力度。

六是严格执法监管，强化监督考核责任落实，推动落实河长制，结合排污许可证，推动企业的达标排放。

我们希望通过这些措施，进一步加大对长江沿岸的环境治理，解决突出问题。

中国国际广播电台和国际在线记者： 土壤污染事关老百姓舌尖上的安全，治理投入高、难度大，媒体也经常报道一些地方土壤污染的案例，公众对此高度关注。请问陈部长，在土壤污染防治方面，目前还有哪些问题，国家还将采取哪些措施？

陈吉宁： 2016 年 5 月 28 日，国务院印发了"土十条"，经过两年多的工作，50 几次修改，已经正式实施了。"土十条"是我们下一步解决当前土壤污染问题的重要工作部署。基本思路是坚持预防为主，保护优先，风险管控。这个思路汲取的是国内外特别是国外 30 几年来污染治理的经验教训和走过的弯路。今天在这里跟大家明确一下，土壤污染治理不是把土都挖出来，粗放的无序治理。我们强调：一是预防，二是风险管控，三是安全利用。从工作部署来看，我们叫"2233"，这也是解决我们当前问题的主要部署。

第一个"2"是两大基础。一是摸清家底，开展土壤污染的详查。现在我们对土壤的污染底数不清，已经公布的一些土壤污染超标率，这些超标率是点位超标率，并不代表着土壤污染的分布和状况。二是要建立健全法规标准体系，这是目前正在推动的一项工作。全国人大已经把土壤污染防治法列入了2017年的立法计划，我们也正在抓紧制定相关标准。

第二个"2"是两大重点，一是农用地分类管理，二是建设用地的准入管理。应该怎么管？我们最近发布了污染地块环境管理办法，这个办法明确了从风险管控的角度，监管什么，各方的责任是什么，是一个全过程的管理方案。目前我们正在跟农业部制定关于农用地的管理办法。

第一个"3"是三大任务，对未污染、正受污染和已污染的土壤实施防治和风险管控措施。

第二个"3"是加大三大保障，加大科技研发力度、发挥政府主导作用和强化目标考核。目前我们已经建立了工作机制，有12个部门参加，形成了国家各部门和地方各省的工作方案。下一步，我们正在落实污染详查的工作方案，出台法规标准。通过这些工作可以把"土十条"工作一步一步落实下去。

新华社记者：目前社会上对于重污染天气的成因众说纷纭，不同的专家机构都会有不同的说法，有的甚至互相矛盾，这对公众带来很多的疑惑，大家不知道究竟该相信谁。请问陈部长，您认为$PM_{2.5}$究竟是怎样形成的呢？

陈吉宁：关于$PM_{2.5}$的成因，实际上已有基本的科学共识。我们今年1月份开了两天科研讨论会，也专门邀请了一些记者参加，就是来再次讨论$PM_{2.5}$的成因，这次讨论进一步明确了目前大家对$PM_{2.5}$成因的科学共识。为什么会有一些误读或者混乱呢？一是因为这个过程比较复杂，另外是有一些误读，

混淆了一些概念。

第一，什么是 $PM_{2.5}$？ $PM_{2.5}$ 是指空气中粒径小于或等于 2.5 微米的颗粒物。它是一类物质的统称，不是一个单一的物质。这里面包括硫酸盐、硝酸盐、铵盐、有机化合物、元素碳等。这是第一个要搞清楚的概念。

第二，$PM_{2.5}$ 是怎么形成的？这是问题的所在。$PM_{2.5}$ 包括两个部分，一部分是由于自然界或者是我们人类活动或者污染源直接产生的。有一些是我们直接排放的，或者自然界本身就有的，我们把这个叫作一次排放。还有一部分是大气中的气态物质，比如说二氧化硫、氮氧化物、VOCs 经过复杂的物理化学反应生成的，这是二次生成，这部分生成物质也主要是人类活动污染产生的。也就是说，$PM_{2.5}$ 实际上是两部分，一类是直接产生的，一部分是由气态物质污染物反应生成的。我们要知道污染的来源就是要把一次生成和二次生成的物质追溯到是谁产生的，哪些污染者排放的，这是一个非常复杂的过程，我们叫源解析。只有通过源解析，我们才知道是谁排放的，贡献量有多大，而不是直观看出来的。比如说汽车尾气，它对 $PM_{2.5}$ 的贡献主要不是一次排放的，而是二次生成的部分。

近些年，我们分别对北京、天津等 35 个城市开展了源解析的工作，基本弄清楚了比如说燃煤、工业排放、扬尘、机动车等。它们都是 $PM_{2.5}$ 形成的主要原因。当然这个原因还可以细分，比如说不同的工业排放量是不一样的，钢铁、焦炭是不一样的，不同的汽车也不一样，国四、国五排放标准的汽车和老旧车、重型柴油车的排放量会相差几十倍甚至上百倍，散煤的燃烧和电厂燃煤排放也不一样。各地因为产业结构、能源结构不一样，生产生活条件不一样，各个地方的污染源的来源和构成比例是有差异的，而且这个差异有时候会很大。即使在同一个城市，由于季节性的变化，这个来源也会有所变化。但是尽管有这样一个复杂性和可变性，总的来看，我们从污染治理的政策和措施制定角度看，因为它是 3 ～ 5 年的时期，而且是在一个区域里，这个成因相对来说尽管有这些变化，它是稳定的，是清晰的，是明确的。

那么为什么还会出现有关 $PM_{2.5}$ 成因不同的说法呢？问题出在什么地方？因为每一个城市污染的成因不是单一的，是多个原因形成的。所以每个城市在采取污染控制措施的时候，不会采取同一个措施，只控制工业污染，燃煤不控制，不可能。因为这样的成本代价太高，各地都会采取多种措施综合举措来进行。综合举措背后就会涉及各方的利益，选择控制谁不控制谁，必然涉及利益问题，从不同的利益角度看，就引发了对一个本来清楚的、客观的污染成因会有不同的理解，甚至误解和有意歪曲，带来一些混乱。这是我想给大家解释的一个问题。

另外，近些年来也有一些专家从自己的研究领域和技术领域对 $PM_{2.5}$ 的成因给了一些新的见解。这些见解不是针对一次源，大家有什么不同的见解，而是对于二次生成的机理有不同的见解。这个问题也是很自然的问题，因为随着污染治理的深化，比如说最近两年 $PM_{2.5}$ 的二次生成的部分在增加，这里面当然涉及一些机制机理的变化，专家就要研究这些问题，提出一些新的见解。但是这些见解不是对源解析的否定，而是对认识的深化。从管理的角度来讲，我们非常重视这些研究，对每一个严肃的研究，我们都认真对待。

但是我也坦率地告诉大家，这里有一些不严谨的研究，带来了很多误解。但是也有一些研究可以上升到决策层面，比如说，我们在今年的工作计划当中，对氮氧化物的控制就加强了，这就源于吸纳了新的研究成果。但是，更多的研究还在学术讨论中，还有很大的争议，还不能够上升到科学决策层面。同时由于每个研究者所在的地域不同，采样时间不同，方法不同，观测角度不同，不是从系统的角度、从一个大区域的尺度，研究污染源的问题，所以得出的一些结论还不具有普遍性和一致性。我们还要让这些研究继续进行下去。在这个过程中，特别要防止对一些学术观点的过度解读，从而造成社会的误解。环境保

护部也做了大量的工作，比如说，我们不仅建立了京津冀地区 $PM_{2.5}$ 监测网络，而且建立了源解析的组分网，而且建立了走航系统，可以观测污染源是怎么传输的，来帮助各地进行源解析。

下一步，我们会进一步加大这方面的工作力度，还有一个非常重要的工作是加强科学家、管理者和媒体公众的对话，把这些复杂的、学术性的问题给大家讲清楚，不要带来误解，也可以指导地方更有针对性，更好地科学决策、治理污染。

深圳卫视记者：请问一个关于"红顶中介"的问题。多年以来在环评工作上一直存在着既当裁判员又当运动员的一种"红顶中介"，可以说它已经成为简政放权的一块绊脚石，也成为环评工作公平客观的一大拦路虎。记得您曾经在 2015 年记者会上这么说到，环保部直属单位的环评机构要率先实现脱钩，地方环保部门在两年之内要分批分期实现脱钩，而且当时您还有一句话让人印象非常深刻，说的是绝不允许卡着审批吃环保，戴着红顶赚黑钱。请问，目前这项工作推进的情况怎么样？下一步在环评攻坚战上，我们又有一些什么样新的改革举措？

陈吉宁：环评机构脱钩改制这项工作是从 2015 年开始的，当时是落实中央巡视组关于环保专项巡视的反馈意见，另外，结合国务院"放管服"的改革要求，2015 年年底，环保部直属的 8 家环评机构率先完成了脱钩，到 2016 年底，所有地方环保部门 350 家环评机构分两批已经全部完成了脱钩任务。我们是说到做到的。其中 176 家取消或者注销了资质，174 家由原环评机构职工自然人出资设立环评公司或者整体划至国有资产管理部门。这意味着从今年开始，不论是人还是资产，没有一家环评机构跟环保部有任何关系，我们把这件事情切割得干干净净。

脱钩之后，目前全国共有环保机构 968 家，其中企业法人机构 818 家，事业法人机构 150 家，从业环评工程师 10 746 人。从进展情况看，脱钩进展比较平稳，从体制上解决了"红顶中介"的问题，有利于环评市场的健康发展。

结合脱钩，我们这两年也在大力推动环评改革，就是要更好发挥环评的源头预防作用。我们基本思路是划框子、定规则、查落实三个环节。

第一，在战略和规划环评领域要划框子。什么框子？我刚才讲过"三线一单"，生态保护红线、环境质量底线、资源利用上线和环境准入负面清单。用这"三线一单"强化对国土空间开发的强约束。

第二，在项目环评领域定准规则。主要解决三个问题：明确排放污染物的项目可以排放的强度是多少，排放的总量是多少，带来的环境风险要采取什么样的防范措施。这就是定规则。

第三，加大事中事后监管。主要做好两件事情，一是建立全国环评监管平台，所有的环评文件要上传到这个平台进行公开。同时我们利用大数据技术对环评进行监管。批得对不对，项目落没落在不该落的地方，突没突破污染物排放总量，进行监管，明确各级责任。二是与排污许可证制度衔接。把环评要求的每一项环保措施落实在排污许可证上，作为下一步企业投产运行的守法依据，也作为我们执法的依据。

我们希望通过这样的工作，一方面简政放权，另一方面通过加强事中事后监管，切实发挥环评的预防作用。

每日经济新闻记者：中央环保督察让公众充满期待，但媒体发现在一些地方督察组前脚刚走，一些地方的污染企业马上就死灰复燃，继续肆意违法排污，气焰嚣张。请问陈部长您有没有发现这个情况，对这个问题有什么办法可以解决？

陈吉宁：中央环保督察是中央加强生态文明建设的一项重大举措，也是一项重要的制度性安排。目前我们已经完成了试点，也完成了两批督察，第二

批已经基本结束。今年还有两批，相关工作正在准备工作之中。从已经开展督察的 16 个省份情况来看，效果还是非常明显的。有三个方面：

第一，提升了地方党委、政府的环保责任。刚才我讲，就是通过督察，强化地方落实生态文明建设理念和绿色发展理念，落实党政同责和"一岗双责"，各级省委、省政府和部门对这次督察深受触动，有的领导跟我讲，这次督察是一场触动灵魂的督察。一些地方党委、政府受到了警醒，强化了环保责任的落实。

第二，推动解决了一大批环境问题。有很多报道，我在这里就不讲了。

第三，推动地方建立环保的长效机制。在中央督察效应带动下，目前全国 21 个省份出台了有关环境保护职责分工的文件，把各部门的环保责任明确了。24 个省份出台了省级环境保护督察方案。24 个省份出台了党政领导干部生态环境损害责任追究实施细则，其余省份也在制定和征求意见之中。这些文件的出台，压实了地方各级政府和部门的环保责任，中央和省级两级环保督察的大格局已经初步形成。

你刚才讲的问题，我们也知道，也确实存在，这些问题反映了地方生态文明建设的理念还不牢固，绿色发展的理念还没完全树立起来，环保的责任也落实得不够。我想，正是通过这样反复严格的查处，持之以恒，法治的笼子在实践中才能越编越紧。

下一步，我们将采取四个方面措施，逐步解决这个问题。

第一，不折不扣地完成督察任务。今年我们要完成其余省份的环境保护督察全覆盖，还要对一些问题突出的地方不定期开展专项督查和"回头看"。逐步构建以中央环境保护督察为主体，对地市环保督政为基础，专项督查和"回头看"为辅的全方位系统化的督察工作体系。

第二，继续推进地方地市级的环保督察工作。地市层面跟中央层面督察，着眼点会各有侧重。地市级主要解决目前县区一级的环保责任问题，这是目前工作的难点和弱点。通过两级督察体制的形成，推动形成上下同欲、同向发力、协调联动、齐抓共管的工作格局。

第三，建立完善督察工作的长效机制。目前中央环保督察作为一个改革方案，我们在国务院环保督察工作领导小组的领导下，正在研究制定是否要形成一个《环境保护督察条例》，把它上升到法制层面，把它制度化。

第四，加强督察能力建设。在中编办的大力支持下，我们现在已经建立了国家环境保护督察办公室，中央督察组和将来所有的督政任务都由督察办公室来承担，来统筹。我们也要把相应的环保部内部的一些人力调动到这方面来，推动地方政府不折不扣地落实好党中央和国务院各项环境保护要求。

路透社记者：三年之前，环保部批评了京津冀地区地方政府，说他们搞形式主义，就是形式比内容大。三年之后，好像基本上没有解决这个问题，他们落实控制污染物排放还没有到位。您怎么评价河北省当地政府？因为环保部一直批评他们，比如说邯郸、唐山这些地方，他们的措施好像不够好，不符合中央政府的要求。

陈吉宁：刚才我讲了"大气十条"实施三年多来所取得的进展。30% 多的改善是实实在在的，这个进展离不开中央的高度重视，离不开我们各地区、各部门狠抓落实。应该说，不论是政府、企业、公众，都做了大量的工作，工作的强度、工作到位的程度在逐渐加强。为什么这么讲？我们三年来的改进速度比有些发达国家要快，并且这三年的进步是在爬坡过程之中解决的，如果我们的地方政府不作为、搞形式主义，这三年的成绩怎么能够取得呢？！如果有这么多问题，大家不是努力去解决，又怎么比一些西方国家解决得更快呢？所以我们还是要看主流，看进步，地方政府是做了大量的工作。当然也不是说过程中没有问题，现在仍然有工作不到位的地方，特别是在区县一级，这是我们目前工作的着力点。我们希望通过不断加强区、县一级的管理，把工作做实、

做细、做好。如果你们调研的话，到各地看一看，这几年基层对环保的认识变化非常大。不论是企业还是政府，切切实实体会到了环保的压力，而且有些地方也开始尝到了环保的甜头。

通过抓环保，把环保作为一个抓手，为好企业留出了发展空间，把那些不能满足环保要求的、比较差的企业淘汰出去，好的企业才有增长的空间，才有利润，才有机会加强创新和管理，才能够成长起来，才能够避免"劣币驱除良币"。虽然环保是一个难题，但我们还是要用发展的眼光，坚定信心来看待我们下一步的工作。

中国教育电视台记者： 陈部长您好，我想追问一个环保教育的问题。去年，我国多个省市教育主管部门下发了因雾霾停课的通知，对于中小学生的环保教育，还有哪些具体的计划要做？同时，高校的学生是很大一部分群体，您认为加强高校学生环保教育这一课，对于整个社会的环境保护有什么样的影响？

陈吉宁： 中国的环境问题有多快才能解决？我个人觉得，有两个东西是非常重要的。一是技术进步。未来还有哪些新的技术、好的技术，有多快能做出来，来帮助我们更好地解决这个问题，这是非常重要的。大家看，早期罗马俱乐部预言的增长极限问题，为什么没发生呢？就是因为技术进步超越了对资源消耗的速度。技术进步是我们加快解决问题一个非常重要的方面。很多新技术都是青年学生做出来的，他们在这方面可以有很多作为。

二是取决于我们每个人的理念和行动。如果每一个人都有好的环保理念，解决环境问题会快得多。如果每个人都践行绿色生活方式，我们就能节省很多资源，减少很多污染物的排放。

你提的这个问题是一个教育问题，实际上是环保理念的养成的问题。这是一个长期的过程，不是今天上一节课，明天听一个报告，就能解决的问题，需要我们持之以恒，特别是要从儿童抓起，从孩子做起。不仅要让他们知道环保的重要性，而且要教会他们，什么叫绿色，什么叫环保。我是做教育出身的，目前在环境教育上，最大的问题是不具体化，理念多、口号多，但是具体怎么做，教得少，这是我们下一步要解决的问题。我也希望跟大家一起，跟媒体一起推动环保理念的普及推广。环保教育不仅仅是要进校园，还要进课堂、进社区、进家庭，家庭和社区对孩子教育也是非常重要的，需要我们一起努力。

发布时间
2017.3.24

环境保护部、民政部联合印发《关于加强对环保社会组织引导发展和规范管理的指导意见》

    环保社会组织是我国生态文明建设和绿色发展的重要力量，为拓宽公众参与渠道，支持环保社会组织健康有序参与环境保护，根据中共中央办公厅、国务院办公厅印发的《关于改革社会组织管理制度促进社会组织健康有序发展的意见》，环境保护部、民政部日前联合印发了《关于加强对环保社会组织引导发展和规范管理的指导意见》（以下简称《指导意见》），指导各级环保部门、民政部门加强对环保社会组织引导发展和规范管理。

    中共中央、国务院《关于加快推进生态文明建设的意见》指出要引导生态文明建设领域社会组织健康有序发展，发挥民间组织和志愿者的积极作用。近年来，在党和政府高度重视和引导下，环保社会组织不断发展，在提升公众环保意识、促进公众参与环保、开展环境维权与法律援助、参与环保政策制定与实施、监督企业环境行为、促进环境保护国际交流与合作等方面做出贡献。但是，由于法规制度建设滞后、管理体制不健全、培育引导力度不够、自身建设不足等原因，环保社会组织依然存在管理缺乏规范、质量参差不齐、作用发挥有待提高等问题，与我国建设生态文明和绿色发展的要求相比还有较大差距。此外，一些地方和部门对环保社会组织的认识需要转变。《指导意见》旨在加大对环保社会组织的扶持力度和规范管理，做好环保社会组织工作，进一步发挥环保社会组织的号召力和影响力，使其成为环保工作的同盟军和生力军，推动形成

多元共治的环境治理格局。

　　《指导意见》要求各级环保部门、民政部门要高度重视环保社会组织工作，明确了指导思想、基本原则和总体目标，提出到2020年，在全国范围内建立健全环保社会组织有序参与环保事务的管理体制，基本建立政社分开、权责明确、依法自治的社会组织制度，基本形成与绿色发展战略相适应的定位准确、功能完善、充满活力、有序发展、诚信自律的环保社会组织发展格局。

　　《指导意见》提出四项主要任务，一是做好环保社会组织登记审查，二是完善环保社会组织扶持政策，三是加强环保社会组织规范管理，四是推进环保社会组织自身能力建设，同时明确了环保部门、民政部门的职责，并指出要通过建立工作机制、规范服务管理、加强宣传引导，做好《指导意见》的组织实施。

发布时间
2017.3.30

环境保护部通报 2017 年第一季度
空气质量专项督查情况

为落实京津冀及周边地区大气污染防治协作小组第八次会议要求，推动地方党委、政府落实大气污染防治责任，2017 年 2 月 15 日—3 月 18 日，环境保护部会同北京、天津、河北、河南、山东、山西 6 省（市），组成 18 个督查组，共计 260 余人，对北京市，天津市，河北省石家庄、廊坊、保定、唐山、邯郸、邢台、沧州、衡水市，山西省太原、临汾市，山东省济南、德州市，河南省郑州、鹤壁、焦作、安阳市 18 个重点城市，开展 2017 年第一季度空气质量专项督查。督查中坚持督政与督企相结合，将督查重点放在区县一级，突出向基层传导压力，采取部长巡查、走访问询、现场抽查、夜查暗查等方式，走访、检查单位和企业 8 500 余家，发现存在问题的单位企业有 3 119 家。主要问题有：

一、重污染天气应急预案不实不严不落地

一是不科学。天津市应急预案对 66 家重点供暖单位提出应急减排要求，但实际难以落实。廊坊市固安县不同行业、不同企业制定应急减排措施千篇一律，如出一辙。焦作市工信部门对企业重污染天气应急预案审核不严，企业应急减排管控标准不统一。

二是不真实。唐山市芦台经济开发区管委会规划建设管理局编制的重污染天气应急预案照抄照搬其他地区预案，正式印发的文件中，甚至还出现其他区县地名单位。还有一些地方将"僵尸企业"或停产状态企业纳入应急停限产名单。

三是不修订。重污染天气应急预案没有按要求及时修订调整，衡水市各区县、相关部门沿用 2014 年应急预案要求，太原市古交市和清徐县沿用 2013 年的应急预案。

二、部分大气污染治理措施任务没有落实

一是燃煤锅炉"清零"任务未完成。多数地区仍在使用 10 蒸吨及以下燃煤锅炉，有的地区监管不严，小锅炉未入台账或清零不彻底。保定市有 20 个县（市、区）尚未完成 10 蒸吨及以下燃煤锅炉清零任务。

二是"散乱污"企业整治缓慢。部分地区"散乱污"企业底数不清，整治力度不够，淘汰取缔不到位。北京市近郊城中村、城乡结合部、远郊村"散乱污"企业环境违法问题突出。石家庄市存在大量小型制造企业，基本无治理设施，冒黑烟、无组织排放比较严重。邢台市宁晋县河渠镇两个村范围内存在 80 余家食品加工企业，大多采用单段煤气发生炉，没有废气处理设施。鹤壁市多家"小散乱污"清单内的碎石加工点、采石场、小水泥等企业未取缔到位。

三是落实"错峰生产"要求不到位。天津市工信委落实错峰生产动作慢，直至 2016 年 10 月下旬才下达水泥、铸造、砖瓦窑行业"错峰生产"工作方案；津南区纳入"错峰生产"企业名单的 34 家铸造企业中有 17 家从未实施"错峰生产"。济南市部分区县未将水泥粉磨站、铸造等企业纳入错峰生产名单。

四是燃烧散煤管控力度亟待加大。天津市蓟州区、静海区未完成散煤替代任务；市建委未完成煤改电任务。

三、企业环境违法违规问题突出

一是企业污染治理设施不正常运行。北京市北汽集团下属有关企业执行 VOCs 排放标准不严格，部分分公司废气收集处理效果不理想，罩光漆深度治理项目进度滞后于任务要求。石家庄市井陉矿区冀中能源井矿集团凤山化工分公司 1 台 20 吨 / 小时燃煤锅炉无脱硝设施，二氧化硫和氮氧化物超标排放。

济南市山东济南新阳广厦建材有限公司擅自变更脱硫处理工艺，烟尘超标排放；济南热电丁字山热源厂烟尘超标排放；东辛新型建材厂脱硫设施停运，烟气直排。

二是部分企业执行停限产要求不到位。郑州市河南中铝碳素有限公司、中国铝业股份有限公司河南分公司、中储粮油脂（新郑）有限公司、河南省新郑煤电有限责任公司、管城区郑州金星啤酒有限公司等，没有按要求采取应急减排措施，在重污染天气应急期间排放量增加或燃煤量增加。

三是"散乱污"企业或企业群违法违规复产。3月中旬以来，多地存在"散乱污"企业或企业群违法违规复产情况。如廊坊市文安县孙氏镇纪屯村十多家注塑小厂，邯郸市永年区裴坡庄村周边多家小型螺丝标准件加工企业，衡水市桃城区河东办事处石家庄村部分散乱污胶片、胶圈企业，临汾市部分洗煤行业等都已复工生产，没有环保设施和环保手续，污染排放情况突出。

四是一些企业拒绝检查，性质恶劣。如北京首钢冷轧薄板有限公司、天津大真空有限公司、廊坊市安次区富智康精密电子（廊坊）有限公司、保定市徐水区再实铸造有限公司、唐山市平乡县亚克西车业有限公司、沧州市孟村县环宇扣件有限公司、太原市经济区山西瑞福来药业有限公司药厂、郑州市航空港区河南大有塑业发展有限公司、鹤壁市淇滨区鹤壁旅游综合体项目工地等，采取各种措施拒绝环保督查人员检查。

四、部分企业监测数据不真实甚至造假

石家庄市河北阔芳环保科技有限公司负责运营的河北力马燃气有限公司、石家庄泛洲环保仪器有限公司负责日常运营的河北泰恒陶瓷有限公司、石家庄玉晶玻璃有限公司、无极县阳煤集团石家庄中冀正元化工有限公司、鹿泉区曲寨水泥有限公司、河北敬业钢铁集团、石家庄柏坡正元化肥有限公司等企业均存在在线监测数据不真实甚至故意造假等问题。保定市中节能保定环保能源有限公司、临汾市隆水实业集团有限公司等也存在监测数据失真问题。

五、扬尘污染问题比较普遍

北京市朝阳区、顺义区、房山区的扬尘污染问题较为集中，相关部门对四环外市政工程、园林工程、水利工程、拆迁工程扬尘管控措施不到位，基本处于"不检查，没人管"状态。衡水市扬尘是大气污染第二大来源，近一半工地扬尘管控不到位。保定市多数县（市、区）政府对抑尘防尘工作重视不够、措施不落实，料场、堆场不苫盖，工地、道路扬尘问题随处可见。天津市宁河区造甲城镇潘家园工业区永定新河大堤北侧沿途有多家暂存煤场，多数无防风抑尘网，扬尘污染严重；必拓仓储煤场、晟联物流煤场、同鑫煤场、宝勒泰仓储煤场等煤堆基本未苫盖或苫盖不全。

另外，一些地方政府环保不作为、乱作为情况仍然比较多见。石家庄市未对市直部门开展大气污染防治年度考核，一些部门对大气污染防治工作不部署、不落实；市长办公会议纪要（2015年第49号）要求市环保、规划、交通、发改、国土、财政等部门为企业在建成区新上燃煤锅炉开辟"绿色通道"，加快办理各项手续。邢台市部分区县党委、政府仅以完成上级布置的工作任务为目标，导致一些环境问题长期得不到解决。临汾市经信委、住建局、商务局、质监局、市煤炭工业局等多个部门没有落实环保责任。德州市部分县级经信、环保、住建、国土等部门和乡镇党委、政府对不落实错峰、应急停限产要求的企业、建筑工地，以及"散乱污"企业、黏土砖瓦窑等违规违法排污行为不查处、不关闭。

下一步，环境保护部将紧盯问题不放，督促地方抓好整改落实，并计划从4月开始，组织机动性督查队伍，继续加强对京津冀及周边地区大气污染治理工作情况的监督检查。

>>> 环保微讲座

重污染天气的具体成因是什么

污染物排放强度大是重污染天气形成的内因，静稳、小风、高湿以及逆温等不利气象条件则是重污染天气形成的外因。

内因：污染物排放强度大

目前，细颗粒物（PM$_{2.5}$）是对我国大气环境质量影响最大的污染物，不管是从超标城市的数量、各城市超标的程度分析，还是从对重污染天气贡献的角度分析，PM$_{2.5}$的影响都远远大于其他污染物。大气PM$_{2.5}$污染的来源主要包括一次颗粒物排放的直接贡献，以及二氧化硫（SO$_2$）、氮氧化物（NO$_x$）、挥发性有机物（VOCs）和氨（NH$_3$）等气态前体物二次转化的间接贡献。

环境保护部于2014年1月启动了全国各直辖市、省会城市和计划单列市共35个城市的PM$_{2.5}$来源解析工作，结果表明，燃煤、机动车、扬尘、工业生产等是PM$_{2.5}$的主要来源。大气PM$_{2.5}$的来源贡献具有较大的地区差异。

石家庄、济南、太原、长春、哈尔滨、南京、贵阳、乌鲁木齐等城市PM$_{2.5}$的首要来源是燃煤排放，其占比均在25%以上；河北各城市源解析结果表明，燃煤排放作为保定、廊坊、沧州等城市PM$_{2.5}$首要来源，占比均在30%以上，燃煤污染防治是上述城市PM$_{2.5}$污染防控的重中之重。

特别是冬季采暖期间，燃煤排放对京津冀及周边地区大气PM$_{2.5}$污染的贡献更加凸显，PM$_{2.5}$中的有机碳（OC）、元素碳（EC）、硫酸盐等主要组分都与燃煤排放直接相关，其他主要组分如硝酸盐、铵盐等也部分来自于燃煤锅炉和燃煤散烧，冬季大气重污染防控的首要任务就是大力削减燃煤排放。

但同时也要看到，北京、上海、杭州等城市PM$_{2.5}$的首要来源为机动车排放，占比都在30%左右（上海包括机动车和非道路移动源），深圳市机动车排放对

$PM_{2.5}$ 的贡献甚至高达 41%，大连、厦门、重庆（主城区）、成都、西安等城市 $PM_{2.5}$ 的首要来源也是机动车排放，占比为 20% ～ 30%，机动车污染防治对上述城市的 $PM_{2.5}$ 污染防控非常重要。

在重污染预警期间，北京等城市加大机动车污染管控，特别是老旧车和柴油车等高排放车管控，有助于降低污染峰值。此外，天津、呼和浩特、银川、兰州、西宁等城市 $PM_{2.5}$ 的首要来源是扬尘污染，占比为 25% ～ 40%，这些城市要进一步加大扬尘污染防治力度。

环境监测数据和相关研究都表明，自 2013 年"大气十条"实施以来，全国和各地大气污染防控措施取得成效，一次污染物（SO_2、NO_2 及一次颗粒物等）浓度下降明显。但是，颗粒物中的二次成分下降显著缓于一次污染物，重污染期间大气 $PM_{2.5}$ 的爆发式增长往往与硫酸盐、硝酸盐等二次成分快速增长有关。

值得注意的是，除了 SO_2、NO_x 等气态前体物分别转化为硫酸盐、硝酸盐等二次成分的机制外，还存在这些化学成分之间的相互影响，如 NO_2 促进 SO_2 加快转化为硫酸盐，产生"1 + 1 > 2"的大气污染生成效果。这些机制在大气重污染形成中起到怎样的作用，对于重污染预报预警、多污染物协同控制方案的制定都十分关键。

外因：不利气象条件

不利气象条件是重污染天气形成的外因，比如静稳，小风，高湿以及逆温等，会在排放基本相同的前提下导致更加严重的空气污染。

研究表明，"大气十条"实施以来，京津冀区域的污染气象条件总体上趋于不利，这也加大了污染治理的难度。从京津冀区域污染气象条件的对比分析看，2014 年比 2013 年转差 17%，2015 年比 2013 年转差 12%，2016 年秋冬季我国再一次经历了非常不利的污染气象条件，尤其是北方地区冷空气不活跃，强度弱，风速小，温度明显偏高。同时，大气污染过程与气象过程之间存在相互作

用。大气污染积累到一定程度，颗粒物化学组分（如硫酸盐、黑碳和有机组分等）呈现对辐射的显著影响，在相当程度上导致边界层的大气扩散能力减弱，从而进一步加剧重污染。

此外，重污染天气的形成还受到全球气候变化的影响，以全球变暖为主要特征的气候变化使大气层结更加稳定，已成为国际上的共识。如去年秋冬季以来，全球普遍出现异常气候，多个国家包括基本解决空气重污染问题的英国、法国、韩国等发达国家，也相继发生了较高强度、较大范围的大气重污染。

中国环境科学研究院研究员　柴发合

微博：本月发稿 232 条，阅读量 573.8 万＋；
微信：本月发稿 125 条，阅读量 26.9 万＋。

本月盘点

回眸

2017 年 4 月

- 启动为期一年的大气污染防治强化督查
- 责成山东和河北省环保厅严肃处理阻挠
  督查组正常执法事件
- 与河北省、天津市政府联合调查污水渗
  坑问题

发布时间
2017.4.1

环境保护部约谈北京大兴等
7 个地方政府主要负责同志

2017 年 4 月 1 日，环境保护部对北京市大兴区，天津市北辰区，河北省石家庄赵县、唐山开平区、邯郸永年区、衡水深州市，山西省运城河津市政府主要负责同志进行集中约谈，督促落实大气污染治理措施，夯实环境保护主体责任，进一步向基层传导环保压力。约谈认为，7 个区（市、县）大气环境治理突出问题有：

一、环境质量形势十分严峻

北京大兴区 2016 年 PM_{10}、$PM_{2.5}$ 浓度均为北京市各区中最高，今年截至 3 月 26 日，全区 PM_{10}、$PM_{2.5}$ 浓度仍不降反升，大气环境质量形势严峻。天津北辰区今年以来大气环境质量恶化明显，截至 3 月 26 日全区 $PM_{2.5}$ 浓度较 2016 年同期上升 36.5%，浓度均值为天津市各区县最高。2017 年 1 月 1 日—3 月 26 日，石家庄赵县 PM_{10}、$PM_{2.5}$ 浓度均值较 2016 年同期分别上升 55.6% 和 66.7%。唐山开平区 2016 年大气环境质量在河北省 143 个县（市、区）中排名倒数第一，今年以来继续呈明显恶化趋势。邯郸永年区目前已成为邯郸市大气环境污染最重的区县。衡水深州市今年截至 3 月 26 日，全市 PM_{10}、$PM_{2.5}$ 浓度均值分别高达 183 微克 / 立方米和 127 微克 / 立方米，大气环境质量形势十分严峻。运城河津市 2016 年 PM_{10} 浓度同比上年不降反升，今年以来大气环境质量仍呈恶化趋势。

二、重点环保措施落实不力

机动车污染治理工作不力。大兴区是北京市重要货运物流通道，机动车污染问题较为突出，但对大型货运车辆环保监管执法力度不够，相关部门也未建立有效监管协作机制。督查发现，凤河营、榆垡等检查站未按有关要求对进京重型柴油货车排放情况进行环保查验。虽然配备较强机动车环保监管执法能力，但没有发挥应有作用，榆垡检查站固定式机动车遥感监测设备长久闲置，区里配置的移动式遥感监测设备使用率较低。

"散乱污"企业清理工作滞后。大兴区安定镇后安定村、金都建材城、澳华产业基地、旧宫镇德茂庄村等聚集大量"散乱污"小企业，多数无大气治理设施或治理设施运行不正常，目前未按要求清理到位。

错峰生产措施没有得到落实。2016 年 11 月 1 日—2017 年 1 月 31 日，天津北辰区富莱德有色金属制品、千鑫有色金属制品、金天马冶炼、国刚铸模、津西北园机械铸造 5 家铸造企业未落实错峰生产要求。衡水深州市河北凯普达汽车部件制造公司、河北瑞丰动力缸体公司铸造车间未落实错峰停产要求；深州嘉信化工公司、衡水宏森五金制造公司在重污染天气应急响应期间，未按要求落实减排措施。

三、企业违法排污问题多发频发

大兴区北京金尚德源工贸，嘉华家具厂、道康明家具厂，北臧村镇西大营村加工砂浆和腻子粉的小作坊等均无大气治污设施，粉尘未经处理直排；北京金盛彩色印刷设计公司废气治理设施不正常运行，烟尘无组织排放明显；北京金属回收车辆公司、北京天交报废汽车回收处理公司近年新建的拆解生产线无环保手续，拆解过程 VOCs 无组织排放严重。天津北辰区天津市隆兴伟业喷涂房和表面处理车间无处理设施，酸雾逸散环境；森雷电器、恩特装饰、城利达发泡制品、富尔欣车料、莱利斯特科技等企业，无组织排放污染突出；金运龙

金属制品、三泰建筑、成远金属制品等企业违规使用劣质散煤。唐山开平区腾达石灰厂治污设施未运行，车间内粉尘污染严重；隆源新型制砖厂无环保手续擅自违法生产。邯郸永年区永洋特钢、永兴钢铁、永年县水泥公司、七星山水泥厂等企业或环保设施老化，或大气治理设施简易，或厂区管理混乱，烟尘无组织排放明显。衡水深州市顾家家居河北公司家具喷漆车间收集处理措施不到位，漆雾无组织排放严重；河北泽安丝网制造公司一条浸塑生产线在除尘设施尚未同步完工情况下即擅自投入生产。运城河津市华鑫源钢铁公司私设暗管，多次向厂外渗坑排放未经处理的含铬废水；中国铝业山西分公司氧化铝厂区雨污不分，多次通过雨水口外排碱性生产废水，污染涧河水体，导致下游涧河水质 pH 高达 9 ～ 12。

四、"散乱污"企业污染整治不力

大兴区北京南郊农业生产经营管理中心，青云店镇北辛屯村多家废品收购站和小型服装加工厂，青云店镇杨各庄黑猪宴饭店，黄村镇狼垡四村世纪华联超市等使用无治污设施的燃煤小锅炉或生物质燃料锅炉，污染排放突出。天津北辰区刘家码头村、青光镇羊圈村、泽涌路等周边地区集聚数百家废塑料回收、家电拆解回收、废旧电器回收、废油桶油壶回收等作坊，以及大量小家具、小机械等企业，大量使用劣质散煤，环境普遍脏乱，大气污染严重。邯郸永年区裴坡庄村周边多家小型螺丝标准件加工企业未安装油烟净化设施，无组织排放明显。衡水深州市唐奉镇赵八庄村 10 余家"小散乱污"企业无任何审批手续和治污设施，环境污染突出。

五、不作为、乱作为问题仍然多见

大兴区重污染天气应急预案不实，北京蓝天开思班钢结构公司早已于 2015 年 8 月停产，但均列入应急响应停限产清单；经信部门工作不严不实，北京宏丰嘉都建材销售中心、北京建英亿发商贸公司、中原华宇（北京）贸易公司等企业，于 2012—2013 年已搬迁，但仍被列入 2017 年"散乱污"企业清理整治工作台账中。天津北辰区发展改革委未按要求落实散煤清洁化有关职责，青光镇、西堤头镇洁净型煤需求计划分别为 11 354 吨和 17 278 吨，但实际配送仅6 687 吨和 12 268 吨。石家庄赵县工信部门对重污染天气应急响应不力，不清楚企业停限产清单及其落实情况；发展改革、质监、工商等部门推广或监管的部分型煤煤质没有达到质量要求；住建部门未采取有效的扬尘管控措施，县域扬尘污染问题突出。唐山开平区商务部门在 2016—2017 年重污染天气应急响应时未按要求对油气回收设施开展应急检查；巍山区域环境整治不力，环境脏乱问题长期未有效解决，群众反映强烈。衡水深州市住建局和开发区管委会互相推诿，均未履行建筑工地扬尘监管职责。运城河津市有关部门对润升豆业未依法取缔关停等问题失察。经现场核查发现，该企业不仅未被取缔，反而顶风生产，废水未经处理通过暗管直排厂外农田。

约谈要求，大兴区，北辰区，赵县、开平、永年、深州，河津 7 区（市、县）应提高认识，深化治理，狠抓落实，不断改善大气环境质量。要按要求制定整改方案，并在 20 个工作日内报送环境保护部，并抄报相关省级人民政府。

约谈会上，7 区（市、县）政府主要负责同志均做了表态发言，表示诚恳接受约谈，正视问题，深刻反思，强化整改，压实责任，确保大气治理工作落到实处，不断改善环境质量。

环境保护部有关司局负责同志，华北环境保护督查中心负责同志，北京、天津、河北、山西等省级环保部门有关负责同志，石家庄、唐山、邯郸、衡水、运城等市政府有关负责同志等参加了约谈。

发布时间
2017.4.5

陈吉宁带队检查燕山石化等企业

环境保护部部长陈吉宁4月4日在京带队实地走访了中国石油化工股份有限公司北京燕山分公司（以下简称"燕山石化"）、中粮五谷道场食品有限公司等企业，对房山区重污染天气应急响应措施落实情况开展现场督查。

不发通知、不打招呼、直奔现场，陈吉宁一行到达房山区后，就直接驱车前往燕山石化，对企业的丁二烯橡胶车间等进行实地调研。在橡胶厂顺丁橡胶生产车间，陈吉宁详细了解了企业生产设施和VOCs治理工程运行情况。"尾气处理装置的运行原理是怎样的？多长时间换一次料？废料的脱附是如何进行的？"

据了解，该企业橡胶生产车间配备3套水洗除胶＋活性炭纤维吸附系统对产生的VOCs进行处理，由于存在工艺缺陷，大部分吸附产物因再次挥发造成二次污染。目前对一套系统进行了改造，但现场检查时系统周边异味明显，还有两套VOCs治理系统未进行改造，污染问题尚未得到有效解决。

随后，陈吉宁来到燕山石化安全生产指挥中心，要求调阅企业泄漏检测与修复电子数据台账，然而等候近20分钟后，企业仍难以调取相关数据，相关负责人员对台账不熟悉，平时缺乏分析使用，日常管理较为粗放。

陈吉宁指出，燕山石化公司要切实提高对环境保护工作的重视程度，特别是对问题突出的VOCs治理工作，要抓实抓细，加强精细化管理。针对指挥中心信息系统无法及时调取相关数据问题，要求燕山石化公司针对存在的问题认真研究整改措施，努力提升管理水平，力争从源头上实现减排。

随后，检查了中粮五谷道场食品公司重污染应急减排情况和琉陶路附近北京二建承建的热力工程项目。检查发现，该热力工程项目未按重污染天气橙色预警应急响应要求进行停工，仍在实施土石方作业。据现场项目负责人讲，他们并未接到停工通知。此外，该施工工地附近道路积尘较重，扬尘管控不到位。"要提高重污染天气应对工作质量，把列在单子上的措施落到实处，确保实现应急减排比例，同时加强精细化管理，做好建筑工地和道路扬尘管控。"陈吉宁对在场的北京市有关部门负责人强调说。

同时，在京港澳高速石楼镇一带，督查还发现几处烧荒情况。环境保护部已将督查发现的问题第一时间反馈地方政府，责成地方政府立即整改，并限期反馈整改结果。

发布时间
2017.4.5

环境保护部启动为期一年的大气污染防治强化督查

‖编者按‖

　　2017 年 4 月 5 日，环境保护部宣布，从全国抽调 5600 名环境执法人员，对京津冀及周边传输通道"2+26"城市开展为期一年的大气污染防治强化督查。这是环境保护工作有史以来、国家层面直接组织的最大规模行动。

　　行动开始后，"环保部发布"在两微上开设了"打好蓝天保卫战"话题，通过"每日快报""曝光台"等栏目，每日通报督查进展情况和督查中发现的环境违法问题，对京津冀及周边地区的污染企业形成强烈震慑，受到网友广泛关注。至 2017 年强化督查结束，"打好蓝天保卫战"话题阅读量 2755 万 +，参与讨论 1.4 万人次。

　　为贯彻落实党中央、国务院决策部署，落实地方党委、政府和有关部门大气污染防治责任以及企业环保守法责任，推动京津冀及周边地区大气环境质量持续改善，环境保护部决定开展为期一年的大气污染防治强化督查，并于 4 月 6 日在京召开视频会议，对督查工作进行动员部署。

　　环境保护部副部长翟青主持会议并传达陈吉宁部长要求。

　　党中央、国务院高度重视大气污染防治。加快改善环境空气质量，是人民群众的迫切愿望，是贯彻新发展理念的内在要求。2017 年第一季度空气质量专项督查行动以来，大气污染恶化势头得到了一定遏制，各城市空气质量同比均有所好转。为继续巩固和扩大战果，推动大气环境质量持续改善，环境保护部从全国抽调 5 600 名环境执法人员,将对京津冀及周边传输通道"2+26"城市开展为期一年的大气污染防治强化督查。通过重拳出击,层层传导大气污染防治压力,确保工作分工落地见效;加大打击环境违法行为力度,实现守法常态化;创新区域监管方式,提高环境执法整体水平。

此次强化督查是环境保护有史以来,国家层面直接组织的最大规模行动,主要对 7 个方面进行督查,包括相关地方各级政府及有关部门落实大气污染防治任务情况,固定污染源环保设施运行及达标排放情况,"高架源"自动监测设施安装、联网及运行情况,"散乱污"企业排查、取缔情况,错峰生产企业停产、限产措施执行情况,涉挥发性有机污染物企业治理设施安装运行情况等。通过督查,抓实、抓细、抓好 2017 年政府工作报告、"大气十条"、《京津冀大气污染防治强化措施(2016—2017 年)》和《京津冀及周边地区 2017 年大气污染防治工作方案》确定的各项任务,为全面实现区域及各地大气环境质量改善目标提供保障,深入推进京津冀协同发展。

会议要求,强化督查一要突出压力传导,紧紧围绕地方党委、政府和有关部门大气污染防治责任落实情况开展"系统化"督查,始终保持高压态势,切实起到督促地方尤其是基层区县一级政府及其相关部门落实环境保护责任的目的。

二要坚持问题导向,哪里有问题就到哪里监督检查,并且扭住问题不放,直到问题得到解决。

三要明确督查重点,在"督政"方面,要突出县级党委、政府大气污染防治工作责任落实、工作落实情况;在"督企"方面,要紧盯大型企业的达标排放情况,认真督促落实排污许可制度和全面达标排放计划,同时严查"散乱污"企业整治和取缔情况。

四要强化整改落实,对督查中发现的问题将加大督办力度,将问题责任落

实到人，书面反馈整改情况，逐个解决销号；同时责成相关方面进一步调查处理、追究责任，并定期向社会公开。

五要保证督查质量，执法必严、违法必究，对存在环境违法问题的企业（单位）决不姑息，及时要求地方环保部门调查取证，依法予以处罚。

会议强调，此次督查时间长、任务重、人员多，必须加强指挥调度，做好统筹协调，严格遵守纪律，确保人员安全，做好资金和人员保障。希望参与督查人员切实把思想和行动统一到党中央、国务院的决策部署上来，以坚定的决心、坚决的行动，全力以赴开展好强化督查工作，推动加快解决突出环境问题，切实改善京津冀及周边地区大气质量。

 >>> 打好蓝天保卫战

一分钟看懂史上最大规模环保督查

为期一年、28个督查组、5 600人、28个城市、25次轮换，"有史以来，国家层面直接组织的最大规模"大气污染防治强化督查行动，席卷京津冀及周边污染传输通道"2+26"城市。正在进行的大气污染防治强化督查，要查哪里，查什么，怎么查，又查到了啥？

查哪里？

"2+26"城市是指，根据《京津冀及周边地区2017年大气污染防治工作方案》，京津冀大气污染传输通道包括北京市、天津市及河北、山西、山东、河南4省的26市。其中26市分别为：河北省8市（石家庄、唐山、廊坊等）；山西省4市（太原、阳泉、长治、晋城市）；山东省7市（济南、淄博等）；河南省7市（郑州、开封、焦作等）。

查什么？

此次强化督查是环境保护有史以来，国家层面直接组织的最大规模行动，主要对7个方面进行督查，包括相关地方各级政府及有关部门落实大气污染防治任务情况，固定污染源环保设施运行及达标排放情况，"高架源"自动监测设施安装、联网及运行情况，"散乱污"企业排查、取缔情况，错峰生产企业停产、限产措施执行情况，涉挥发性有机污染物企业治理设施安装运行情况等。

通过督查，抓实、抓细、抓好2017年政府工作报告、"大气十条"、《京津冀大气污染防治强化措施（2016—2017年）》和《京津冀及周边地区2017年大气污染防治工作方案》确定的各项任务，为全面实现区域及各地大气环境质量改善目标提供保障，深入推进京津冀协同发展。

怎么查？

督查期间，环保部每天为督查组提供相关信息，包括："2+26"城市的工作进展情况、"小散乱污"企业排查名单、空气质量监测分析及预测信息、"高架源"自动监测信息和污染物排放量变化信息、"热点网格"监管信息、环境执法监管平台信息，以及"12369"举报投诉受理信息等。

此外，环保部卫星环境应用中心根据"小散乱污"企业分布和2016年"热点网格"信息，综合确定一批重点检查区域，开展飞行任务。卫星环境应用中心将综合运用可见光、热红外、紫外光谱遥感等载荷，进行遥感监测，及时分析数据，供督查组参考。

"各督查组应对照环保部每日提供的相关信息及被督查城市提供的名单，采取随机抽查与'热点网格'相结合的方式严查工业企业环境违法行为，以及大气污染防治工作不到位的情况。"环保部相关负责人解释说。

对督查中发现的问题，督查组会报送环保部，同时还会用电子件抄送给"2+26"城市的环保部门，督促地方严肃查处，举一反三，尽快整改到位。

查到啥?

环保部通过发布官方微博微信及时向公众公布强化督查结果。

4月13日,28个督查组共督查企业297家,发现197家存在违法违规问题,约占检查总数的66%。其中,比较突出的问题有,违法生产"散乱污"企业40家,企业未安装污染治理设施的15家,治污设施不正常运行的16家,VOCs治理设施存在问题的4家,涉嫌自动监测设施弄虚作假问题的2家等。

4月12日,督查组对固定污染源环保设施运行及达标排放等情况进行督查。28个督查组共督查389家企业(工地),发现245家单位存在违法违规问题,约占检查总数的63%。存在问题的企业中,"小散"企业违法生产49个,污染物超标排放3个,VOCs治理问题7个,未安装污染治理设施29个,治污设施不正常运行15个,涉嫌在线监测弄虚作假2个,防扬尘措施不完善93个,露天焚烧等其他问题47个。

4月8—11日,28个督查组均进行了现场督查,共督查946家企业(工地),发现679家单位存在违法违规问题,约占检查总数的72%。督查发现:仍有不少"散乱污"企业违法生产;"散乱污"企业违法生产、排查不清等问题116个;7家高架源企业自动监控设施不正常运行,甚至弄虚作假;个别工业企业污染物仍超标排放;165家企业治污设施建设不完善或不正常运行;部分企业挥发性有机污染物(VOCs)治理不到位等。

短视频
一分钟看懂史上最大规模环保督查

上述问题,督查组已及时移交当地环保部门进一步调查处理,各督查组将按照环保部要求,继续跟踪整改落实情况。对部分突出问题,环保部将直接进行督办,逐一对账销号。

发布时间
2017.4.12

第二批中央环境保护督察陆续反馈督察情况

编者按

2016 年 11 月底，第二批中央环保督察陆续启动，督察对象包括北京、上海、湖北、广东、重庆、陕西、甘肃 7 省市。

时隔 4 月后，2017 年 4 月 11 日，陕西首先收到了督察组的情况反馈。4 月 12 日，北京、上海、重庆三个直辖市同日收到情况反馈。此后，湖北、广东、甘肃三省也陆续接到情况反馈。

在督察反馈中，督察组对每一份督察结论都十分谨慎，在肯定成绩的同时，也力求讲准问题。"措施严厉"被视为是中央环保督察反馈意见的特色之一，督察组"撂狠话"被媒体广泛解读。

以下仅选取中央第一环境保护督察组向北京市反馈督察情况，其余省（市）的不再枚举。

为贯彻落实党中央、国务院关于环境保护督察的重要决策部署，2016 年 11 月 29 日—12 月 29 日，中央第一环境保护督察组对北京市开展环境保护督察，并形成督察意见。经党中央、国务院批准，督察组于 2017 年 4 月 12 日向北京市委、市政府进行了反馈。反馈会由蔡奇市长主持，马骏组长通报督察意见，郭金龙书记作表态发言，赵英民副组长，督察组有关人员，北京市委、市政府领导班子成员及各有关部门主要负责同志等参加会议。

督察认为，2013 年以来，北京市委、市政府深入学习贯彻习近平总书记

系列重要讲话精神，将生态文明建设和环境保护摆到更加重要位置，以京津冀协同发展战略为牵引，强化决策部署，狠抓环境法治，环境保护工作取得积极进展。

2014 年 2 月，习近平总书记视察北京并做重要讲话，明确首都战略定位，为北京城市发展指明方向。市委、市政府以此为基本遵循，出台一系列重要文件，着力调整疏解非首都功能，积极推进京津冀一体化，推动形成生态环境区域协调工作机制。

2013 年以来，累计投入 683 亿元财政资金用于环境治理，全市燃煤总量从 2013 年的 2 300 万吨削减到 2016 年的 950 万吨，城市核心区基本实现"无煤化"。在全国率先淘汰全部黄标车，累计淘汰老旧车 191 万辆。加快城市环境基础设施建设，新增大中型污水处理厂 26 座，新建或改造污水管线 1 384 千米，污水日处理能力达到 672 万吨；新建 4 座生活垃圾焚烧厂，新改扩建 3 座生活垃圾生化处理厂，采用焚烧、生化等资源化方式处理垃圾比例占到 60%；2016 年再生水用量 9.5 亿吨，占供水总量 25%。

制定发布北京市大气污染防治条例、水污染防治条例等法规，出台 60 余项地方环保标准。率先执行机动车第五阶段排放标准和油品第六阶段标准，发布国一、国二排放标准机动车限行政策。在全国最早完成 $PM_{2.5}$ 源解析研究，为精准治理大气污染提供决策依据。建立较为完善的重污染天气应急响应机制，以 APEC 会议及"九·三"大阅兵等重大活动空气质量保障为契机，与周边区域协同作战，实现"APEC 蓝"和"阅兵蓝"。

2016 年，全市 $PM_{2.5}$ 平均浓度较 2013 年下降 18.4%，SO_2 浓度下降 62.3%，重污染天数减少 32.8%。局部水环境质量有所改善，密云水库蓄水量突破 16 亿立方米，水体质量保持在国家地表水 II 类标准以上。生态治理工作取得进展，全市森林覆盖率提高到 42%。

北京市高度重视中央环境保护督察工作，严查严处群众举报案件，并向社会公开。截至 2017 年 2 月底，督察组交办的 2 346 件环境问题举报已全部办结，共责令整改 1 220 家，立案处罚 188 家，拘留 28 人，约谈 624 人，问责 45 人。

督察指出，北京市生态环境保护工作虽然取得积极进展，但压力传导不够与工作统筹不足的问题依然存在，一些长期积累的矛盾和问题尚未得到有效解决，城市环境管理比较粗放。存在的主要问题有：

一、工作落实和考核问责不够到位

北京市环境保护工作存在压力传导层层递减，考核流于形式，追责不力等问题。部分基层领导干部在思想认识上习惯把环境问题归咎于客观原因，谈及大气污染就强调区域外来输入，谈到水污染就强调水资源不足，对主观原因和自身工作问题认识不足。一些部门履职不到位，市国土资源局违反相关规定，为北京哲君科技开发有限公司采矿许可证延期；市发展改革部门协调落实不力，致使全市本地发电量不降反增，外调电比例从 2013 年的 63.8% 下降至 2015 年的 56.5%，给大气污染治理工作带来被动。

北京市清洁空气行动计划、水污染治理方案等均提出明确的任务目标和考核标准，但执行过程考核不严，问责不力。华能北京热电厂新增燃气发电机组（三期）项目未按时完成，但考核结果为完成；2014 年怀柔等 7 个区清洁空气行动计划考核结果为不合格，但未按规定向社会公开，也未对有关单位和个人实施问责。

部门之间协同不够，建筑垃圾及渣土车管理由 6 个部门分段负责，轮流牵头，多头管理；煤质监管分工交叉，市级质监、工商部门互相推诿，2016 年均未开展相应工作。

二、大气环境治理存在薄弱环节

重型柴油车和非道路移动机械污染防控不力，本地有重型柴油车 27 万余

辆，其中车龄 10 年以上的有 1.1 万辆，车辆冒黑烟现象时有发生。对外埠货运车辆尾气执法检测手段不足，处罚力度偏弱，多按低限处罚，且劝返效果不佳，罚款变相成为"过路费"。非道路移动机械污染排放突出，但缺乏相应治理政策措施，目前仅约 1/3 在用机械能达到第三阶段排放标准。通过抽查发现，有的机动车检测场管理不到位，顺义区京顺机动车检测场不按标准规范进行检测操作，检测数据异常，存在重型车花钱过关现象。

部分区域和企业大气环境治理形势严峻。大兴区 2016 年已成为全市大气污染最严重区域，督察进驻时仍有工业大院近 70 个，低端企业近万家，环境"脏乱差"问题突出。顺义区连续两年没有完成 $PM_{2.5}$ 浓度削减目标，降尘量位于北京市前列，一些已完成清洁能源改造的村庄存在复烧散煤现象。燕山石化 2014 年实施的 VOCs 治理减排项目中，截至督察时有 3 项没有正常运行，下属环境监测单位管理不规范。

群众身边大气污染问题亟待解决，餐饮油烟污染扰民问题多发，局部区域露天烧烤、油烟直排问题仍然突出。施工扬尘、道路扬尘、料场扬尘等管控不够有力，建筑施工违规行为比较多见；全市纳入监控管理系统的渣土车 9 000 余辆，但由于管理不到位，有 4 800 多辆实际脱离监控，导致非法倾倒问题时有发生。

三、城市环境管理仍然比较粗放

北京市环境基础设施建设滞后，运行管理比较粗放。2015 年全市 206 个地表水监测断面中有 106 个不符合水功能区要求，劣 V 类断面占比 39%；与 2013 年相比，全市有 29 个河流监测断面污染物浓度不降反升；9 条有水的出境河流中，8 条为劣 V 类。黑臭水体治理进展迟缓，2016 年应完成 19 条黑臭水体治理任务，但截至 2016 年 12 月仅完成 1 条。污水直排或超标排放问题突出，朝阳区小红门污水处理厂长期超负荷运行问题一直未有效解决；昌平区北京科技商务区再生水厂建设迟迟没有进展，导致每天约 5 万吨污水直排南沙河；百善再生水厂因管网配套严重不足，2013 年 6 月建成后长期闲置。饮用水水源保护区内仍存在违法违规项目，密云水库饮用水水源二级保护区内仍有放马峪铁矿等 3 家公司继续生产，未按要求在 2008 年底前关闭。

生活垃圾和污泥处置问题突出。全市在用 21 家生活垃圾处理设施中有 11 家超负荷运行；列入计划的 14 座污泥无害化处理工程无一按期建成。北京排水集团下属污水处理厂每年产生约 90 万吨污泥，70% 送往四个污泥临时堆场，恶臭扰民，隐患突出。垃圾渗滤液违规处置问题严重，9 家垃圾转运站有 3 家未配套建设渗滤液处理设施，部分垃圾填埋场渗滤液违反国家规定，运至污水处理厂或粪便消纳站处理，甚至直接排入市政管网；高安屯餐厨垃圾处理厂渗滤液去向不明。全市 17 家粪便消纳站，具备生化处理能力的只有 8 家，多数难以达到纳管排放标准。餐厨垃圾收集处理能力严重不足，多数餐厨垃圾去向不明。

另外，北京市六环内城乡结合部聚集大量人口和低端产业，环境基础设施建设滞后，生活污水直排，生活垃圾乱倒等问题突出。部分基层政府和有关部门在城乡结合部整治中主动作为不够，存在"以拆代管""待拆不管"等问题，一些城乡结合部地区长期处于环境监管缺失状态。

督察要求，北京市要坚决贯彻落实习近平总书记视察北京时重要讲话精神，进一步加快疏解非首都功能，发挥京津冀协同发展的牵头作用，加强城市建设，特别是环境基础设施建设，创新城市管理模式，提升精细化水平。要持续推进大气、水污染防治，加强生态治理和饮用水水源保护，加快建设垃圾减量化、无害化、资源化循环利用设施。强化环境保护党政同责和一岗双责，健全党政领导干部政绩考核制度和生态环境损害责任追究制度，打好环境治理攻坚战和持久战。要依法依规严肃责任追究，对于督察中发现的问题，要责成有关部门

进一步深入调查，厘清责任，并按有关规定严肃问责。

短视频

第二批中央环保督察情况反馈核心看点

督察强调，北京市应根据《环境保护督察方案（试行）》要求和督察反馈意见，抓紧研究制定整改方案，在 30 个工作日内报送国务院。整改方案和整改落实情况要按照有关规定，及时向社会公开。

督察组还对发现的生态环境损害责任追究问题进行了梳理，将按有关规定移交北京市委、市政府处理。

环境保护部责成山东和河北省环境保护厅
严肃处理阻挠督查组正常执法事件

//编者按//

2017年4月16日晚20时许，"环保部发布"发出一条微博消息："环境保护部强化督查山东省济南市督查组在对山东绿杰环保节能科技有限公司正常检查执法时受阻，并被非法扣留"，迅速引发媒体和网友强烈关注，微博阅读量达420多万，评论600多条。各大媒体、网站相继报道，事件持续升温，成为当时网络的热门话题。网友一边倒地支持环保督查，声讨污染企业无法无天，要求加大执法力度，对污染企业严查到底。

日前，环境保护部第十五督查组有关人员在山东省济南市一家企业执法时受阻，被扣留长达一小时之久。第九督查组有关人员在河北省邢台市现场检查时执法证被抢夺。针对两起事件，环境保护部领导高度重视，要求山东和河北省环境保护厅分别督促济南市、邢台市政府依法调查，严肃处理。

据了解，4月16日济南市委、市政府连夜召开紧急会议，成立调查组开展事件调查和处置工作，责令山东绿杰环保节能科技有限公司停产整顿，彻底整治粉尘污染问题。济南市公安机关以阻碍执行职务违法行为依法调查，已传唤4名涉案违法行为人，对其余涉案人员正在采取相应措施。4月17日，邢台市委、市政府立即责成任县县委、县政府成立调查组开展调查，任县公安机关对邢台

双工机械制造有限公司 2 名涉事人员行政拘留，县环境保护局对企业环境违法行为立案调查。

　　济南市、邢台市政府表示要举一反三，全力配合支持督查组做好督查工作，如果发现有公职人员失职渎职、违法违纪，将一查到底，严肃处理。

发布时间
2017.4.19

环境保护部和河北省政府联合调查污水渗坑问题

//编者按//

　　2017年4月18日，微信公众号"两江环保"推送文章称，公益环保组织重庆两江志愿服务发展中心在华北地区开展工业污染调查期间，发现超大规模工业污水渗坑。航拍图片触目惊心，文章迅速刷屏。

　　4月19日，"环保部发布"即连续发布三篇消息，予以积极回应。这是"环保部发布"首次在突发环境舆情事件中凸显"快速反应"作用。之后，环境保护部在4月21日的例行记者会上对渗坑问题予以详细解读。舆情很快平息。

　　4月19日上午，环境保护部和河北省政府联合调查组现场查看了媒体报道的廊坊市大城县两处渗坑。据大城县政府反映，两处土坑均为多年挖土形成，2013年曾发生废酸违法倾倒事件，导致坑内存水及土壤受到污染。废酸倾倒事件发生后，大城县政府组织相关单位对污染水体进行了治理，但治理工作一直未完成。

　　联合调查组已要求大城县政府及相关部门立即对渗坑水体、土壤及周边地下水开展监测，并制定整治方案，加快治理进度，减轻对周边环境的影响，同时做好信息发布工作，及时向社会公开监测及治理信息。环境保护部将对相关渗坑污染问题挂牌督办。

　　同时，环境保护部已会同天津市政府成立联合调查组，对媒体反映的天津市静海区西翟庄镇污水渗坑问题开展现场调查。有关调查情况将及时发布。

发布时间
2017.4.21

环境保护部召开 2017 年长江经济带
饮用水水源地环保执法专项行动视频会

　　环境保护部 4 月 20 日在京召开 2017 年长江经济带饮用水水源地环境保护执法专项行动视频会，深入学习贯彻习近平总书记关于长江经济带"共抓大保护、不搞大开发"的重要指示精神和党中央、国务院重要决策部署，持续推进沿江 11 省市饮用水水源地环保执法专项行动。受陈吉宁部长委托，环境保护部副部长翟青出席会议并讲话。

　　环境保护部党组和陈吉宁部长对专项行动高度重视，多次研究部署饮用水水源地环保排查整治工作，推动各地加快解决影响饮水安全的突出问题。截至目前，沿江 11 省（市）126 个地级及以上城市共计 319 个集中式饮用水水源地，已全部完成饮用水水源保护区划定和摸底排查。对排查发现的 490 个环境违法问题，沿江 11 省市实施综合举措，推进整治任务完成近半。其中，浙江省已完成全部清理整治任务，安徽、重庆、江苏、湖南 4 省清理整治任务完成比例超过 50%。部分地市工作成效明显。湖北黄石、湖南益阳市委、市政府高度重视，将清理整治任务细化分解到区县政府及港航、住建、海事、水务、环保等相关部门，调动各方力量，顺利完成全部整治任务。但仍有部分地区工作相对滞后，还存在一些"硬骨头"亟待解决，清理整治工作已进入攻坚阶段。环境保护部已于近日致函给尚未完成清理整治任务的有关省（市），推动采取更有力的措施，加快整治工作进度。

翟青在视频会上强调，针对当前存在的突出问题，有关各地要进一步压实责任，细化方案，倒排工期，明确完成时限。环境保护部将加大调度和通报力度，适时组织开展现场督察，及时将督察情况向社会公开。

环境保护部机关有关司局、有关省级环保部门，沿江 126 个地市人民政府分管负责同志，以及市县级环保等相关部门负责同志和有关工作人员在各会场参加会议。

发布时间
2017.4.27

2017 年环境日主题：绿水青山就是金山银山

　　环境保护部 4 月 27 日发布 2017 年环境日主题："绿水青山就是金山银山"，旨在动员引导社会各界牢固树立"绿水青山就是金山银山"的强烈意识，尊重自然、顺应自然、保护自然，自觉践行绿色生活，共同建设美丽中国。

　　2005 年 8 月，时任浙江省委书记的习近平同志在浙江安吉余村考察时，提出了"绿水青山就是金山银山"的科学论断，深刻揭示了发展与保护的本质关系，从根本上更新了关于自然资源无价的传统认识，打破了简单把发展与保护对立起来的思维束缚，指明了实现发展和保护内在统一、相互促进和协调共生的方法论，使我们深刻认识到，保护生态就是保护自然价值和增值自然资本的过程，保护环境就是保护经济社会发展潜力和后劲的过程，把生态环境优势转化成经济社会发展的优势，绿水青山就可以源源不断地带来金山银山。

　　环境保护部有关负责人介绍，党的十八大以来，党中央、国务院高度重视生态文明建设和环境保护，将生态文明建设纳入"五位一体"总体布局，并提出创新、协调、绿色、开放、共享五大发展理念。先后修订了《环境保护法》，出台了大气、水、土壤污染防治行动计划，推进系统的环保体制机制改革创新，连续开展环保法实施年活动，保持环境执法高压态势，取得了积极成效，生态环境质量稳步改善。但从整体上看，我国生态文明建设和环境保护仍滞后于经济社会发展，一些地方仍然重经济发展、轻环境保护，生态环境质量与人民群众期盼差距较大。

　　这位负责人说，环境就是民生，青山就是美丽，蓝天也是幸福。改善环境质量，补齐生态环保短板，必须坚持"绿水青山就是金山银山"，加强生态文化的宣传教育，倡导勤俭节约、绿色低碳、文明健康的生活方式和消费模式，进一步提高全社会生态文明意识。要像保护眼睛一样保护生态环境，像对待生命一样对待生态环境，使生态文明成为社会主流价值观，成为社会主义核心价值观的重要内容。要正确处理好经济发展同生态环境保护的关系，牢固树立保护生态环境就是保护生产力、改善生态环境就是发展生产力的理念，更加自觉地推动绿色发展、循环发展、低碳发展，不断增强人民群众对生态环境的获得感。

　　环境日期间，环境保护部将围绕环境日主题策划制作公益广告和宣传产品，举办"美丽中国行"环保主题社会教育系列活动。各地也将围绕环境日主题，结合实际开展丰富多彩的宣传纪念活动，大力传播"绿水青山就是金山银山"理念，以广泛凝聚社会共识，营造全社会共同参与生态文明建设的良好氛围。

第三批中央环境保护督察工作全面启动

发布时间 2017.4.28

经党中央、国务院批准，第三批中央环境保护督察工作全面启动，已组建 7 个中央环境保护督察组，组长分别由蒋巨峰、杨松、李家祥、朱之鑫、贾治邦、吴新雄、马中平等同志担任，副组长由环境保护部副部长黄润秋、翟青、赵英民、刘华等同志担任，分别负责对天津、山西、辽宁、安徽、福建、湖南、贵州 7 个省（市）开展环境保护督察工作。截至 4 月 28 日，7 个中央环境保护督察组已全部实现督察进驻。

督察工作动员会上，各位组长强调，环境保护督察是党中央、国务院关于推进生态文明建设和环境保护工作的一项重大制度安排。通过督察，重点了解省级党委和政府贯彻落实国家环境保护决策部署、解决突出环境问题、落实环境保护主体责任情况。在具体督察中，坚持问题导向，重点盯住中央高度关注、群众反映强烈、社会影响恶劣的突出环境问题及其处理情况；重点检查环境质量呈现恶化趋势的区域流域及整治情况；重点督办人民群众反映的身边环境问题的立行立改情况；重点督察地方党委和政府及其有关部门环保不作为、乱作为情况；重点了解地方落实环境保护党政同责和一岗双责、严格责任追究情况等。

7 个省（市）党委主要领导同志均作了动员讲话，强调要紧密团结在以习近平同志为核心的党中央周围，进一步增强政治意识、大局意识、核心意识和看齐意识，切实推进生态文明建设和环境保护工作，并要求所在省（市）各级

党委、政府及有关部门坚决贯彻落实党中央、国务院决策部署，统一思想，提高认识，全力做好督察配合，确保督察工作顺利推进、取得实效。

根据安排，环境保护督察进驻时间约 1 个月。督察进驻期间，各督察组分别设立专门值班电话和邮政信箱，受理被督察省（市）环境保护方面的来信来电，受理举报电话时间为每天 8:00—20:00。

微博： 本月发稿 277 条，阅读量 2 136.7 万＋；

微信： 本月发稿 234 条，阅读量 118.6 万＋。

本月盘点

回眸

2017 年 5 月

- 李干杰任中共环境保护部党组书记
- 环境保护部、住房城乡建设部联合印发
  《关于推进环保设施和城市污水垃圾处理
  设施向公众开放的指导意见》
- 第三批中央环境保护督察进驻结束

第一批中央环境保护督察整改方案全部公开

发布时间
2017.5.2

经党中央、国务院批准，第一批中央环境保护督察于 2016 年 7—8 月实施督察进驻，组织对内蒙古、黑龙江、江苏、江西、河南、广西、云南、宁夏 8 省（区）开展督察工作，并于 2016 年 11 月全部完成督察反馈。8 省（区）党委和政府高度重视，按照要求组织制定了督察整改方案。根据要求，督察整改方案应通过中央和当地省级主要新闻媒体向社会公开。

为规范公开形式，强化社会监督，国家环境保护督察办公室专门致函 8 省（区），要求利用"一台一报一网"（"一台"即省级电视台，"一报"即省级党报，"一网"即省级人民政府网站）作为载体，于 2017 年 4 月 30 日前完成整改方案公开工作。其中，省级电视台播报整改方案公开通稿，包括督察整改工作思路、目标、主要任务和具体措施，以及时间安排、责任单位等内容。省级党报全文刊登公开通稿。省级人民政府网站公开督察整改方案全文，并在省级环境保护部门网站同步公开。

8 省（区）高度重视督察整改方案公开工作，截至 4 月 30 日，均已按要求完成督察整改方案公开。国家环境保护督察办公室协调有关中央媒体同步进行了公开。

发布时间
2017.5.10

环境保护部对廊坊市大气环境问题
进行挂牌督办

环境保护部近期督察发现，廊坊市虽然加大工作力度，狠抓污染治理，大气污染防治工作取得积极进展，但部分基层党委、政府认识不到位、履职不到位的问题仍然存在，《京津冀大气污染防治强化措施（2016—2017年）》落实缓慢，尤其是部分"散乱污"企业集群违法排污问题突出。

文安县胶合板企业集群环境污染严重，约2 000家胶合板企业和塑料加工企业中，大部分厂区环境脏乱，配套环保设施简陋，无组织排放明显，VOCs排放基本无治理措施，二氧化硫、氮氧化物基本处于直排状态。

大城县有色金属加工和保温材料企业众多，大量拆解分拣、再生金属熔铸、成品再熔铸，以及挤压、冷拔丝等企业料场料堆未封闭、厂区脏乱，无组织排放突出；应淘汰的工艺及设备大量存在，环保设施简陋，污染物直排问题严重；玻璃棉、岩棉、硅酸铝棉等保温材料企业大气污染物普遍超标排放，VOCs排放未采取有效治理措施。

为督促廊坊市进一步落实环境保护责任，持续抓实抓好大气污染防治工作，环境保护部决定对廊坊市大气环境问题进行挂牌督办。要求廊坊市人民政府和有关部门严格落实《中华人民共和国大气污染防治法》《大气污染防治行动计划》《京津冀大

环境新闻速览

记者观察：环保督查关的都是哪些企业，为何非关不可

气污染防治强化措施（2016—2017年）》《京津冀及周边地区2017年大气污染防治工作方案》，对文安县胶合板企业集群、大城县有色金属加工和保温材料企业集群进行环境综合整治，加大治理力度，加强执法监管，对存在的问题做到查处到位，整改到位，公开到位，接受社会监督。有关督办事项须于今年10月底前完成。

发布时间
2017.5.12

环境保护部等 4 部委联合发布《关于推进绿色"一带一路"建设的指导意见》

为进一步推动"一带一路"绿色发展，近日，环境保护部、外交部、国家发展改革委、商务部联合发布了《关于推进绿色"一带一路"建设的指导意见》（以下简称《指导意见》）。

《指导意见》系统阐述了建设绿色"一带一路"的重要意义，要求以和平合作、开放包容、互学互鉴、互利共赢的"丝绸之路精神"为指引，牢固树立创新、协调、绿色、开放、共享发展理念，坚持各国共商、共建、共享，遵循平等、追求互利，全面推进"政策沟通""设施联通""贸易畅通""资金融通"和"民心相通"的绿色化进程。

《指导意见》提出，用 3 ～ 5 年时间，建成务实高效的生态环保合作交流体系、支撑与服务平台和产业技术合作基地，制定落实一系列生态环境风险防范政策和措施；用 5 ～ 10 年时间，建成较为完善的生态环保服务、支撑、保障体系，实施一批重要生态环保项目，并取得良好效果。《指导意见》从加强交流和宣传、保障投资活动生态环境安全、搭建绿色合作平台、完善政策措施、发挥地方优势等方面做出了详细安排。

共建绿色"一带一路"是"一带一路"顶层设计中的重要内容。2015 年发布的《推动共建丝绸之路经济带和 21 世纪海上丝绸之路的愿景与行动》就明确提出要突出生态文明理念，加强生态环境、生物多样性和应对气候变化合作，

共建绿色丝绸之路。习近平总书记强调，要着力深化环保合作，践行绿色发展理念，加大生态环境保护力度，携手打造"绿色丝绸之路"。

此次发布的《指导意见》，旨在深入落实党中央、国务院的相关部署要求，加快绿色"一带一路"建设进程。随着《指导意见》的进一步落实，将切实提高"一带一路"沿线国家环保能力和区域可持续发展水平，助力沿线各国实现2030年可持续发展目标，把"一带一路"建设成为和平、繁荣和友谊之路。

国际生物多样性日专题宣传活动在京举办

发布时间
2017.5.22

5月22日是第24个国际生物多样性日，环境保护部在京举办专题宣传活动，旨在进一步推动中国生物多样性保护工作，促进全社会参与生物多样性保护。环境保护部副部长黄润秋出席活动并讲话。

今年国际生物多样性日的主题是"生物多样性与可持续旅游"。中国丰富的生物多样性和多样的生态系统构成了重要的旅游资源，通过合理发展旅游业，可以提升公众生物多样性保护意识，提高旅游地居民的收入水平，为保护敏感脆弱生境和珍稀物种做出重要的贡献。

黄润秋说，中国政府对生物多样性保护高度重视，积极履行《生物多样性公约》及其议定书，并获得2020年《生物多样性公约》第十五次缔约方大会的主办权。目前，全国森林覆盖率提高到21.66%，草原综合植被覆盖度达54%。各类陆域保护地面积达170多万平方公里，约占陆地国土面积的18%，提前实现《生物多样性公约》要求的到2020年达到17%的目标。超过90%的自然生态系统类型、89%的国家重点保护野生动植物种类以及大多数重要自然遗迹均在自然保护区内得到保护，大熊猫、东北虎、朱鹮、藏羚羊、扬子鳄等部分珍稀濒危物种野外种群数量稳中有升。同时，环境保护部联合国家旅游局开展国家生态旅游示范区建设，推动天津、河北等地建立72个国家生态旅游示范区。

黄润秋表示，当前和未来一段时期，将以创新、协调、绿色、开放、共享

的发展理念为指引,坚持保护优先、自然恢复为主,以改善生态环境质量为核心,以加大典型生态系统、物种、基因和景观多样性保护力度为重点,更好地发挥生物多样性保护和可持续旅游的协同效应。将进一步加强生物多样性保护监管,推动各地将包括具有生物多样性维护等功能的重点生态功能区、生态环境敏感区和脆弱区纳入生态保护红线;强化生态系统整体性保护,按照中央就山水林田湖整体性保护的部署,全面提升森林、河湖、草原、湿地、海洋等自然生态系统稳定性和生态服务功能;全面实施生物多样性保护重大工程,开展以县域为单元的全国生物多样性调查和评估,建立生物多样性观测体系,构建生物多样性保护网络;加大宣传教育力度,使旅游成为了解生物多样性的课堂,成为提升全社会生物多样性保护意识的契机。

活动中,环境保护部和国家旅游局共同发布了生物多样性保护与可持续旅游倡议,旨在推广生物多样性保护和可持续旅游理念,呼吁全面参与生物多样性保护。百度集团有关负责人介绍并启动了"百度生物多样性项目",利用互联网平台加强生物多样性知识的普及和宣传,提升公众特别是青少年群体对生物多样性的认识。

除专题宣传活动外,有关部门和地方也组织了形式多样的宣传活动。环境保护部组织开展了全国高校生物多样性保护海报宣传画大赛、生物多样性保护进校园进社区、生物多样性摄影展等系列宣传活动。

中国生物多样性保护国家委员会各成员单位、国家旅游局、国际机构、非政府组织、企业、专家、媒体和中小学生代表等约120人参加了活动。

>>> 小知识

生物多样性

生物多样性是指生物（动物、植物、微生物）与环境形成的生态复合体以及与此相关的各种生态过程的总和，包括生态系统、物种和基因三个层次。我国是全球生物多样性最丰富的国家之一，拥有高原，森林，湖泊，荒漠，海洋等599种生态系统，3万多种高等植物，以及丰富的遗传多样性。高等植物数量世界排名第3，裸子植物数量世界排名第1，哺乳类世界第1，鸟类世界第5，两栖类世界第5，爬行类世界第8，其中中国特有种有1 598种。

生物多样性公约

《生物多样性公约》（以下简称《公约》）是为了保护地球上的生物资源而制定的国际公约，《公约》的三大目标是保护生物多样性、可持续利用生物多样性组成成分、公平公正地分享利用遗传资源所产生的惠益。《公约》还衍生出《卡塔赫纳生物安全议定书》《卡塔赫纳生物安全议定书关于赔偿责任和补救的名古屋—吉隆坡补充议定书》和《关于获取遗传资源和公平公正分享其利用所产生惠益的名古屋议定书》。《公约》于1993年12月29日生效，目前有196个缔约方。我国于1992年6月11日签署该《公约》，并于1993年1月5日正式批准，是最早签署和批准《公约》的国家之一，并分别于2005年6月8日和2016年6月8日批准了《公约》所属的《卡塔赫纳生物安全议定书》和《关于获取遗传资源和公平公正分享其利用所产生惠益的名古屋议定书》。

中国加入公约及行动

为了保护生物多样性，履行《生物多样性公约》，我国于2011年成立了

由分管副总理任主席、25 个相关部门参加的中国生物多样性保护国家委员会并在其指导下制订了《中国生物多样性保护战略与行动计划》（2011—2030）和《联合国生物多样性十年中国行动方案 2011—2020》，并将生物多样性保护纳入国家的重要政策规划。中国政府高度重视自然保护区工作，通过颁布实施《环境保护法》《自然保护区条例》等多部法律法规，明确了自然保护区的法律地位。截至 2015 年底，全国已建立自然保护区 2 740 个，总面积 147 万平方千米。自然保护区陆地面积占国土面积的 14.8%，高于 12.7% 的世界平均水平。中国政府还与生物多样性公约秘书处、全球环境基金等国际组织以及相关国家开展了大量合作，积极推动 2020 年全球生物多样性保护"爱知目标"的实现，树立了认真履行《生物多样性公约》、切实保护生物多样性负责任大国的良好榜样。中国还充分利用"生物多样性日""环境日"等重要纪念日开展宣传活动，引导公众参与，增强公众生物多样性保护意识。

发布时间
2017.5.25

环境保护部、住房城乡建设部联合印发《关于推进环保设施和城市污水垃圾处理设施向公众开放的指导意见》

日前，环境保护部、住房城乡建设部联合印发《关于推进环保设施和城市污水垃圾处理设施向公众开放的指导意见》（以下简称《指导意见》），要求各地环保部门、住建部门牵头指导各地环境监测、城市污水处理、城市生活垃圾处理、危险废物和废弃电器电子产品处理四种设施定期向公众开放，并以此为抓手，让公众理解、支持、参与环保，激发公众环境责任意识，推动形成崇尚生态文明、共建美丽中国的良好风尚。

十八大以来，党中央、国务院出台了一系列关于推进生态文明建设、加强环境保护的新要求和新举措，体现了中央对生态文明建设和环境保护工作的高度重视和殷切期望。2015年实施的新《环境保护法》明确各级人民政府应当加强环境保护宣传和普及工作。2017年政府工作报告对生态环境保护工作进行了详细部署，特别强调坚决打好蓝天保卫战。在此背景下，实现环保设施和城市污水垃圾处理设施向公众开放的常态化，是保障公众知情权、参与权、监督权的有效措施，通过公众的亲身体验，让公众实地了解环保工作，增进社会各界对环保工作的信任度，并以实际行动参与其中，成为解决环境问题的参与者、贡献者。

近年来，各地政府部门和企事业单位在公众开放方面进行了一定探索，通

过主题开放、定期开放等加大与公众的面对面交流，在对各地公众开放工作现状调研总结的基础上，《指导意见》明确，公众开放工作要突出重点、稳步有序、促进参与，将四类设施作为开放对象，于2017年年底前，各省级环境监测机构以及省会城市（区）具备开放条件的环境监测设施对公众开放；各省（自治区、直辖市）省会城市选择一座具备条件的城市污水处理设施、一座垃圾处理设施作为定期向公众开放点；有条件的省份选择一座危险废物或废弃电器电子产品处理设施作为定期向公众开放点。

一图读懂

四类环保设施向公众开放

为推动公众开放工作的常态化、规范化，《指导意见》对开放工作的组织领导、组织形式、舆论宣传、总结推动等做出了细致规定，包括名单上报、安全保障、活动形式等多个方面，以保障公众开放活动取得良好效果，实现在开放中促进理解，在理解中促进共治，在共治基础上实现共享。

河北省向社会公开中央环境保护督察组督察反馈意见整改工作进展情况

2015年12月31日—2016年2月4日，中央环境保护督察组对河北省开展了环境保护督察试点。河北省委、省政府高度重视，主动担当，积极作为，认真贯彻习近平总书记系列重要讲话精神，坚决落实中央环境保护督察组督察反馈意见要求，进一步增强"四个意识"，牢固树立和践行新发展理念，坚持目标导向和问题导向，迅速组织对中央环境保护督察组提出的问题进行梳理，制定整改方案，成立领导小组，强化责任落实，以鲜明的态度、果断的措施、严格的标准，强力推进督察反馈意见整改落实。根据督察反馈意见，梳理出47个具体问题，逐项制定整改措施，明确整改时限和责任单位、责任人，拉条挂账、跟踪问效、办结销号，重点问题实行挂牌督办。截至2016年年底，计划2016年完成的41个问题已全部完成整改，计划2017年完成的6个问题均已取得阶段性进展。同时，着眼于完善长效机制，坚持标本兼治、精准治理，制定了8大类31个方面强化措施，统筹推进环境治理和生态建设，各项措施均取得了明显成效。

目前，《河北省贯彻落实中央环境保护督察组督察反馈意见整改工作进展情况》全文已在河北省人民政府网站和环保部网站进行公开。

第三批中央环境保护督察进驻结束

发布时间 2017.5.30

经党中央、国务院批准，第三批 7 个中央环境保护督察组于 2017 年 4 月 24—28 日陆续对天津、山西、辽宁、安徽、福建、湖南、贵州等省（市）实施督察，截至 5 月 28 日，7 个督察组全部完成督察进驻工作。

督察组重点关注被督察地方突出环境问题及其处理情况；重点检查环境质量呈现恶化趋势的区域流域及其整治情况；重点督察地方党委和政府及其有关部门环保责任落实情况。与此同时，高度重视群众投诉举报问题的查处，督促地方建立机制、立行立改、加强公开、依法问责，努力保障群众举报的身边环境问题能够及时解决。

督察进驻一个月来，督察组共计与 353 名领导干部进行个别谈话，其中省级领导 167 人，部门和地市主要领导 186 人。累计走访问询省级有关部门和单位 139 个，调阅资料 5.4 万余份，对 84 个地市（区、县）开展下沉督察或补充督察，制作笔录近 1 000 份，并初步核实一批党政领导干部生态环境损害责任追究问题。

截至 2017 年 5 月 28 日 20:00，共计受理举报 35 523 个（其中，来电举报 20 811 个，来信举报 14 712 个）；经梳理分析并合并重复举报，累计向被督察地方交办有效举报 28 966 件。地方已办结 23 599 件，责令整改 20 359 家，立案处罚 7 086 家，

短视频

一分钟看懂中央环保督察

共计罚款 33 587.86 万元；立案侦查 354 件，行政和刑事拘留 355 人，约谈 6 079 人，问责 4 018 人（具体情况详见下表）。

目前，第三批督察工作已进入督察报告阶段。对已经转办、待查处落实的群众投诉举报问题，督察组已安排人员继续督办，密切关注，加强沟通，督促地方持续推进边督边改工作，确保人民群众投放举报的环境问题能够查处到位、整改到位、公开到位、问责到位。

中央环境保护督察边督边改情况汇总表

被督察省（市）	受理举报数量（件）			交办数量（件）	已办结（件）			责令整改（家）	立案侦查（件）	罚款金额（万元）	立案侦查（件）	拘留（人）		约谈（人）	问责（人）
	来电	来信	合计		属实	不属实	合计					行政	刑事		
辽宁省	2 649	5 199	7 848	6 595	4 199	797	4 996	2 546	1 163	4 984.30	87	23	9	581	724
山西省	3 140	1 420	4 560	3 537	2 539	172	2 711	1 891	648	8 888.07	23	55	3	1 293	868
福建省	2 495	2 281	4 776	4 776	3 362	936	4 298	4 889	1 578	4 857.70	42	16	7	903	412
安徽省	2 747	940	3 687	3 431	2 226	357	2 581	2 701	689	2 233.11	47	39	17	587	362
天津市	2 763	2 036	4 799	2 616	2 369	126	2 495	3 128	1 305	2 040.99	3	4	8	256	115
湖南省	4 471	1 953	6 424	4 582	3 735.5	361.5	4 097	3 797	1 147	5 842.39	128	97	50	1 343	1 282
贵州省	2 546	883	3 429	3 429	2 362	60	2 422	1 407	556	4 741.30	24	20	7	1 116	255
合计	20 811	14 712	35 523	28 966	20 792	2 809	23 599	20 359	7 086	33 587.86	354	254	101	6 079	4 018

注：数据截至 2017 年 5 月 28 日 20:00。

李干杰同志任中共环境保护部党组书记

发布时间 2017.5.31

2017 年 5 月 31 日，中央组织部邓声明副部长到环境保护部宣布中央决定，李干杰同志任中共环境保护部党组书记，免去陈吉宁同志中共环境保护部党组书记职务。

■ 李干杰同志简历

李干杰，男，汉族，1964 年 11 月出生，湖南望城人，1984 年加入中国共产党，研究生学历，工学硕士，高级工程师。

1981 年 9 月在清华大学核反应堆工程专业学习，1986 年 7 月在清华大学攻读核反应堆工程与安全专业硕士研究生。

1989 年 7 月研究生毕业后在国家核安全局北京核安全中心参加工作，历任国家环境保护总局核安全与辐射环境管理司副司长，国家环境保护总局核安全中心主任、党委副书记（正局级），国家环境保护总局核安全司司长等职务。

2006 年 12 月任国家环境保护总局副局长、党组成员、国家核安全局局长。

2008 年 3 月任环境保护部副部长、党组成员、国家核安全局局长。

2016 年 10 月任河北省委副书记，省委党校校长。

2017 年 5 月任环境保护部党组书记。

李干杰主持环境保护部党组（扩大）会议强调
旗帜鲜明讲政治，团结一心干事业

发布时间 2017.5.31

5月31日，环境保护部党组书记李干杰主持召开环境保护部党组（扩大）会议，深入学习贯彻习近平总书记在中央政治局第四十一次集体学习时的重要讲话精神，研究部署环境保护工作。李干杰强调，要旗帜鲜明讲政治，团结一心干事业，深入贯彻习近平总书记系列重要讲话精神和治国理政新理念新思想新战略，全面落实党中央、国务院关于生态文明建设和环境保护的决策部署，干在实处，走在前列，进一步把我国环保事业提高到新水平。

李干杰指出，习近平总书记在中央政治局第四十一次集体学习时的重要讲话，为做好当前和今后一个时期的生态环境保护工作指明了方向、明确了任务、提供了遵循，一定要深入扎实地学习领会好、贯彻落实好。重点把握五个方面：

一是认识更深刻。必须清醒认识到保护生态环境、治理环境污染的紧迫性和艰巨性，全力打好环境治理攻坚战和持久战，为人民群众创造良好生产生活环境。

二是方向更坚定。必须进一步把思想和行动统一到新发展理念上来，紧紧围绕加快绿色发展，平衡和处理好发展与保护的关系，坚定走生产发展、生活富裕、生态良好的文明发展道路。

三是定位更精准。保护生态环境要更加注重促进形成绿色生产方式和消费方式，以强化环境硬约束倒逼发展方式转变、提升发展质量效益。把生态环境保护作为供给侧结构性改革的重要领域和内容，加大环境治理力度，着力为人民群众提供更多优质生态产品。

四是把握更全面。必须严格落实国土空间开发硬约束，加大环境污染综合治理和生态保护力度，深化环保领域改革，严格环境执法监管，加强环保宣传教育，全方位、全地域、全过程开展生态环境保护建设。

五是责任更明确。必须全面落实环境保护"党政同责""一岗双责"，深入开展环境保护督察监察，推进省以下环保机构监测监察执法垂直管理改革，做好党政领导干部生态环境损害责任追究等工作。

李干杰强调，深入贯彻习近平总书记系列重要讲话精神和治国理政新理念新思想新战略，担当起党中央、国务院赋予的光荣使命，让人民群众感受到看得见、摸得着的环境质量改善效果，环境保护部领导班子必须在以下八个方面下功夫，落实到位。

一要始终牢固树立"四个意识"，自觉同以习近平同志为核心的党中央保持高度一致。坚决维护习近平总书记的核心地位，将总书记关于生态文明和环境保护的重要讲话和指示批示，转化为环保工作的生动实践。

二要始终做到心系百姓，自觉践行以人民为中心的发展思想。坚持问政于民、问需于民、问计于民，创新联系群众方法，下决心解决好影响人民群众生产生活的突出环境问题，使环保工作始终顺应人民群众的要求和期盼。

三要始终把握稳中求进总基调，不断在现有基础上把各项工作提高到新水平。结合推进供给侧结构性改革，坚持以改善环境质量为核心，继续推进大气、水、土壤污染防治三大行动计划，组织实施好"十三五"生态环境保护规划，在继承中搞好创新，加快推动形成绿色发展方式和生活方式。

四要始终着力深化改革，持续为推动环保事业发展提供强劲动力。以解决制约环保事业发展的体制机制问题为导向，以强化地方党委、政府及其有关部

门环境保护责任和企业的环保守法责任为主线，将中央全面深化改革顶层设计转化为具体方案，抓紧完善环境保护制度体系，构建好环保工作的"四梁八柱"。

五要始终认真执行民主集中制，自觉维护领导班子团结。像珍惜生命一样珍惜团结、像爱护眼睛一样爱护团结、像维护健康一样维护团结。以民主集中制为抓手，努力增进党性原则基础上的团结，充分发挥党组每个人的积极性、主动性、创造性，确保决策部署更科学、更合理。

六要始终坚持正确选人用人导向，营造干事创业的良好氛围。全面贯彻习近平总书记提出的好干部五条标准，让信念坚定、为民服务、勤政务实、敢于担当、清正廉洁的干部得到重用，拥有更好的干事创业平台，激发更高的干事创业热情，坚决不让流汗的人流泪，坚决不让实干的人白干，坚决不让吃苦的人吃亏。

七要始终做到勇于担当、敢于碰硬，保持积极有为、奋发进取的精神状态。突出"严、真、细、实、快"，对党中央的决策部署，一定要狠抓落实、强力推动，务求实效。突出问题导向，奔着问题去，盯着问题干，实打实地把问题解决到位。

八要始终严格要求自己，永葆清正廉洁的政治本色。时刻保持敬畏之心，真正做到正确用权、依法用权、谨慎用权、干净用权。认真落实"一岗双责"，把抓好党风廉政建设作为政治责任，时刻扛在肩上、抓在手上，常抓不懈、狠抓到位。

环境保护部纪检组组长周英，副部长黄润秋、翟青、赵英民、刘华出席会议并谈了学习习近平总书记重要讲话精神的收获、体会和打算。

机关各部门、各在京派出机构、直属单位主要负责人参加了会议。

本月盘点

回眸

2017 年 6 月

- 李干杰同志任环境保护部部长
- 六五环境日主场活动在南京举办
- 李干杰赴中国环境监测总站调研

六五环境日主场活动在南京举办

发布时间
2017.6.5

2017 年纪念六五环境日主场活动暨 2017 国际环保新技术大会 6 月 5 日在南京举办，环境保护部党组书记李干杰、江苏省省委书记李强、江苏省代省长吴政隆出席会议。李干杰强调，要牢固树立"绿水青山就是金山银山"意识，推动形成绿色发展方式和生活方式，形成全社会共同参与环境保护的良好风尚。

会前，李干杰、李强、吴政隆共同会见了来自以色列、丹麦、美国、德国的参会嘉宾。李强在会见时表示，希望借助此次大会进一步加强江苏与各国在环保、生态等领域的紧密合作，推动形成更多合作成果，共同保护好生态环境，促进绿色发展。李干杰、李强、吴政隆考察了参加此次大会的国际国内环保技术企业。在以色列、丹麦、意大利、法国、德国等国企业的展位前以及江苏省环境监测中心、东江环保、永清环保等国内企业展位前，详细了解各企业展示的新技术新成果，与企业负责人和技术人员交流交谈，希望大家充分利用好国际环保新技术大会这个大平台，进一步加强环保新技术的推广应用，推动环保领域科学研究深入发展，共同造福人类社会。

李干杰在致辞时说，习近平总书记提出"绿水青山就是金山银山"，深刻揭示了发展与保护的本质关系，从根本上更新了关于自然资源的传统认识，打破了简单把发展与保护对立起来的思维束缚，指明了实现发展和保护内在统一、相互促进和协调共生的方法论。今年环境日主题是"绿水青山就是金山银山"，旨在动员引导全社会牢固树立"绿水青山就是金山银山"的强烈意识，尊重自然、顺应自然、保护自然，自觉践行绿色生活，共同建设美丽中国。

李干杰表示，党的十八大以来，在习近平总书记生态文明建设重要战略思想指引下，中国政府谋划推进了一系列开创性、长远性的工作，生态文明建设步伐明显加快，生态环境保护从认识到实践发生历史性、全局性变化，绿色发展初见成效，生态环境质量有所好转。在看到成效的同时，也要看到我国发展与保护的矛盾依然十分突出，生态环境成为全面建成小康社会的突出短板，环境保护还处在负重前行的关键期。必须坚持生态优先、绿色发展，全方面、全地域、全过程开展生态环境保护建设。推动形成绿色发展方式和生活方式，每个人都应做践行者、推动者。必须加强生态文明宣传教育，更加注重把公众的环境问题意识，转化为节约资源、保护环境的意愿和行动，从而推动形成节约

适度、绿色低碳、文明健康的生活方式和消费模式，形成全社会共同参与的良好风尚。

李干杰说，绿色发展代表了当今科技和产业变革方向，是最有前途的发展领域。创新环保科技，从大处说，有利于推动发展方式转变和经济结构调整；从小处看，有利于直接解决污染治理难题。环境保护部将积极推动绿色科技创新进步。一是坚持问题导向，以改善环境质量为核心，强化污染治理、生态修复等领域关键技术攻关。二是坚持集成创新，让先进成熟技术有机组合。三是坚持产学研结合，推动技术创新与产业融合发展。四是坚持买得起、用得上，加快构建环境质量改善与治理成本双赢的环境技术管理新体系。五是坚持引进来、走出去，广泛开展环保技术双向国际合作交流。

吴政隆在致辞时代表江苏省委、省政府对大会的召开表示祝贺，对中外与会嘉宾表示欢迎。他说，当前江苏省上下正在深入学习贯彻习近平总书记系列重要讲话精神和治国理政新理念新思想新战略，围绕省第十三次党代会确立的奋斗目标，牢固树立"绿水青山就是金山银山"的强烈意识，积极践行绿色发展理念，积极推广应用国际环保新技术，积极促进国际环保交流与合作，更加自觉地推动绿色发展、循环发展、低碳发展，在推进"两聚一高"、加快建设"强富美高"新江苏的实践中谱写好绿色发展新篇章。我们诚挚期盼与各位嘉宾一道，共谋持续发展，共享发展机遇，共创美好未来。

李干杰谈绿色生活
方式和消费模式

会上，李干杰和李强共同在微信平台开启"点亮绿色中国 全民一起行动"网上接力活动，联合国副秘书长兼环境署执行主任埃里克·索尔海姆通过视频就纪念六五环境日致辞。美国加州州长杰里·布朗、丹麦驻华大使戴世阁、以色列环境部副部长阿龙·扎斯克等人参会并致辞。

2015 年实施的《环境保护法》规定每年 6 月 5 日是环境日。2017 年纪念六五环境日主场活动暨 2017 国际环保新技术大会由环境保护部与江苏省人民政府联合主办。

环境保护部发布《2016 中国环境状况公报》

发布时间
2017.6.5

　　环境保护部 6 月 5 日发布了《2016 中国环境状况公报》（以下简称《公报》）。《公报》指出，2016 年，各地区、各部门认真落实党中央、国务院决策部署，紧紧围绕统筹推进"五位一体"总体布局和协调推进"四个全面"战略布局，贯彻落实新发展理念，以改善环境质量为核心，以解决突出环境问题为重点，扎实推进生态环境保护工作，取得积极进展。

　　《公报》显示，2016 年，全国 338 个地级及以上城市中，有 84 个城市环境空气质量达标，占全部城市数的 24.9%；254 个城市环境空气质量超标，占 75.1%。338 个地级及以上城市平均优良天数比例为 78.8%，比 2015 年上升 2.1 个百分点；平均超标天数比例为 21.2%。新环境空气质量标准第一阶段实施监测的 74 个城市平均优良天数比例为 74.2%，比 2015 年上升 3.0 个百分点；平均超标天数比例为 25.8%；细颗粒物（$PM_{2.5}$）平均浓度比 2015 年下降 9.1%。474 个城市（区、县）开展了降水监测，降水 pH 年均值低于 5.6 的酸雨城市比例为 19.8%，酸雨频率平均为 12.7%，酸雨类型总体仍为硫酸型，酸雨污染主要分布在长江以南—云贵高原以东地区。

　　全国地表水 1 940 个评价、考核、排名断面中，Ⅰ类、Ⅱ类、Ⅲ类、Ⅳ类、Ⅴ类和劣Ⅴ类水质断面分别占 2.4%、37.5%、27.9%、16.8%、6.9% 和 8.6%。以地下水含水系统为单元，潜水为主的浅层地下水和承压水为主的中深层地下水为对象的 6 124 个地下水水质监测点中，水质为优良级、良好级、较好级、较差级和极差级的监测点分别占 10.1%、25.4%、4.4%、45.4% 和 14.7%。338 个地级及以上城市 897 个在用集中式生活饮用水水源监测断面（点位）中，有811 个全年均达标，占 90.4%。春季和夏季，符合第一类海水水质标准的海域面积均占中国管辖海域面积的 95%。近岸海域 417 个点位中，一类、二类、三类、四类和劣四类分别占 32.4%、41.0%、10.3%、3.1% 和 13.2%。

2 591 个县域中，生态环境质量为"优""良""一般""较差"和"差"的县域分别有 548 个、1 057 个、702 个、267 个和 17 个。"优"和"良"的县域占国土面积的 44.9%，主要分布在秦岭淮河以南、东北大小兴安岭和长白山地区。

全国现有森林面积 2.08 亿公顷，森林覆盖率 21.63%；草原面积近 4 亿公顷，约占国土面积的 41.7%。全国共建立各种类型、不同级别的自然保护区 2 750 个，其中陆地面积约占全国陆地面积的 14.88%；国家级自然保护区 446 个，约占全国陆地面积的 9.97%。

322 个进行昼间区域声环境监测的地级及以上城市，区域声环境等效声级平均值为 54.0 分贝；320 个进行昼间道路交通声环境监测的地级及以上城市，道路交通等效声级平均值为 66.8 分贝；309 个开展功能区声环境监测的地级及以上城市，昼间监测点次达标率为 92.2%，夜间监测点次达标率为 74.0%。

全国环境电离辐射水平处于本底涨落范围内，环境电磁辐射水平低于国家规定的相应限值。

全年共出现 46 次区域性暴雨过程，为 1961 年以来第四多，全国有 3/4 县市出现暴雨，暴雨日数为 1961 年以来最多；强降水导致 26 个省（区、市）近百城市发生内涝；与 2000 年以来均值相比，农作物受灾面积、受灾人口、死亡人口、倒塌房屋分别少

一图读懂

2016 年《中国环境状况公报》

14%、27%、49%、57%，直接经济损失偏多150%。全国没有出现大范围、持续时间长的严重干旱，旱情较常年偏轻；与2000年以来均值相比，作物受旱面积、受灾面积、人饮困难数量分别少31%、51%和80%。

《2016中国环境状况公报》由环境保护部会同国土资源部、住房和城乡建设部、交通运输部、水利部、农业部、国家卫生和计划生育委员会、国家统计局、国家林业局、中国地震局、中国气象局、国家能源局和国家海洋局等主管部门共同编制完成，是反映中国2016年环境状况的公开年度报告。

2017 年全国环境执法大练兵
工作动员部署会召开

发布时间
2017.6.7

环境保护部 6 月 7 日在江苏省泰兴市召开环境执法大练兵工作动员部署会，总结表扬 2016 年度环境执法工作中表现突出的先进集体和个人，进一步激励各级环保部门和执法人员坚定信心、鼓足干劲，持续做好 2017 年环境执法大练兵工作。环境保护部副部长翟青出席会议并讲话。

翟青说，近年来，在党中央、国务院的坚强领导下，各级环保部门不断强化执法监管，依法查处环境违法行为，涌现出一批恪尽职守、履职尽责、勇挑重担的环境执法先进典型，营造了环保学法守法用法的良好氛围。他们在各自岗位上踏实工作，为环境执法作出了突出成绩。希望各级环保部门以他们为榜样，进一步总结发扬先进经验，加强执法能力锻炼，推进环境执法工作深入开展。

翟青强调，各级环保部门要按照党中央、国务院的决策部署和部党组的工作安排，严格环境执法监管，依法打击环境违法。要通过持续开展执法大练兵活动，不断提高执法人员依法执法、规范执法的能力，全面提升环境执法整体水平。翟青要求，要切实提高对环境执法工作重要性的认识，加强练兵活动组织领导，把执法练兵与日常监管密切结合，把规范执法与严惩违法密切结合，持续保持环境执法高压态势，以扎扎实实的工作成效迎接党的十九大的胜利召开。

会上，江苏省环境监察总队等 5 个省级单位，新疆昌吉回族自治州环境监

察支队等 20 个市级单位，福建省南靖县环境监察大队等 20 个县级单位荣获环境执法表现突出集体荣誉；江西省宁都县的罗庚、辽宁省大连市的曲南溪、四川省凉山彝族自治州的伍华等 100 位同志获得环境执法表现突出个人荣誉。江苏省、新疆昌吉回族自治州、福建省南靖县环境执法队伍作为集体代表，曲南溪同志作为个人代表分别介绍了各自经验。

各省、自治区、直辖市环境保护厅（局），新疆生产建设兵团环境保护局分管环境监察执法的负责同志、各地环境监察机构主要负责人参加了会议。

发布时间
2017.6.9

李干杰赴中国环境监测总站调研

环境保护部党组书记李干杰 6 月 9 日赴中国环境监测总站调研。李干杰强调，要坚持问题导向，提高认识，创新思路，着力打造环境监测的"国家队"，确保数据"真、准、全"。

在监测总站，李干杰仔细观看监测车、无人机等环境监测设备演示，与监测人员不时互动交流，要求充分利用现代环境监测技术手段，为大气污染防治提供更加有效的监测数据支持；在环境监测仪器质量监督检验中心和适用性检测平台、国家大气监测网颗粒物称重中心，要求确保数据准确，做到随时抽查，实现源头监督全覆盖；在空气质量预警预报中心，强调做好空气质量预警预测工作的重要性，要求进一步提高精准、精细化水平。李干杰还听取了"打好蓝天保卫战"进展和中国环境监测总站工作情况汇报。

李干杰说，党的十八大以来，以习近平同志为核心的党中央把生态文明建设和环境保护摆上更加重要的战略位置，谋划推进了一系列开创性、长远性的工作，为进一步做好环保工作指明了方向。环保部门认真落实党中央、国务院决策部署，构建以环境质量改善为核心的环境管理新模

式，全力打好大气、水、土壤污染防治三大战役，持续开展中央环境保护督察，落实环境保护"党政同责""一岗双责"，加快实现由"督企"为主向"督企""督政"并重转变，有力推动环境保护取得明显成效。

李干杰指出，环境监测是环境管理的顶梁柱，为环境管理提供了重要技术支撑。他充分肯定了监测总站工作，希望认识上再提高，切实担负起沉甸甸的责任，守住环境监测职业道德和底线，确保环境监测数据"真、准、全"，打造一支能战斗、过得硬、任何时候都能胜任急难险重任务的环境监测"国家队"，为全力打好补齐全面小康环保短板攻坚战贡献力量。

李干杰还就监测总站下步要重点抓好的相关工作提出了具体要求。

环境保护部副部长翟青参加调研。

发布时间
2017.6.23

李干杰会见联合国副秘书长兼联合国环境署
执行主任埃里克·索尔海姆

　　环境保护部党组书记李干杰 6 月 22 日在天津会见了来华参加金砖国家环境部长会议的联合国副秘书长兼联合国环境署执行主任埃里克·索尔海姆先生，双方就环保领域的合作深入交换了意见。

　　李干杰首先代表环境保护部对埃里克·索尔海姆的到来表示欢迎，并高度评价了双方近年来的合作成果。李干杰说，索尔海姆先生就任环境署执行主任以来，在多个场合赞扬中国生态文明理念和环保成就，积极评价中国为全球环境治理做出的贡献，双方政治互信进一步增强，合作水平不断提升。

　　李干杰表示，习近平主席倡议建立的"一带一路"绿色发展国际联盟，得到联合国环境署的全面支持和参与。中方希望环境署能够继续发挥自身资源优势，通过共同努力，将联盟建设成沟通和交流的平台、信息和知识共享的平台、能力建设和务实合作的平台。

　　埃里克·索尔海姆对中国在全球环境治理进程中发挥的领导作用表示赞赏，他说，环境署高度重视中国在全球环境保护和可持续发展方面的地位和作用，中国提出的"一带一路"

倡议正逐步成为全球共识，有利于推动沿线国家乃至国际社会绿色可持续发展技术的推广，环境署将努力发挥自身优势，支持"一带一路"绿色发展国际联盟。

双方还就中方参与第三届联合国环境大会、中方向环境署派遣初级专业官员等事宜达成共识。

第三次金砖国家环境部长会议在天津举办

发布时间
2017.6.23

2017 年 6 月 23 日，第三次金砖国家环境部长会议在天津举办。环境保护部党组书记李干杰出席并主持会议，南非环境事务部部长艾德娜·莫莱瓦（女），印度环境、森林与气候变化部常务副部长阿杰·纳拉扬·贾，巴西环境部代表团团长费尔南多·科伊姆布拉，俄罗斯自然资源与生态部代表团团长努里丁·伊纳莫夫出席会议。联合国副秘书长、联合国环境署执行主任埃里克·索尔海姆应邀参加会议。中共天津市委书记李鸿忠会见参加第三次金砖国家环境部长会议的全体部长、代表团团长和埃里克·索尔海姆，天津市副市长孙文魁发表致辞，欢迎前来参会的各位嘉宾。

李干杰指出，近年来，中国政府把生态文明建设纳入中国特色社会主义事业"五位一体"总体布局，提出创新、协调、绿色、开放、共享的发展理念，着力改善生态环境质量，推进美丽中国建设。习近平主席多次强调，绿水青山就是金山银山，推动形成绿色发展方式和生活方式。中国政府坚持以改善环境质量为核心，实行最严格的环境保护制度，以强化环境保护优化经济结构调整、激发创新活力，把生态环境保护作为供给侧结构

性改革的重要内容，实施大气、水、土壤污染防治三大行动计划，长江经济带共抓大保护、不搞大开发，改革生态文明体制，建立更加严密的法律体系，绿色发展初见成效，生态环境质量有所好转。

李干杰表示，当今世界面临气候变化、生态退化、资源危机、重大自然灾害等全球性环境问题，国际环境治理体系面临新挑战。金砖五国作为新兴市场国家和发展中国家的领头羊，在经济快速增长的同时，均面临平衡和处理好发展与保护关系的挑战，担负着推动可持续发展的重大责任。积极开展金砖国家环境部门之间的对话与交流，有助于加强自身生态环境保护，推动绿色发展，增进人民福祉，也有利于进一步夯实金砖国家合作基础，提升全球环境治理能力和水平。

李干杰指出，加强金砖国家间的环境合作将进一步丰富金砖国家领导人会晤成果，为共同应对区域乃至全球生态环境面临的挑战提供有力支撑，希望进一步增加交流对话，增进理解，凝聚共识，围绕空气质量改善、水和土壤环境治理、生物多样性保护等重点领域交流经验，对接需求，分享应对全球环境问题的最佳实践；着力推进城市可持续发展，推动开展务实合作，实现互利共赢，不断提升金砖国家在国际环境可持续发展领域的话语权和影响力，为落实联合国 2030 年可持续发展目标做出贡献。

李干杰还介绍了中国政府推进绿色"一带一路"建设的重大举措，欢迎并期待其他金砖国家也积极参与绿色"一带一路"生态环保合作。

会上，其他金砖国家环境部长及代表团团长分别介绍了各自国家的环境保护工作进展情况，并就全球性环境问题、金砖国家环境合作方向等议题进行了深入讨论。埃里克·索尔海姆也在会上发言，对金砖国家加强环境合作表示支持和赞赏。

这是首次在中国举办的金砖国家环境部长会议，旨在响应 2017 年金砖国家领导人第九次会晤的主题——"深化金砖伙伴关系，开辟更加光明未来"，共同推进环境合作持续深化。

会议发表了《第三次金砖国家环境部长会议天津声明》，通过了《金砖国家环境可持续城市伙伴关系倡议》。

李干杰同志任环境保护部部长

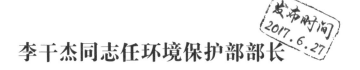

发布时间
2017.6.27

　　6月27日，十二届全国人大常委会第二十八次会议经表决，决定任命李干杰为环境保护部部长。

2017年7月

- 环境保护部等七部门联合开展"绿盾 2017"国家级自然保护区监督检查专项行动
- 与发改委、水利部联合印发《长江经济带生态环境保护规划》

环境保护部召开"两学一做"学习教育先进典型表彰暨庆祝中国共产党成立96周年大会

发布时间
2017.7.1

环境保护部6月30日在京召开"两学一做"学习教育先进典型表彰暨庆祝中国共产党成立96周年大会,表彰先进党组织、优秀共产党员,并请受表彰代表做先进事迹报告。环境保护部党组书记、部长李干杰出席大会,并给大家讲党课。他强调,要以受表彰的先进典型为榜样,推进"两学一做"学习教育常态化制度化,引导广大党员干部讲政治、守规矩、重品行、勇担当,自觉做"四个合格"共产党员。

李干杰首先对受表彰的党组织和个人表示祝贺。他说,各级党组织和广大党员要以受表彰的先进党组织和优秀共产党员为榜样,在部系统形成学习先进、争当先进、赶超先进的良好氛围,切实把全面从严治党的要求落到实处,努力把部系统党的思想建设、组织建设、作风建设、制度建设和反腐倡廉建设提升

到一个新的水平和新的高度。

李干杰指出,"两学一做"学习教育是推进思想建党、组织建党、制度治党的有力抓手,是全面从严治党的基础性工程。环境保护部按照党中央统一部署,积极推进"两学一做"学

习教育，学以至深，广大党员干部"四个意识"显著增强；学以明纪，进一步严肃党章党规党纪；学以强基，进一步夯实各级党组织建设；学以致用，有力促进环境保护中心工作。下一步，要贯彻落实习近平总书记重要指示精神，把推进"两学一做"学习教育常态化制度化作为一项重大政治任务，在真学实做上深化拓展，引导广大党员干部自觉做到"四个合格"。

一、坚持政治合格，在讲政治上旗帜鲜明

习近平总书记强调，讲政治是马克思主义政党的根本要求，关系党的前途命运。党员干部必须既有业务头脑，又练就政治眼光，坚定马克思主义信仰，增强中国特色社会主义信念，坚决维护以习近平同志为核心的党中央权威，为实现中华民族伟大复兴而努力奋斗。

一是牢固树立政治意识、大局意识、核心意识、看齐意识，做坚定的政治追随者。增强"四个意识"是具体的，环保系统党员干部要努力做自觉践行习近平总书记生态文明建设重要战略思想的表率，切实提高政治站位，坚决扛起建设生态文明的政治责任，全方位、全地域、全过程开展生态环境保护建设，为人民群众创造良好生产生活环境。

二是着力夯实中国特色社会主义道路自信、理论自信、制度自信、文化自信，做坚定的政治信仰者。我国生态文明建设和环境保护实践，为增强"四个自信"提供了强大支撑。环保系统党员干部要争做坚定"四个自信"的模范，坚决贯彻习近平总书记系列重要讲话精神和治国理政新理念新思想新战略，努力践行新发展理念，不断增强"绿水青山就是金山银山"的强烈意识，构建人与自然和谐发展的现代化建设新格局，昂首走向社会主义生态文明新时代。

三是切实增强党内政治生活的政治性、时代性、原则性、战斗性，做坚定的政治捍卫者。党内政治生活是调节党内关系、解决党内矛盾和问题的重要途径。各级党组织和广大党员干部要做严格党内政治生活的忠实执行者，让党内

政治生活这个熔炉"热"起来、党的肌体细胞全面健康起来，让党中央、国务院的各项决策部署在环保系统得到坚决贯彻落实。

二、坚持执行纪律合格，在守规矩上知行合一

守纪律讲规矩是我们党作风和形象的"名片"，也是我们党从弱小到强大、从苦难到辉煌，不断获得前进力量的重要保证。做到执行纪律合格，环保系统各级党组织和广大党员干部要达到三个基本目标。

一是守纪律讲规矩贵在自觉自律，使之成为广大党员的一种修养。思想到位才会行动到位。守纪律、讲规矩，前提是筑牢遵规守纪意识。各级党组织和党员干部要深刻汲取身边违纪违法案件教训，坚持理想信念宗旨高压线，守住纪律底线，不触碰法律红线，不断强化守纪律讲规矩的行为自觉。

二是守纪律讲规矩重在关键少数，使之成为领导干部的一种境界。各级领导干部特别是"一把手"，要深刻认识权力不是"风光""享受""满足"，而是岗位、责任和使命，发挥表率作用，努力营造"堂堂正正做人，踏踏实实干事"的良好政治生态。

三是守纪律讲规矩成在持之以恒，使之成为各级党组织的一种责任。各级党组织和纪检组织要认真履行全面从严治党主体责任和监督责任，经常性开展党纪党规教育，下大气力建制度、立规矩，把握运用好监督执纪"四种形态"，严肃查处违纪违规问题，形成"火炉效应"，增强党员干部拒腐防变"免疫力"。

三、坚持品德合格，在重品行上止于至善

当代中国共产党人加强道德修养的要求就是习近平总书记指出的"明大德、守公德、严私德"。

一要心中有党。环保系统党员干部要牢记自己的第一身份是共产党员，第一职责是为党工作，做到心有所畏、言有所忌、行有所止。心中要时刻想着生态文明建设这份党的事业，把心思和精力都放在打好补齐全面小康环境短板攻

坚战的具体工作上，始终保持共产党人应有的品格。

二要心中有民。金杯银杯比不上群众的口碑。环保系统各级党组织和党员干部必须坚持以人民为中心的发展思想，自觉践行党的群众路线，下大气力解决影响人民群众反映强烈的生态环境突出问题，不断增强群众获得感和幸福感，使环保工作始终顺应人民群众的要求和期盼。

三要心中有责。当前，我国发展与保护的矛盾依然突出，环境保护还处在负重前行的关键时期。环保系统党员干部要始终铭记肩负解决环境问题的政治责任，把推动形成绿色发展方式和生活方式摆在更加突出的位置，以改善环境质量为核心，以解决突出问题为重点，以深化改革为动力，坚决打好大气、水、土壤污染防治三大战役，切实把生态文明建设和环境保护各项任务落到实处。

四要心中有戒。坚决贯彻落实中央八项规定精神和环境保护部实施办法，自律、自重、自爱，经得起锤炼、抵得住诱惑。

四、坚持发挥作用合格，在勇担当上严真细实快

发挥作用合格就是要发挥共产党员的先锋模范作用和领导干部的带头表率作用。必须坚持问题导向，有的放矢，求真务实，攻坚克难，坚决整治不思进取、不接地气、不抓落实、不敢担当的作风顽疾，加快形成"严、真、细、实、快"的干事创业氛围。"严"是前提，即严肃、严格，要从严肃工作纪律做起，把"严"字贯穿环保工作始终，审批从严、监督从严、执法从严；坚持源头严防、过程严管、后果严惩，实行最严格的环境保护制度；严格责任追究，对造成生态环境损害负有责任的领导干部和破坏生态环境的违法行为，严肃查处追责。"真"是基础，即求真、较真，是"严"的延伸。要确保监测数据真实准确，认真开展第二次污染源普查，为准确判断我国环境形势提供支撑；要敢于较真叫板，对地方党委、政府和部门不落实环境保护责任说"不"，对企业环境违法行为说"不"。"细"是关键，即细心、细致，要推进环境管理由粗放式向精细化

转变，从细微处入手，无缝对接、责任到人，紧盯管理措施落实，规范监管执法行为，约束污染排放行为，向精细管理要环境质量改善。"实"是根本，即务实、扎实。要以钉钉子精神狠抓党中央、国务院决策部署落实，咬定青山不放松，没有结果和成效决不收兵；要突出问题导向，奔着问题去，盯着问题干，拿出硬措施、硬手段，实打实地把问题解决到位；要做到任务实、措施实、责任实，确保形成一批又一批实实在在的生态环境改善成果。"快"是保障，即勤快、快捷。"快"是对"实"的升级，是对"严、真、细、实"的更高要求。面对生态环保领域改革的繁重任务，面对人民群众对良好生态环境的期待，要以"等不起"的紧迫感、"慢不得"的危机感、"坐不住"的责任感，加快推进各项工作，做到部署快、推进快、见效快。

大会由环境保护部副部长、直属机关党委书记翟青主持。环境保护部党组成员周英，副部长刘华，中央纪委驻环境保护部纪检组组长吴海英出席会议。

环境保护部机关全体干部，在京派出机构、直属单位党委、党总支、党支部委员和党办主任，机关离退休干部党委委员，"两学一做"学习教育先进党组织、优秀共产党员代表等参加会议。

各派出机构、直属单位全体党员干部在本单位分会场通过视频观看大会实况。

发布时间
2017.7.3

环境保护部召开加强生态环境保护
强化自然保护区监督管理和打击进口废物
加工利用行业环境违法行为专项行动视频会议

环境保护部 7 月 3 日在京召开贯彻落实中央文件精神加强生态环境保护强化自然保护区监督管理和打击进口废物加工利用行业环境违法行为专项行动视频会议。环境保护部党组书记、部长李干杰出席会议并讲话。他强调，要提高政治站位，敢于担当碰硬，坚定不移把思想和行动统一到习近平总书记重要指示批示精神和中央文件要求上来，深刻汲取生态环境破坏问题教训，全力开创生态环境保护工作新局面。

李干杰说，党的十八大以来，以习近平同志为核心的党中央把生态文明建设作为统筹推进"五位一体"总体布局和协调推进"四个全面"战略布局的重要内容，谋划推进了一系列开创性、长远性的工作，形成科学系统的习近平总书记生态文明建设重要战略思想，推动我国生态环境保护从认识到实践发生历史性、全局性变化，绿色发展初见成效，生态环境质量有所好转。全国环保系统要进一步增强和牢固树立"四个意识"，深入学习贯彻习近平总书记生态文明建设重要战略思想，把维护核心、信赖核心、服从核心、紧跟核心，落实在推进生态文明建设和环境保护行动上，落实到改善生态环境质量的具体措施中。

李干杰指出，近年来破坏自然保护区违法违规行为频繁发生，习近平总书记多次做出重要批示指示，媒体屡次报道，社会广泛关注，但这现象并没有被遏制住。

各级环保主管部门，本应是生态文明建设和环境保护的"排头兵"和"守护神"，但是一些环保系统工作人员，突破职业道德底线，因失职被处理，应当引起每个环保人的深思和警醒。全国环保系统要深刻汲取自然保护区生态环境破坏问题的教训，开展警示教育，以前车为鉴，全面排查政治站位上与党中央要求存在差距、对新发展理念认识不到位、监督管理责任履行不力和勇于担当开拓进取精神不足等问题，自觉做到思想不偏移、立场不动摇、心中有红线、行动有底线。

李干杰强调，全国环保系统要坚决做到知行合一，更加奋发有为地做好各项工作，为人民群众创造良好生产生活环境。

一是切实提高政治站位，坚决担负起推进生态文明建设和环境保护的重大政治责任。旗帜鲜明讲政治，努力做自觉践行习近平总书记生态文明建设重要战略思想的表率，把总书记系列重要讲话精神和治国理政新理念新思想新战略，转化成为环保工作的路线图和施工图，全方位、全地域、全过程开展生态环境保护建设，坚决把生态文明建设摆在全局工作的突出地位抓紧、抓实、抓好。

二是牢固树立新发展理念，正确处理好发展与保护的关系。强化"绿水青山就是金山银山"的意识，强化保护环境就是保护生产力、改善环境就是发展生产力的理念，严守生态功能保障基线、环境质量安全底线、自然资源利用上线三大红线，加快推动形成绿色发展方式和生活方式，坚决摒弃重发展轻保护、放松生态环境保护为一时一地经济发展让路的做法。

三是始终做到心系百姓，设身处地解决群众关心的突出环境问题。自觉践行以人民为中心的发展思想，全心全意为群众办实事、解难事，把改善环境质量为核心贯穿到生态环境保护工作的各个方面，坚决打好大气、水、土壤污染防治三大战役，下大气力解决严重影响人民群众生产生活的突出环境问题，扩大优质生态产品供给，增强人民群众的获得感和幸福感。

四是做到举一反三，强化自然保护区监督管理。会同国务院有关部门认真组织开展国家级自然保护区监督检查专项行动，全面排查并严肃查处全国 446 个国家级自然保护区存在问题，确保检查到位、查处到位、整改到位。完善国家级自然保护区天地一体化的监控体系，加快划定并严守生态保护红线，推动实施好生物多样性重大工程。

五是敢抓敢管动真碰硬，抓好责任落实落地。建立专项督察机制，采取督查、交办、巡查、约谈、专项督察"五步法"，对问题严重、久拖不办的地方不定期开展机动式、点穴式专项中央环保督察，严肃严厉追责问责，将压力有效传导到地方党委和政府及其有关部门，确保环境保护各项部署落地见效。严厉打击环境违法行为，让破坏生态环境者付出高昂代价。

六是持续改进工作作风，始终保持奋发进取的精神状态。坚持问题导向，坚决整治不思进取、不接地气、不抓落实、不敢担当的作风顽疾，加快形成"严、真、细、实、快"的干事创业氛围，切实履行好党中央、国务院赋予的环保职责。

视频会议上，李干杰对开展打击进口废物加工利用行业环境违法行为专项行动做出部署。他强调，开展专项行动，推动全面加强进口废物加工利用企业环境监管，是落实党中央、国务院加强进口废物管理要求的重要举措。专项行动要对全国进口废物加工利用企业进行全面排查，时间紧、任务重、要求高，要切实把握好五个方面。

一要聚焦突出问题。重点检查建设项目环评"三同时"要求执行情况、污染防治设施运行情况、污染物排放情况、环境管理情况等。严格对照企业固体废物管理相关台账资料，检查是否存在转让固体废物进口许可证及非法倾倒、处置危险废物等违法行为。检查结果、处罚情况和整改落实结果向社会公开，接受公众监督。

二要确保督察效能。建立健全运转工作机制，做到督察、反馈、督办、约谈、问责各个环节有效链接，打好一套"组合拳"，达到检查到位、处罚到位、

整治到位的要求。

三要加强协作配合。各检查组组长要切实牵好头、负起责任，做好内部分工，充分发挥组内每个人的业务特长。需要当地环保部门支持解决的问题，检查组要主动沟通，地方环保部门要积极支持。

四要切实强化保障。各有关省级环保部门要从人员、经费、装备等方面予以充分保障，为检查组解决食宿、车辆等必备工作条件。

五要严守工作纪律。严格遵守工作纪律、廉政纪律和保密纪律，严格按照中央"八项规定"精神，切实遵守环境监察人员"六不准"，对不尽职尽责、尽心尽力的，要严肃严厉、追责问责。

李干杰指出，专项行动是大仗、硬仗、苦仗，也是锻炼队伍的好机会，各地要抽调精兵强将参与。检查组工作人员要把参与行动作为光荣任务，经风雨、见世面，在实践中磨炼自己、提升自己、成就自己。最后他叮嘱大家注意劳逸结合和人身安全。

视频会议由环境保护部副部长黄润秋主持，副部长翟青出席会议。

环境保护部机关各司局主要负责同志和相关司局分管负责同志、在京相关直属单位主要负责同志和分管负责同志、机关相关处室同志在主会场参加会议。

各省（区、市）环境保护厅（局）、新疆生产建设兵团环境保护局、各市（地、州、盟）环境保护局、环境保护部京外相关直属单位的主要负责同志，生态保护、环境监察、固体废物管理的分管负责同志及有关人员；打击进口废物加工利用行业环境违法行为专项行动工作组全体成员和各检查组组长在分会场参加会议。

短视频

这个 420 人组成的"环保天团"如何对进口废物环境违法展开铁拳行动

发布时间
2017.7.4

李干杰主持召开环境保护部党组会议
听取环保统一战线和雄安新区生态环境保护
工作情况汇报

　　环境保护部党组书记、部长李干杰近日在京主持召开环境保护部党组会议，听取环保统一战线和雄安新区生态环境保护工作情况汇报。他强调，要认真扎实做好环保统一战线工作，凝聚人心，加快形成推进生态环境保护整体合力。进一步增强"四个意识"，坚决落实党中央关于雄安新区生态环境保护的决策部署和要求，高效率、高质量做好做实相关工作。

　　李干杰说，统一战线是中国共产党凝聚人心、汇聚力量的政治优势和战略方针，是夺取革命、建设、改革事业胜利的重要法宝，是增进党的阶级基础、扩大党的群众基础、巩固党的执政地位的重要法宝，是全面建成小康社会、加快推进社会主义现代化、实现中华民族伟大复兴中国梦的重要法宝。

　　李干杰强调，环保部门各级党组织要认真扎实做好环保统一战线工作。

　　一是深入学习。深刻学习领会习近平总书记关于统一战线重要论述精神，结合推进"两学一做"学习教育常态化制度化，把思想和行动统一到中央对统战工作的要求和部署上来。

　　二是加强领导。做好统战工作最根本的是要坚持党的领导。各级党组织要高度重视，坚决扛起统战工作责任，抓实抓好这项政治性和政策性都很强的工作。

　　三是完善制度。建立健全长效性和机制化的工作制度，支撑统一战线发挥

更大作用。

四是搭建平台。推动环境保护部党组决策部署贯彻落实，强化交流沟通，凝聚最大共识。

五是培养人才。让更多党外人士在环保工作中发挥骨干作用，加快形成推进生态文明建设和环境保护的整体合力。

李干杰指出，设立雄安新区，将其作为又一个具有全国意义的新区，是以习近平同志为核心的党中央做出的一项重大历史性战略决策，是千年大计、国家大事，对于深入推进京津冀协同发展战略，积极稳妥有序疏解北京非首都功能，加快河北经济社会发展，意义重大，影响深远。这项工作是在习近平总书记亲自谋划、亲自决策下推动的，充分体现了总书记强烈的使命担当、深厚的民生情怀、深远的战略眼光和高超的政治智慧。环保部门务必要提高政治站位，进一步增强"四个意识"，切实把雄安新区生态环境保护作为一项重大政治任务，统筹协调、有序推进，求真务实、有的放矢，加大力度、加快速度，高效率、高质量做好做实各项工作。

李干杰强调，要坚决贯彻落实党中央关于雄安新区生态环境保护决策部署和要求，坚持世界眼光、国际标准、中国特色、高点定位理念，坚持生态优先、绿色发展，坚持以人民为中心、注重保障和改善民生，坚持保护弘扬中华优秀传统文化、延续历史文脉，将雄安新区建设成贯彻落实新发展理念的绿色宜居新城区、创新驱动发展引领区、协调发展示范区和开放发展先行区，建设成蓝绿交织、清新明亮、水城共融的生态城市。环保部门必须定好位、尽好职、履好责，全力以赴，为实现雄安新区绿色发展保驾护航。

李干杰要求，必须积极主动协同河北省及有关方面扎实开展雄安新区生态环境保护工作，加快补齐生态环境短板。要把握好新区战略定位，立足长远，加快提出雄安新区生态环境保护中长期发展的总体思路和目标任务，在此基础上，围绕现阶段的主要矛盾和矛盾的主要方面，以亟待解决的突出问题为导向，进一步细化实化工作方案。要提前介入，全力支持做好白洋淀治理与修复规划、生态环境保护规划和总体规划环评三项重要工作，强化环境监测、执法监管以及大气、水、固体废物等污染治理的科技支撑，改善新区生态环境质量。要加快建立雄安新区生态环境保护专家顾问组，定期开展调研，指导相关工作并提出具体政策建议。

　　环境保护部党组成员周英，副部长翟青、刘华，纪检组组长吴海英出席会议。

　　环境保护部副部长黄润秋列席会议。

　　环境保护部机关相关部门主要负责同志列席会议。

环境保护部约谈吉林省四平市等 7 市（区）政府主要负责同志

发布时间
2017.7.10

7 月 10 日，环境保护部对吉林省四平市及公主岭市、江西省景德镇市、河北省衡水市、山东省淄博市、河南省荥阳市、山西省长治国家高新技术产业开发区政府主要负责同志进行集中约谈，督促落实环境保护主体责任，进一步传导环保压力。

约谈指出，环境保护部 2017 年 6 月组织的专项督查和京津冀及周边地区"2+26"城市大气污染防治强化督查发现：

一、四平及公主岭、景德镇水环境保护工作不力

四平市城镇生活污水处理问题突出，市污水处理厂设计处理能力 9 万吨 / 天，每天实际处理水量 10 万吨，超负荷运行，超标排放；双辽市污水处理厂、梨树县污水处理厂排放超标严重。市污水处理厂扩建工程应于 2015 年底前建成，但至今尚未建成，主城区每天约 4 万吨污水直排；总设计处理能力 10.5 万吨 / 天的 4 个乡镇污水处理厂应于 2015 年底前建成投运，目前也未建成，大量污水直排。

全市生活垃圾污染问题突出，主城区临时堆存约 230 万吨生活垃圾，长期未有效处置，环境污染和隐患突出。双辽市生活垃圾简易填埋场无防渗措施，渗滤液渗排地下，沿河生活垃圾乱堆乱放普遍。督查还发现，四平市 9 个省级以上开发区，均未建设污水处理设施。天成玉米开发有限公司外排废水总磷浓度长期超标，吉林迎新玻璃有限公司危险废物储存不规范。

公主岭市排污管网改造进展缓慢，市区每天约 3 万吨生活污水直排环境。市生活垃圾填埋场调节池和渗滤液处理系统于 2012 年停用，渗滤液暂存垃圾坑内，部分未经处理外排，污染问题突出。岭东工业集中区未建设集中污水处理设施，现有 60 余家企业，仅 4 家建有污水处理设施，园区 3 个外排口超标排放严重。

2017 年 1—5 月，四平市苏台河六家子断面、东辽河四双大桥断面水质均由 V 类恶化为劣 V 类；东辽河城子上断面水质长期劣 V 类，黑臭严重，且总氮浓度同比上升 1.2 倍，总磷浓度同比上升 4.3 倍。另外，全市大气环境质量形势不容乐观，PM_{10}、$PM_{2.5}$、二氧化硫、一氧化碳浓度均不降反升。

景德镇市对中央环境保护督察指出的问题整改不力，现场督查采样监测发现，乐平工业园区 3 个雨水排口化学需氧量、总磷浓度均值分别高达 130 毫克 / 升和 25 毫克 / 升，严重超标，其中总磷浓度超标 18 倍。2017 年以来，该园区凯发新泉集中污水处理厂出水频繁超标，此次督查采样，化学需氧量超标 4 倍。中央环境保护督察期间，开门子陶瓷化工因废气扰民问题被群众多次举报。此次督查发现，该企业焦炉烟气二氧化硫超标排放和废气无组织排放问题仍未整改到位，厂区清污分流不到位，排放废水化学需氧量、氨氮和氰化物浓度超标严重。

另外，全市大量生活污水直排。市区西部片区约 15 万人生活污水直排环境；南河南岸片区生活污水直排南河；珠山区老南河沿岸生活污水直排老南河。乐平市大量生活污水直排南内河和东湖公园，黑臭严重。督查还发现，乐平市生活垃圾填埋场一期收集池大量渗滤液通过泄洪沟直排，二期收集池利用雨水管偷排渗滤液，污染严重；浮梁县生活垃圾填埋场大量渗滤液汇集在场旁无防渗措施的土坑内，现场监测，化学需氧量、氨氮、总磷浓度分别高达 1 781 毫克 / 升、410 毫克 / 升、4.64 毫克 / 升，污染情况触目惊心。

2017 年 1—5 月，景德镇市南河河口断面水质由 II 类恶化为 V 类，乐安河

戴村断面水质由Ⅱ类恶化为Ⅲ类，野鸡山村断面水质由Ⅲ类恶化为劣Ⅴ类，问题严峻。全市 PM_{10}、$PM_{2.5}$、二氧化硫、二氧化氮、臭氧浓度不降反升，大气环境质量也不容乐观。

二、衡水、淄博，荥阳、长治高新区整改工作缓慢

衡水市督查整改进度缓慢。环境保护部督办的 42 家问题企业，34 家未完成整改，整改完成率在"2+26"城市中最低。其中突出问题企业 18 家，仅 4 家完成整改。武强县工艺玻璃制品有限公司为第一批督办的"散乱污"企业，到第 4 次巡查时仍未完成整改。6 月 1 日，衡水市上报 17 家突出问题企业完成了整改，但巡查发现实际完成整改的仅 4 家，整改工作不严不实。

淄博市整改工作滞后。4 月 7 日—6 月 29 日，督查组在淄博市共检查企业（单位）1 711 家，存在环境问题的占比 85.7%，问题企业（单位）数量在"2+26"城市中最多。6 月 19—24 日，环境保护部巡查发现，前期督办的 175 个问题，未销号问题 32 个，较其他城市明显偏多。巡查还发现，文昌湖区提供的可口香瓜子厂、隆德金属制品有限公司、铭仁重型机械有限公司的 3 个项目环保审批意见文号顺序和批复时间逻辑错误，存在临时制作销号文书问题。

荥阳市整改工作推进缓慢。环境保护部第 4 次巡查共核查 8 个问题，销号率仅 50%。其中突出问题 6 个，销号 4 个；"散乱污"问题 2 个，均未销号。环境保护部 4 月 14 日第一批督办的荥阳市恒达机器厂环境问题，截至 6 月 25 日巡查时仍未完成整改。

长治高新区整改组织协调不力，高新区相关部门在"散乱污"企业取缔工作中责任划分不明确，督查整改调度和监管制度不健全，导致整改落实工作推进不力。环境保护部第四次巡查 6 家"散乱污"企业，均未完成销号，整改滞后。

约谈要求，四平及公主岭、景德镇、衡水、淄博、荥阳、长治高新区等市（区）应提高认识，强化整改，狠抓落实，不断改善大气和水环境质量。要按要求制

定整改方案，并在 20 个工作日内报送环境保护部，抄报相关省级人民政府。

约谈会上，7 市(区)政府主要负责同志均做了表态发言，表示诚恳接受约谈，正视问题，举一反三，完善机制，确保责任压实到位，工作落到实处，不断改善环境质量。

环境保护部有关司局负责同志，华北、华东、东北环境保护督查中心负责同志，河北、山西、吉林、江西、山东、河南等省级环境保护部门有关负责同志，四平及公主岭、景德镇、衡水、淄博，荥阳、长治高新区等市（区）政府有关负责同志等参加了约谈。

环境保护部、发展改革委、水利部联合印发
《长江经济带生态环境保护规划》

发布时间
2017.7.18

　　长江经济带是我国重要的生态安全屏障，确保一江清水绵延后世，走出一条绿色生态发展之路，事关中华民族永续发展。国家高度重视长江经济带生态环境保护，编制实施《长江经济带发展规划纲要》（以下简称《纲要》），明确了长江经济带生态优先、绿色发展的总体战略。近日，环境保护部、发展改革委、水利部联合印发了《长江经济带生态环境保护规划》（环规财〔2017〕88号）（以下简称《规划》），《规划》是落实国家重大战略举措的迫切要求，是贯彻五大发展理念的生动实践，是《纲要》在生态环境保护领域的具体安排。

　　《规划》坚持生态优先、绿色发展的基本原则，以改善生态环境质量为核心，衔接大气、水、土壤三大行动计划，强调多要素统筹，综合治理，上下游差别化管理，责任清单落地。建立硬约束机制，共抓大保护，不搞大开发，落实生态文明体制改革的有关要求，创新管理思路，发挥长江经济带生态文明建设先行示范带的引领作用。《规划》突出和谐长江、健康长江、清洁长江、优美长江和安全长江建设。到2020年，生态环境明显改善，生态系统稳定性全面提升，河湖、湿地生态功能基本恢复，生态环境保护体制机制进一步完善。水资源得到有效保护和合理利用，生态流量得到有效保障，江湖关系趋于和谐；水源涵养、水土保持等生态功能增强，生物种类多样，自然保护区面积稳步增加，湿地生态系统稳定性和生态服务功能逐步提升；水环境质量持续改善，长江干流水质稳定保持在优良水平，饮用水水源达到III类水质比例持续提升；城市空气质量持续好转，主要农产品产地土壤环境安全得到基本保障；涉危企业环境风险防控体系基本健全，区域环境风险得到有效控制。

《规划》贯彻"山水林田湖是一个生命共同体"理念，突出四个统筹，即统筹水陆、城乡、江湖、河海，统筹上中下游，统筹水资源、水生态、水环境，统筹产业布局、资源开发与生态环境保护，对水利水电工程实施科学调度，构建区域一体化的生态环境保护格局，系统推进大保护。《规划》根据长江流域生态环境系统特征，以主体功能区规划为基础，强化水环境、大气环境、生态环境分区管治，系统构建生态安全格局。《规划》确立资源利用上线、生态保护红线、环境质量底线，制定产业准入负面清单，强化生态环境硬约束，确保长江生态环境质量只能更好、不能变坏。《规划》坚持问题导向，加强长江经济带沿线饮用水水源保护力度，实施水源专项执法行动，强化水源地及周边区域环境综合整治，切实做好城市饮用水水源规范化建设，确保集中式饮用水水源环境安全，有效应对环境风险。《规划》创新流域管理思路，加快推进重点领域、关键环节体制改革，形成长江生态环境保护共抓、共管、共享的体制机制。大力推进生态环保科技创新体系建设，有效支撑生态环境保护与修复重点工作。

《规划》加强协调联动，强化水资源、水生态、水环境三位一体推进。重点解决局部区域大气污染、土壤污染等问题，补齐农村环保短板。强化突发环境事件预防应对，严格管控环境风险，提升流域环境风险防控水平。创新大保护的生态环保机制政策，推动区域协同联动。《规划》在落实《纲要》提出的行动、工程基础上，从区域协同治理的需求出发，提出水资源优化调配、生态保护与修复、水环境保护与治理、城乡环境综合整治、环境风险防控和环境监测能力建设等6大工程18类项目。建立重大项目库，以大工程带动大保护。提出设立长江环境保护治理基金和长江湿地保护基金，充分发挥政府资金撬动

作用，吸引社会资本投入，完善生态补偿政策，建立多元化的环保投资格局，多渠道筹措资金。

《规划》强调沿江11省市人民政府是规划实施主体，将目标、措施和工程纳入本地区国民经济和社会发展规划以及相关领域、行业规划中，编制具体实施方案，加大规划实施力度，严格落实党政领导干部生态损害责任追究制度，确保规划目标按期实现。环境保护部、国家发展改革委、水利部等有关部门要做好统筹协调、督促指导。完善环境法治，加大环境执法监督力度。严格评估考核，在2018年和2021年，分别对《规划》执行情况进行中期评估和终期考核，评估考核结果向社会公布。

一图读懂
《长江经济带生态环境保护规划》

发布时间
2017.7.18

环境保护部、发展改革委召开落实《关于划定并严守生态保护红线的若干意见》视频会议

环境保护部、发展改革委 7 月 18 日在京联合召开视频会议，传达学习张高丽副总理重要批示精神，就贯彻落实中共中央办公厅、国务院办公厅印发的《关于划定并严守生态保护红线的若干意见》（以下简称《若干意见》）进行动员部署。环境保护部部长李干杰、发展改革委副主任胡祖才出席会议并讲话。李干杰强调，划定并严守生态保护红线，是以习近平同志为核心的党中央做出的一项重大决策部署，要进一步增强和牢固树立"四个意识"，把认同核心、维护核心、服从核心、紧跟核心，全面落实到划定并严守生态保护红线的实际行动中，让红线划得实、能落地，守得住、有权威。

李干杰指出，党的十八大以来，习近平总书记多次就生态保护红线做出重要指示，形成了科学系统的重要论述，要认真学习贯彻。

一要牢固树立生态红线的观念，广泛宣传引导，加快推动形成绿色发展方式和生活方式，维持各类生态系统健康稳定，提升生态产品供给能力，为子孙后代留下可持续发展的"绿色银行"。

二要把生态保护红线作为保障国家生态安全的底线和生命线，最大限度保护重要生态空间，遏制生态系统退化，改善生态环境质量，维护生态安全。

三要把生态保护红线作为构建国土空间布局体系的基础，促进形成科学合理的生态空间、农业空间和城镇空间，构筑国土空间布局体系的"骨架"和"底盘"。

四要严守生态保护红线决不允许逾越，用最严格的制度保护红线，决不允许有令不行、有禁不止，确保生态功能不降低、面积不减少、性质不改变。

李干杰强调，《若干意见》是做好生态保护红线工作的顶层设计，核心要求是划好"一条线"、形成"一张图"、建立"一套管控体系"。划好"一条线"，就是要在科学评估基础上，把具有特殊重要生态功能的森林、草原、湿地、海洋等生态空间划入生态保护红线管控范围，抓好勘界定标，构建国家生态安全格局。形成"一张图"，就是做好跨区域衔接，坚持陆海统筹，使生态保护红线区域上连通顺畅、布局上系统完整。建立"一套管控体系"，就是要按照"事前严防、事中严管、事后严惩"的全过程严格监管思路，加快建立保障红线优先地位，涵盖监测预警、评估考核、日常监管、执法处置、补偿奖励、追责惩罚的管控体系。

李干杰说，《若干意见》发布后，各地区各部门迅速行动，落实工作取得积极进展。但由于技术性强、涉及面广，时间紧、任务重，生态保护红线划定工作也面临一些突出问题。他要求，各地区要进一步统一思想，以钉钉子精神把《若干意见》落实好。切实提高政治站位，将划定并严守生态保护红线作为政治任务来完成，通过开展多种形式的宣传培训，着力提高全社会尤其是各级领导干部的生态保护红线意识。抓好组织协调，建立和完善上下联动、部门联动、区域联动的协调机制，加强沟通配合，充分发挥地方党委和政府及其有关部门的积极性、主动性，形成工作合力。抓好技术指导与审核，尽快制定《生态保护红线划定方案技术审核规程》，组织生态保护红线专家委员会，及时为各地提供技术指导，确保应划尽划、应保尽保。抓好监管平台建设，加快制定生态保护红线生态功能评价技术指南、考核办法和生态保护补偿政策，研究制定生态保护红线管控办法。各级环保部门要勇于担当、履职尽责，与发展改革部门共同承担好生态保护红线工作的牵头责任，也要与其他有关部门加强沟通协调、形成工作合力。

胡祖才在讲话中指出，我们一定要切实把思想统一到党中央、国务院的决策部署上来，深刻认识划定并严守生态保护红线是解决当前生态环境问题、推动生态文明建设的重要路径，是落实新发展理念、推动绿色发展的重要举措，强化生态保护红线意识，把《若干意见》贯彻好落实好。他要求，划定并严守生态保护红线，要注重与推进空间规划体制改革、构建空间治理体系紧密结合、统筹衔接。

一是充分运用资源环境承载能力和国土空间开发适宜性评价方法开展精细评价，切实提高生态保护红线划定的科学性。

二是在编制空间规划、特别是划定"三区三线"空间底图时，要按照严格保护、应保尽保原则优先划定生态保护红线，强化生态保护红线的空间开发底线作用。

三是将严守生态保护红线作为实施空间规划的重要内容，按照禁止开发区域的要求进行管理，严格落实生态保护红线的管控要求。

他强调，发展改革部门要主动作为，与环境保护部门一起会同有关部门，加强沟通协调，做好统筹衔接，发挥专家作用，注重上下联动，扎实做好划定并严守生态保护红线相关工作。

视频会议由环境保护部副部长黄润秋主持，林业局副局长刘东生、气象局副局长矫梅燕、海洋局副局长孙书贤、测绘地信局副局长李维森分别就贯彻落实《若干意见》提出明确要求。

生态保护红线协调工作小组成员，生态保护红线专家委员会委员，环境保护部、发展改革委有关司局负责同志在主会场参加会议。

各省（区、市）及新疆生产建设兵团环保、发改、财政、国土、住建、水利、农业、林业、气象、测绘等部门主要负责同志或分管负责同志，沿海省（区、市）海洋部门负责同志在分会场参加会议。

发布时间
2017.7.19

环境保护部发布 2017 年 6 月和上半年重点区域和 74 个城市空气质量状况

环境保护部 7 月 19 日发布了 2017 年 6 月和上半年全国和京津冀、长三角、珠三角区域及直辖市、省会城市、计划单列市空气质量状况。

环境保护部有关负责人介绍，6 月，全国 338 个地级及以上城市平均优良天数比例为 77.8%，同比下降 6.9 个百分点。$PM_{2.5}$ 浓度为 29 微克 / 立方米，同比下降 3.3%；PM_{10} 浓度为 58 微克 / 立方米，同比上升 3.6%。上半年，平均优良天数比例为 74.1%，同比下降 2.6 个百分点。$PM_{2.5}$ 浓度为 49 微克 / 立方米，同比持平；PM_{10} 浓度为 88 微克 / 立方米，同比下降 2.2%。

2017 年上半年，全国发生多次沙尘天气，影响范围涉及 23 个省 208 个城市。依据 2017 年 1 月 4 日我部印发的《受沙尘天气过程影响城市空气质量评价补充规定》，对全国上半年受沙尘天气影响的监测数据进行剔除，并依此对空气质量进行评价、排名。

剔除沙尘天气影响后，6 月，全国 338 个地级及以上城市平均优良天数比例为 78.4%，同比下降 7.2 个百分点。$PM_{2.5}$ 浓度为 29 微克 / 立方米，同比下降 3.3%；PM_{10} 浓度为 56 微克 / 立方米，同比上升 1.8%。上半年，平均优良天数比例为 75.6%，同比下降 2.6 个百分点。$PM_{2.5}$ 浓度为 48 微克 / 立方米，同比持平；PM_{10} 浓度为 82 微克 / 立方米，同比下降 1.2%。

6 月，74 个城市空气质量相对较差的后 10 位城市（从第 74 名到第 65 名）依次是：唐山、邯郸、邢台、石家庄、郑州、济南、保定、衡水、太原和徐州市。

上半年，后 10 位城市依次是：邯郸、石家庄、邢台、保定、唐山、太原、郑州、衡水、西安和济南市。

6 月，74 个城市空气质量相对较好的前 10 位城市（从第 1 名到第 10 名）依次是：珠海、中山、海口、深圳、江门、厦门、惠州、拉萨、丽水和贵阳市。上半年，前 10 位城市依次是：海口、拉萨、舟山、珠海、惠州、丽水、深圳、福州、厦门和贵阳市。

京津冀区域 13 个城市 6 月平均优良天数比例为 34.1%，同比下降 14.2 个百分点。$PM_{2.5}$ 浓度为 47 微克 / 立方米，同比下降 4.1%；PM_{10} 浓度为 92 微克 / 立方米，同比上升 9.5%。上半年，平均优良天数比例为 50.7%，同比下降 7.1 个百分点。$PM_{2.5}$ 浓度为 72 微克 / 立方米，同比上升 14.3%；PM_{10} 浓度为 129 微克 / 立方米，同比上升 13.2%。

北京市 6 月优良天数比例为 36.7%，同比持平，$PM_{2.5}$ 浓度为 42 微克 / 立方米，同比下降 28.8%；PM_{10} 浓度为 75 微克 / 立方米，同比上升 11.9%。上半年，平均优良天数比例为 55.3%，同比下降 5.8 个百分点。$PM_{2.5}$ 浓度为 66 微克 / 立方米，同比上升 3.1%；PM_{10} 浓度为 96 微克 / 立方米，同比上升 15.7%。

长三角区域 25 个城市 6 月平均优良天数比例为 70.4%，同比下降 13.5 个百分点。$PM_{2.5}$ 浓度为 34 微克 / 立方米，同比上升 3.0%；PM_{10} 浓度为 57 微克 / 立方米，同比上升 3.6%。上半年，平均优良天数比例为 70.5%，同比下降 2.8 个百分点。$PM_{2.5}$ 浓度为 48 微克 / 立方米，同比下降 9.4%；PM_{10} 浓度为 77 微克 / 立方米，同比下降 10.5%。

珠三角区域 9 个城市 6 月平均优良天数比例为 98.9%，同比上升 1.9 个百分点。$PM_{2.5}$、PM_{10} 浓度分别为 15 微克 / 立方米、29 微克 / 立方米，均达到国家二级年均浓度标准。上半年，平均优良天数比例为 88.4%，同比下降 6.3 个百分点。$PM_{2.5}$、PM_{10} 浓度分别为 35 微克 / 立方米、53 微克 / 立方米，均达到国家二级年均浓度标准。

发布时间
2017.7.20

环境保护部等 7 部门联合开展"绿盾 2017"国家级
自然保护区监督检查专项行动

近日，环境保护部、国土资源部、水利部、农业部、国家林业局、中国科学院和国家海洋局联合印发《关于联合开展"绿盾 2017"国家级自然保护区监督检查专项行动的通知》（以下简称《通知》），决定 2017 年 7—12 月在全国组织开展国家级自然保护区监督检查专项行动（以下简称"专项行动"）。

党的十八大以来，党中央高度重视生态环境保护，习近平总书记多次对破坏生态环境的突出问题做出批示。然而一些地区落实党中央决策部署不坚决不彻底，对新发展理念认识不到位，不作为、乱作为，不担当、不碰硬，导致生态破坏事件屡有发生。今年 6 月，中办、国办专门就甘肃祁连山国家级自然保护区生态环境破坏问题发出通报，认真分析问题和原因、严厉进行责任追究、深刻剖析教训警示，其重视程度之高、处罚力度之大、产生震撼之强、影响范围之广，具有历史性、标志性意义。本次专项行动旨在深入贯彻落实中央文件精神，深刻吸取甘肃祁连山生态环境问题的教训，严厉打击涉及自然保护区的各类违法违规行为，把加强自然保护区监督管理作为重要政治责任，严格执行，不打折扣，牢固构筑国家生态安全屏障。

本次专项行动由环境保护部、国土资源部、水利部、农业部、国家林业局、中国科学院、国家海洋局共同组织实施。各省、自治区、直辖市环境保护厅（局）会同其他自然保护区省级行政主管部门，建立健全各省份专项行动工作机制，采取自然保护区省级管理部门检查与自然保护区自查相结合的方式，组织开展本行政区域内专项行动。

本次专项行动将按照法律法规及有关文件要求，全面排查全国 446 个国家级自然保护区存在问题，严肃查处自然保护区各类违法违规活动，具体包括：

一、全面排查国家级自然保护区内违法违规问题

重点排查采矿、采砂、工矿企业和保护区核心区缓冲区内旅游开发、水电开发等对生态环境影响较大的活动，以及十八大以来新增和规模明显扩大的人类活动；将近年来被约谈、通报、督办的自然保护区问题，以及中央环保督察发现问题的整改情况作为检查重点。

二、对已发现问题的整改情况进行监督检查

系统梳理历次自然保护区监督检查中发现问题的整改情况，对其整改进度、整改效果和追责情况进行检查。将近年来被约谈、通报、督办的自然保护区问题，以及中央环保督察发现问题的整改情况作为检查重点。

三、坚决查处各种违法违规行为

责令停止各种违法违规行为，对有关单位和个人进行严肃处理；涉嫌构成犯罪的，依法移送司法机关调查处理。制定和实施整改方案，限期进行生态整治修复；建立自然保护区违法违规问题管理台账，实行"整改销号"制度。

四、清理整顿不符合要求的涉及自然保护区地方法规政策

全面自查并清理各级地方不符合《中华人民共和国环境保护法》《中华人民共和国野生动物保护法》《中华人民共和国自然保护区条例》等要求的地方性法规、规章和规范性文件。

五、严格督办自然保护区问题排查整治工作

环境保护部等七部门共同加强对各地排查整治工作的督办检查，对不认真

组织排查、排查中弄虚作假、整改不及时、未严肃追责的行为，予以通报批评；问题突出、长期管理不力、整改不彻底的，进行公开约谈或重点督办。

《通知》要求加强组织协调，明确任务分工，细化工作措施，层层压实责任，密切沟通协作，形成工作合力。敢于真抓碰硬，紧盯自然保护区工作中的关键问题和薄弱环节，勇于担当，敢于碰硬，真抓实干，以抓铁有痕、踏石留印的态度落实各项整改措施，以改革创新的精神着力破解自然保护区工作中存在的深层次矛盾和制度障碍。强化社会监督，公布举报电话和信箱，鼓励公众积极举报涉及自然保护区的违法违规行为，充分利用电视、广播、报纸、互联网等各种媒体，定期向社会公开专项行动进展情况。完善监管机制，切实整改专项行动中发现的自然保护区管理问题和监管漏洞，并将专项行动中行之有效的措施和经验及时转化为工作机制和制度。

本次专项行动从2017年7月中旬启动，12月底结束。10月底前，各省份将专项行动结果报送环境保护部及有关行政主管部门；12月底前，环境保护部会同有关部门编制本次专项行动总结报告，向国务院汇报，并向全社会通报工作情况及结果。

发布时间
2017.7.21

环境保护部印发《关于西安环境质量监测数据造假案有关情况的通报》

　　2017年6月16日,西安市中级人民法院对西安环境质量监测数据造假案(以下简称"西安案件")做出一审判决,涉案7人行为均构成破坏计算机信息系统罪,获刑1年3个月至1年10个月不等。为了充分发挥"西安案件"的震慑作用和警示教育意义,环境保护部于7月10日印发《关于西安环境质量监测数据造假案有关情况的通报》(环办监测函〔2017〕1092号,以下简称《通报》)。

　　《通报》指出,"西安案件"造成环境空气质量自动监测数据失真,严重损害环保部门的形象和公信力,性质恶劣,教训惨痛,发人深思,令人警醒。该案件充分反映出涉案人员法治观念淡薄,个别领导干部没有牢固树立和贯彻新发展理念,片面追求政绩,少数地区不在落实污染防治措施上下功夫,却在监测数据上弄虚作假,采取不正当手段,人为干扰环境空气监测数据,严重误导环境管理决策。

　　《通报》要求,各级环保部门充分汲取教训,引以为戒,举一反三,采取有效措施,全面提高环境监测数据质量。

　　一要强化警示教育,提高思想认识。要高度重视环境监测数据质量,认真组织开展"西安案件"警示教育,以案释纪、以案说法,发挥"西安案件"的警示、教育和震慑作用,加强相关法律法规的培训,强化干部职工法律意识、"红线"意识和职业道德意识,筑牢思想认识第一道防线,自觉维护环境监测数据客观

公正。

二要加强质量管理，提高监测数据准确性。深化环境监测体制机制改革，进一步明确环境监测质量监管责任，创新监管方式，开展质量提升行动，实施全过程质量控制，确保国家网和地方网的监测活动遵循全国统一的环境监测标准规范，保障环境监测数据准确有效。

三要加大查处力度，保障监测数据真实性。各省（区、市）环境保护厅（局）要组织开展专项检查行动，全面排查本行政区域内环境监测数据质量问题，并提出整改要求。对环境监测数据弄虚作假的行为，该处罚的处罚，该移交的移交。对直接作案、幕后指使等人员都要依法查处，确保检查到位、整改到位、处理到位。

《通报》表示，下一步环境保护部将深入贯彻落实中央关于深化环境监测改革决策部署，完善环境监测管理相关法规制度，加大环境监测质量"双随机"检查力度，依法依规严查环境监测数据弄虚作假行为，发现一起、查处一起，对构成犯罪的，依法移交司法机关追究刑事责任。

北京等 7 省（市）公开中央环境保护督察整改方案

发布时间
2017.7.26

经党中央、国务院批准，中央环境保护督察组于 2016 年 11—12 月组织对北京、上海、湖北、广东、重庆、陕西、甘肃 7 省（市）开展环境保护督察，并于 2017 年 4 月完成督察反馈。反馈后，7 省（市）党委、政府高度重视督察整改，认真研究制定整改方案。目前整改方案已经党中央、国务院审核同意。为回应社会关切，便于社会监督，传导督察压力，根据《环境保护督察方案（试行）》要求，经国家环境保护督察办公室协调，7 省（市）统一对外全面公开督察整改方案。

7 省（市）督察整改方案均实行清单制，对中央环境保护督察组反馈意见进行了详细梳理，共计确定 375 项整改任务，其中北京市 47 项、上海市 46 项、湖北省 84 项、广东省 43 项、重庆市 37 项、陕西省 59 项、甘肃省 59 项。整改措施主要包括树立绿色发展理念和提高环保意识，加快产业结构和能源结构调整；打好大气、水、土壤环境治理攻坚战，解决突出环境问题；建立健全环保长效机制等内容。保障措施主要包括加强组织领导、严格责任追究、强化督办落实、加大整改宣传等内容。整改方案还进一步细化明确责任单位、整改目标、整改措施和整改时限，实行拉条挂账、督办落实、办结销号，基本做到了可检查、可考核、可问责。

督察整改是发挥环境保护督察效果的重要环节，也是深入推进生态环境保护工作的关键举措。下一步，国家环境保护督察办公室将实行清单式调度制度，

紧盯地方督察整改工作情况，按月调度，及时督办，加强通报，并对移交的生态环境损害责任追究问题调查问责结果进行审核。同时持续督促地方利用"一台一报一网"（"一台"即省级电视台，"一报"即省级党报，"一网"即省级人民政府网站）作为载体，加强督察整改工作宣传报道和信息公开，对督察整改不力的地方和突出环境问题，将组织机动式、点穴式督察，始终保持督察压力，确保督察不是一阵风，取得实实在在的整改效果。

微博： 本月发稿 394 条，阅读量 913.2 万＋；

微信： 本月发稿 365 条，阅读量 163.6 万＋。

本月盘点

回眸

2017 年 8 月

- 启动秋冬季大气污染综合治理攻坚战
- 第四批中央环境保护督察组全部实现督察进驻
- "美丽中国"环保公益广告优秀作品揭晓

第三批中央环境保护督察反馈结束

发布时间 2017.8.1

经党中央、国务院批准，2017年7月29日—8月1日，第三批7个中央环境保护督察组陆续向天津、山西、辽宁、安徽、福建、湖南、贵州省（市）反馈督察意见。反馈会由被督察地方政府主要领导主持，督察组组长通报督察意见，当地党委主要领导作表态发言。

督察认为，2013年以来，7省（市）认真学习贯彻习近平总书记系列重要讲话精神和党中央、国务院决策部署，努力践行新发展理念，制定实施一批环境保护政策措施，积极推进重点领域污染治理，着力解决突出环境问题，环境质量总体得到改善，环境保护责任得到进一步压实。7省（市）均高度重视中央环境保护督察工作，严查严处群众举报案件，并向社会公开。截至督察反馈时，督察组交办的31 457件环境问题举报已基本办结，共立案处罚8 687家，拘留405人，约谈6 657人，问责4 660人。

督察指出，7省（市）环境保护工作虽然取得进展，但问题依然比较突出，尤其是一些共性问题亟待引起高度重视：

一是重发展、轻保护情况依然多见。湖南岳阳、永州等地为追求一时经济增长，顶风出台阻碍环境执法的"土政策"；山西省不顾大气环境质量超标和火电产能严重过剩的严峻形势，违规实施低热值煤发电专项规划；贵州省威宁县县城建设用地大量侵占草海国家级自然保护区，"城进湖退"问题突出。

二是环保不作为、乱作为问题比较突出。宁河区在天津古海岸与湿地国家级自然保护区七里海湿地核心区和缓冲区违法建设湿地公园，市海洋部门多次违规批准游客进入保护区核心区。湖南省湘潭、郴州两市违规干预环境执法，甚至为违法企业出具虚假证明。

三是部分流域环境污染情况较为严重。山西省汾河、辽宁省辽河均是当地"母亲河"，但治污不力，大量污水直排，污染问题突出；安徽省巢湖、湖南省洞庭湖生态环境保护不力，违规开发问题较多，环境形势不容乐观。

四是自然保护区违法违规建设问题突出。安徽省升金湖国家级自然保护区内违法违规新建扩建大量旅游、畜禽养殖等项目，导致保护区水质下降。福建省宁德环三都澳湿地水禽红树林自然保护区属国家重要湿地，但近年来围海养殖已造成保护区湿地面积减少，局部生态系统遭到破坏。

五是一些城市环境基础设施建设严重滞后。沈阳市由于配套管网建设和污水处理设施提标改造严重滞后，全市每天约 27 万吨污水直排环境，110 余万吨污水超标排放。贵阳市每天超过 40 万吨生活污水超越排放进入南明河，南明河流经贵阳市区后水质由Ⅱ类降为劣Ⅴ类。

六是群众身边的环境问题解决不够有力。沈阳市多年来累计积存渗滤液超过 75 万立方米，污染严重，恶臭弥漫，周边群众意见极大。天津市北辰区刘家码头村集聚近千家废品回收点及小作坊，区域环境恶劣，群众反映强烈，多年来得过且过，直到督察时才有效整治。

督察要求，7 省（市）应在 30 个工作日内组织编制整改方案上报国务院，并切实抓好整改落实工作；同时要责成有关部门对督察中发现的问题，进一步深入调查，厘清责任，并按有关规定严肃问责。

发布时间
2017.8.1

环境保护部等 5 部委联合部署
全国土壤污染状况详查工作

环境保护部、财政部、国土资源部、农业部、卫生计生委 7 月 31 日在北京联合召开全国土壤污染状况详查工作动员部署视频会议。环境保护部部长李干杰出席会议并讲话。他强调，土壤污染状况详查是一项重要国情调查，各地区各部门必须按照《土壤污染防治行动计划》（以下简称"土十条"）的要求，统一思想、提高认识、担起责任，在现有相关调查基础上，以农用地和重点行业企业用地为重点，认真组织开展详查工作，为有效管控土壤环境风险、保障人民群众身体健康奠定坚实基础。

李干杰指出，党的十八大以来，以习近平同志为核心的党中央坚定不移推进生态文明建设，推动美丽中国建设迈出重要步伐。各地区各部门普遍反映，全国生态环境保护呈现出四个"前所未有"：思想重视程度之高前所未有，污染治理力度之大前所未有，监管执法尺度之严前所未有，环境改善速度之快前所未有，生态环境保护从认识到实践发生了历史性、转折性和全局性变化。

李干杰强调，土壤是经济社会可持续发展的物质基础，加强土壤环境保护是推进生态文明建设和维护国家生态安全的重要内容。当前，我国土壤环境保护还存在污染底数不清、监测监管和风险防控体系不健全等突出问题。开展土壤污染状况详查是贯彻落实"土十条"的重要工作，为全面落实"土十条"要求，有针对性地推进农用地分类管理和建设用地准入管理，实施土壤污染分类别、分用途、分阶段治理，为逐步改善土壤环境质量提供基础支撑。开展土壤污染状况详查也是推动土壤风险管控的重大民生工程，要把存在环境风险隐患、影响人居环境和食品安全的污染区域进一步查找出来，为实施有效的风险防控提供科学依据，加快解决损害群众健康的突出土壤环境问题。开展土壤污染状况详查还是提升土壤环境管理水平的重要抓手，是集合各方资源的一次全方位实战，有利于推动各地区各部门密切合作，不断提升土壤环境管理科学化、系统化、法治化、精细化、信息化水平。

李干杰指出，经国务院同意，2016 年 12 月环境保护部会同财政部、国土资源部、农业部、卫生计生委印发《全国土壤污染状况详查总体方案》（以下简称《总体方案》）。按照"土十条"和《总体方案》，本次详查在已有调查的基础上开展，调查范围更聚焦，调查对象更系统，调查目的更明确。要在 2018 年底前查明农用地土壤污染的面积、分布及其对农产品质量的影响，2020 年底前掌握重点行业企业用地中污染地块的分布及其环境风险。为确保目标实现，需要把握好以下几个方面：

一是准确把握总体思路与技术路线。农用地详查中范围确定、单元划分、点位布设与核实是最重要的基础工作。重点行业企业用地详查中企业基础信息收集是否全面、准确直接关系企业用地风险筛查与评估结果是否准确。

二是坚持成果继承和信息共享。对已有的调查数据和相关信息进行系统分析，确保找准超标区域、问题区域和污染严重企业，为确定详查范围提供基础支撑。

三是充分依托专业技术力量。详查工作主要依托省、市两级环境保护、国土资源、农业、卫生计生等部门专业技术力量来开展，企业用地调查测试项目要更多地发挥社会专业机构作用。

四是注重先进技术手段运用。运用高分遥感影像分析及网络地理信息系统

技术，应用基于"互联网+"和网络数据库的信息化技术，采用最佳可行的分析测试技术方法。

五是严格执行"五统一"原则。统一调查方案、统一实验室筛选要求、统一评价标准、统一质量控制、统一调查时限，确保各地调查工作按照统一要求规范开展。

李干杰说，《总体方案》印发以来，各地区各部门在资金、技术、物资、人员队伍、组织保障等方面做了大量准备工作，取得明显成效。但也有部分省（区、市）工作滞后，需要加快工作进度。他强调，土壤污染状况详查专业性强，涉及面广、统筹协调的要求高，各地区各部门要上下联动、协调配合，全力以赴做好相关工作。

一要抓好组织协调，落实责任分工。各省（区、市）人民政府作为组织实施详查工作的责任主体，要完善工作机制，统筹安排人员力量，加强工作监督检查和质量管理。地市级和县级人民政府要对行政区域内点位布设与核实工作的准确性、全面性负责。省级环保部门要发挥好牵头作用，加强与有关部门的沟通协作。市县两级有关部门，要按照本省统一部署，安排技术力量，做好相关工作。参加详查的相关技术单位要对地方详查工作形成全面技术指导。

二要抓紧完成详查准备，全面进入落地实施阶段。各省（区、市）要督促市县两级人民政府加快完成本地详查点位布设核实工作，其他准备工作也要加快进度。各省（区、市）可以选择典型县级行政区域先行启动农用地详查，按照"边开展试点、边总结经验，边推广应用"的原则，压茬推进农用地详查工作。在做好农用地详查点位核实及其他准备工作的基础上，抓紧完成省级土壤污染状况详查实施方案，尽快报环境保护部、国土资源部、农业部备案。

三要构建全流程质控体系，严格质量管理。建立详查工作质量管理体系和工作机制，层层落实相关部门、相关队伍、相关人员的质量管理责任。尤其要抓好采样、实验室分析等重点环节，确保分析测试数据和结果的准确性、可靠性。要高度重视和加强人员培训，确保参与详查工作的技术人员和队伍按照统一的技术规定要求，规范开展详查工作。要坚持求真务实，严肃查处漏报瞒报、篡改数据、弄虚作假等行为。

四要强化详查调度管理，确保如期高质量完成任务。建立工作调度与督办机制，定期调度相关工作进展。依托土壤污染防治工作简报，及时反映各地工作进展、交流工作经验、通报突出问题。强化保密意识，严格执行国家有关保密法律法规。严格资金管理，按照专项资金使用管理办法的要求，切实保障资金使用效益。

五要坚持边调查边风险管控，全面服务土壤环境管理。及时做好详查工作成果阶段性总结，对土壤污染问题突出、环境风险较高的区域，及时明确责任主体、落实风险管控措施。同步推动"土十条"明确的各项管理制度建设，加快构建土壤环境风险管控体系。

会议由环境保护部副部长赵英民主持。农业部副部长张桃林、国家卫生计生委副主任王国强，以及国土资源部有关负责同志分别在会上讲话，就做好土壤污染详查工作提出明确要求。

环境保护部、财政部、国土资源部、农业部、卫生计生委相关司局和有关直属单位负责同志，各国家级质控实验室负责同志在主会场参加会议。各省、自治区、直辖市及新疆生产建设兵团环境保护、财政、国土资源、农业、卫生计生等部门负责同志，市、县两级人民政府环境保护、国土资源、农业等部门负责同志在分会场参加会议。

"美丽中国"环境保护公益广告优秀作品揭晓

发布时间
2017.8.2

　　由环境保护部和国家新闻出版广电总局联合主办的2016年"美丽中国"环境保护公益广告作品征集暨展播活动，经过征集、评审、公示、公布等评选环节，评出中央电视台报送的"蓝天保卫战"、中央人民广播电台报送的"节能环保 不如这样"等36件优秀作品。目前36件优秀作品已录入"全国优秀广播电视公益广告作品库"，即日起，全国各地广播电视机构等均可免费下载播出。

　　活动主办方有关负责人介绍，本次评选共收到有效作品911件（电视类582件，广播类329件）。除港澳台地区外，全国各省、自治区、直辖市均报送了作品。创作者包括环保宣教部门、影视广告公司、大专院校、公益机构及民间环保志愿者等。

　　在对作品进行评审过程中，评委普遍认为，本次活动征集到的作品主题鲜明、风格多样、涵盖广泛，既有对生态文明理念的解读，有对环保法律法规的普及，也有对环境保护知识的科普；又有对环境保护一线工作的展示，也有对环保志愿者事迹的褒扬，以及对落后生产方式的反思等。这些作品总体反映出当前公众对生态文明建设和环境保护的理解和认知水平。大量作品取材源于生产生活，表达亲切自然，富有感染力。评委们认为，最终评定的36件优秀作品，贴近实际、贴近生活、贴近百姓，具有较强的思想性、艺术性和观赏性。

　　有关负责人表示，2016年国家颁布的《公益广告促进和管理暂行办法》，从完善体制机制、创新方式方法等方面，为公益广告的发展提供了契机。本次

征集活动只是一个开始。环保部门将继续依托多方资源，调动政府和民间各种力量踊跃投入公益广告创作，不断推出公众喜闻乐见的环保公益广告精品，积极培育生态文化、生态道德，让环保公益成为社会时尚，使生态文明成为社会主流价值观。

2016 年 "美丽中国" 环境保护公益广告作品征集活动广播类优秀作品名单

序号	作品名称	报送单位
1	节能环保 不如这样	中央人民广播电台
2	垃圾分类彩虹	中央人民广播电台
3	节约新旋律	北京广播电视台
4	垃圾分类 表白篇	中央人民广播电台
5	海洋保护 鲸鱼的启示	中央人民广播电台
6	环境保护 守住美好的声音	中央人民广播电台
7	易拉罐的奇妙之旅	山东人民广播电台经济广播
8	一个实验	江西省赣州市安远县 孔田晨光学校乡村少年宫
9	息息相关 环环相扣	河南人民广播电台戏曲广播
10	我想对大自然说	辽宁盘山县广播电视台
11	抠门的常大爷	江苏常州市人民广播电台
12	保护生态之外来物种入侵	北京广播电视台
13	让世界静一静	重庆人民广播电台
14	拒绝白色污染环保公益未来博物馆	山东人民广播电台音乐广播
15	让夜间少几分人造光	湖南人民广播电台
16	不做蒙面侠	河北邯郸市人民广播电台
17	以海为邻 以海之名	福建漳州市人民广播电台
18	珍惜保护土壤 建设丽中国	个人（李斌，广西）

2016 年"美丽中国"环境保护公益广告作品征集活动电视类优秀作品名单

序号	作品名称	报送单位
1	蓝天保卫战	中央电视台广告经营管理中心
2	爱北京 绿色出行	北京广播电视台
3	最美的风景是不打扰	云南曲靖电视制作中心
4	飘	中央电视台广告经营管理中心
5	这条线 我们不要去逾越	江苏省环境保护宣传教育中心
6	绿色生活邂逅篇	重庆电视台
7	同在蓝天下共建一个家	辽宁省环境保护宣传教育中心
8	绿色生活点滴做起	个人（查佩仙，安徽）
9	清洁空气，人人有责	北京市环境保护宣传中心
10	废物利用	福建厦门市电视台
11	年代的蓝	湖南长沙市电视台
12	少些抱怨多点行动	湖北武汉市广播电视台
13	坚持绿色发展 建设美丽四川	四川省环境保护厅
14	环保卫士 守护美丽中国	山东电视台卫视频道
15	植树老兵马三小	河北广播电视台
16	生态创建 你我做起	福建福州市广播电视台
17	行动起来 共建生态美丽家园	新乡医学院
18	绿色生活从我做起（1～3系列）	重庆电视台

2016 年"美丽中国"环境保护公益广告作品征集活动优秀组织机构名单

序号	机构名称	序号	机构名称
1	北京市新闻出版广电局	9	安徽省新闻出版广电局
2	山东省新闻出版广电局	10	江苏省新闻出版广电局
3	北京市环境保护宣传中心	11	中央人民广播电台
4	重庆市文化委员会	12	辽宁省环保宣教中心
5	湖南省环保宣教中心	13	天津市环保宣教中心
6	重庆市环保宣教中心	14	安徽省环保宣教中心
7	辽宁省新闻出版广电局	15	四川省环保宣教中心
8	湖南省新闻出版广电局	16	广东省环保宣教中心

环境保护部约谈天津东丽区等4地
政府主要负责同志

发布时间
2017.8.7

2017年8月7日，环境保护部对天津市东丽区，河北省邯郸市、保定清苑区，河南省新乡牧野区政府主要负责同志进行约谈，督促落实大气污染防治工作责任。

约谈指出，从今年4月7日—6月8日，环境保护部针对京津冀及周边地区"2+26"城市大气污染防治强化督查发现的问题，共发出6期督办通知，督办问题企业4 877家，截至7月21日第五次巡查结束，各地已整改销号3 902个，总体销号率达到约80%。但是，天津市东丽区整改工作不力，问题突出；邯郸市整改销号率仅为64%，且未整改到位的问题企业数量最多；保定市清苑区和新乡市牧野区整改工作滞后，对环境违法问题处罚不到位。

天津东丽区督查整改工作缓慢。环境保护部4月份督办4家问题企业，但此后两次巡查发现均未达到整改销号要求。天津市财岗利机械制造有限公司长期违法生产且两次拒绝环境执法检查，问题至今未完成整改，性质恶劣。

邯郸市整改工作不力。环境保护部共督办449个问题，截至第五次巡查结束时，仍有161个问题未完成整改销号，数量在"2+26"城市中最多。强化督查以来，全市先后有9家企业拒绝环境执法检查，性质恶劣。部分区县对督查发现的环境问题就事论事，导致一些企业环境问题频发。肥乡区凤婷节能建材有限公司曾因"脱硫设施不正常运行"问题被督办，后又发现"煤矸石破碎工序无任何治理设施，烟气脱硫设施碱液循环池无脱硫碱液，脱硫循环泵未运行"等问题，至今仍未整改到位。

保定清苑区整改工作不到位。督办的 16 家问题企业，仅 3 家完成整改，销号率仅为 18.8%。4 月上旬移交的 2 家企业问题，经过三次巡查督办仍未完成整改销号。保定飓风蓄电池有限公司等 6 家企业存在未安装或不正常运行治污设施等突出环境问题，但清苑区仅责令限期整改，未依法立案处罚；佳豪铝业有限公司治污设施无法正常运行，铸造废气未经处理直排，且弄虚作假应对检查，但地方未经核实即上报整改销号，工作不严不实。

新乡牧野区整改工作严重滞后。截至第五次巡查时，督办的 8 家问题企业均未完成整改销号。新乡市福瑞天塑胶有限公司等 3 家企业存在未经环评擅自扩建、未安装或不正常运行治污设施等突出环境问题，但牧野区仅责令限期整改，未依法立案处罚，放松执法要求。

约谈要求，天津东丽区，河北邯郸市、保定清苑区，新乡牧野区应切实提高认识，强化措施，深化治理，加大整改工作力度，不断压实大气污染防治工作责任，并在 20 个工作日内将整改方案报送环境保护部，抄报相关省级人民政府。

约谈会上，4 市（区）党委或政府主要负责同志均作了表态发言，表示将诚恳接受约谈、正视问题、全面整改、举一反三、强化问责，确保大气污染防治工作落到实处。

环境保护部有关司局负责同志，华北环境保护督查中心负责同志，天津、河北、河南等省（市）环境保护部门负责同志，东丽区、邯郸市、清苑区、牧野区等地党委或政府及环保部门有关负责同志参加了约谈。

第四批中央环境保护督察组全部实现督察进驻

发布时间 2017.8.15

8月15日下午，中央第六环境保护督察组进驻西藏自治区，至此，第四批8个中央环境保护督察组全部实现督察进驻。8个中央环境保护督察组组长由焦焕成、吴新雄、马中平、贾治邦、朱之鑫、蒋巨峰、杨松、李家祥等同志担任，分别负责对吉林、浙江、山东、海南、四川、西藏、青海、新疆（含兵团）开展环境保护督察工作。

在各省（区）督察工作动员会上，各位组长强调，环境保护督察是党中央、国务院关于推进生态文明建设和环境保护工作的一项重大制度安排。通过督察，将重点了解省级党委、政府贯彻落实习近平总书记关于加强生态文明建设和环境保护重要批示指示精神情况；省级有关部门环境保护职责落实和工作推进情况；地市环境保护工作实施情况。重点盯住中央高度关注、群众反映强烈、社会影响恶劣的突出环境问题及其处理情况；重点检查环境质量呈现恶化趋势的区域流域及整治情况；重点督办人民群众反映的身边环境问题的立行立改情况；重点督察地方党委和政府及其有关部门环保不作为、乱作为情况；重点推动地方落实环境保护党政同责、一岗双责、严肃问责等工作情况。

8个省（区）党委主要领导同志均做了动员报告，强调要紧密团结在以习近平同志为核心的党中央周围，牢固树立"四个意识"，践行新发展理念，切实推进生态文明建设和环境保护工作，并要求所在省（区）各级党委、政府及有关部门坚决贯彻落实党中央、国务院决策部署，统一思想，提高认识，全力做好督察配合，加强边督边改，确保督察工作顺利推进，取得实实在在的效果。

据统计，截至 8 月 14 日，先期进驻的四川、青海、海南、山东、吉林、浙江、新疆（含兵团）等省（区）已受理群众环境信访举报 3 090 件，经梳理并合并重复举报后交办地方 2 361 件，各地已办结 146 件；累计责令整改 367 家，立案处罚 81 家，罚款 220.92 万元；立案侦查 2 家，拘留 6 人；对党政领导干部约谈 62 人，问责 62 人。

根据安排，环境保护督察进驻时间约 1 个月。督察进驻期间，各督察组分别设立专门值班电话和邮政信箱，受理被督察省（区）环境保护方面的来信来电，受理举报电话时间为每天 8:00—20:00（其中西藏为每天 9:00—21:00，新疆及兵团为每天 10:00—22:00）。

一图读懂

第四批中央环境保护督察组全部实现督察进驻

环境保护部通报 2017 年上半年
《水污染防治行动计划》重点任务进展情况

环境保护部 8 月 24 日向媒体通报了 2017 年上半年《水污染防治行动计划》重点任务进展情况。根据 2017 年上半年各省（区、市）报送的《水污染防治行动计划》重点任务进展情况来看，全国水污染防治工作总体取得积极进展但不平衡，部分地区、部分行业进展滞后，按期保质完成 2017 年重点任务的形势严峻。

截至 2017 年 6 月底，全国地表水 343 个不达标的控制单元中，325 个编制实施了达标方案，占 94.8%，涉及重点工程 7 937 个，投资 6 674 亿元；18 个控制单元尚未完成方案编制公开，主要分布在广东、河北、陕西、四川、甘肃。全国完成饮用水水源综合整治项目 2 203 个，水生态保护项目 639 个，地下水污染防治项目 85 个，河口海湾污染防治项目 43 个。

全国地级及以上城市 2 100 个黑臭水体中，完成整治工程的有 927 个，占 44.1%；河北、山西、辽宁、安徽 4 省的城市黑臭水体尚未开工整治比例超过 30%。重点城市（直辖市、省会城市、计划单列市）681 个黑臭水体中，完成整治工程的有 348 个，占 51.1%；济南、青岛 2 个城市有 3 个黑臭水体整治项目尚未开工。

在工业污染防治方面，造纸、钢铁、印染、制药、制革、氮肥六个行业已完成清洁化改造企业 1 762 家，完成率达 84.6%，广东、安徽、四川、山东、湖南、辽宁 6 个省未完成企业相对较多。省级及以上工业集聚区 1 968 家已建成集中污水处理设施，1 746 家已设置在线监测装置，完成率分别达到 80.6%、71.5%，云南、甘肃、新疆、青海 4 个省（区）完成率低于 50%。全国累计完成 7.5 万个地下油罐更新为双层罐或设置防渗池，湖南、广西、上海、西藏、江苏、内蒙古、浙江、天津等省（区、市）地下油罐更新改造工作相对滞后。

在城镇生活污染防治方面，全国新（改、扩）建污水处理设施 809 个，其中敏感区域（重点湖泊、重点水库、近岸海域汇水区域）内 173 个城镇污水处理设施提标改造达到一级 A 排放标准。新建污水管网 17 万千米，新建再生水处理能力 300 万吨／天。天津、江西、内蒙古、广西、新疆、湖北、广东等省（区、市）工作相对滞后。

在农业农村污染治理方面，全国累计划定畜禽养殖禁养区 4.9 万个，面积 63.6 万平方千米，累计关闭或搬迁禁养区内畜禽养殖场（小区）21.3 万个，山西、吉林、黑龙江、湖南、广西、海南、西藏、贵州、云南、陕西、甘肃、青海、宁夏、新疆 14 个省（区）未完成畜禽养殖禁养区划定且关闭搬迁工作进展缓慢。2017 年农村环境综合整治目标为 2.8 万个建制村，已开工建设 2 万个（建成 8 509 个），青海、吉林、天津、广西 4 个省（区）工作滞后。

第十九次中日韩环境部长会议在韩国举行

发布时间
2017.8.25

第十九次中日韩环境部长会于 2017 年 8 月 25 日在韩国水原举行，中国环境保护部部长李干杰、韩国环境部部长金恩京、日本环境省大臣中川雅治分别率团出席会议，就三国最新环境政策、全球及区域热点环境问题、联合行动计划实施进展等开展对话和交流。

李干杰以"坚决打好生态环境保护攻坚战，加快推动形成绿色发展方式和生活方式"为题，介绍了中国环境保护工作的进展。他指出，2012 年以来，中国政府将生态文明建设作为治国理政的重要内容，提出并践行创新、协调、绿色、开放、共享的五大发展理念。中国国家主席习近平指出，绿水青山就是金山银山；保护生态环境就是保护生产力，改善生态环境就是发展生产力；推动形成绿色发展方式和生活方式。这些重要战略思想，凸显了生态文明在中国发展全局中的极端重要性，成为中国政府的新执政理念。

李干杰说，过去五年，是中国生态文明建设、生态环境保护力度最大、举措最实、推进最快、成效最好的时期，集中体现在五个"前所未有"。

一是思想认识程度之深前所未有。越来越多的地方把加强环境保护作为机遇和重要抓手，推动经济社会发展和生态环境保护协同共进。越来越多的企业认识到，加强环境保护符合自身长远发展的利益。保护环境、人人有责的观念逐步深入人心，绿色消费、共享经济快速发展。

二是污染治理力度之大前所未有。发布实施大气、水、土壤污染防治三大行动计划。中国已成为全世界污水处理、垃圾处理能力最大的国家。累计关停能耗高、污染重的落后煤电机组约 1 500 万千瓦，5 亿千瓦煤电机组完成节能和超低排放改造。全面实施第五阶段机动车排放标准和清洁油品标准，2014—2016 年累计淘汰黄标车和老旧车 1 620 多万辆。10.8 万个村庄开展农村环境综合整治，1.9 亿农村人口受益。

三是制度出台频度之密前所未有。中央层面审议通过 40 余项生态文明和环境保护具体改革方案。中央环保督察实现 31 个省（区、市）全覆盖，推动解决了一大批突出环境问题。12 个省份初步划定生态保护红线。有序推进省以下环保机构监测监察执法垂直管理制度改革。推行控制污染物排放许可制，完成火电、造纸行业 5 000 多家企业排污许可证核发。

四是监管执法尺度之严前所未有。被称为"史上最严"的新环境保护法从 2015 年开始实施，在打击环境违法行为方面力度空前。2016 年全国共立案查处环境违法案件 13.78 万件，创历史新高。一些地方组建环境警察队伍，环境司法保障得到加强。

五是环境改善速度之快前所未有。2016 年，京津冀、长三角、珠三角三个重点区域细颗粒物（PM$_{2.5}$）平均浓度与 2013 年相比都下降 30% 以上。全国酸雨区面积占比已从历史高期的 30% 以上下降到当前的 7% 左右的水平。地表水国控断面 I～III 类水体比例增加到 67.8%，劣 V 类水体比例下降到 8.6%，大江大河干流水质稳步改善。

李干杰强调，下一步，中国将以改善环境质量为核心，以解决突出环境问

题为重点，以改革创新为动力，全方位、全地域、全过程开展生态环境保护，坚决打好生态环境保护攻坚战，加快推动形成绿色发展方式和生活方式，为人民群众创造良好生产生活环境。

韩、日部长也分别介绍了本国最新环境政策进展，韩国着重介绍了化学品管理、细颗粒物综合防治、水资源综合管理、可持续发展及应对气候变化等新政府的主要环境政策；日本则主要介绍了日本大地震后的灾后恢复与重建、灾害废物处理、建立循环型社会、生物多样性保护等国内工作。

三国部长还就2030年可持续发展议程、生物多样性公约第15次缔约方大会、"一带一路"生态环保合作等全球和区域环境议题交换了意见。李干杰就解决区域和全球环境问题、推进三国环境合作提出三点建议：一是推动《2030年可持续发展议程》落实和绿色"一带一路"建设。中国"一带一路"建设与落实《2030年可持续发展议程》高度契合，欢迎日、韩两国参与共建绿色"一带一路"，助力落实发展议程。二是推动《生物多样性公约》第15次缔约方大会取得实质性成果。2020年第15次缔约方大会将在中国举办。中方将争取把此次缔约方大会办成生物多样性保护事业发展进程中又一个具有里程碑意义的大会。三是推动中日韩环境部长会议及其合作发挥区域引领作用。明年将迎来三国环境部长会议机制建立20周年，希望在新的起点上共同推动环境合作迈上新台阶。

三国部长审议了《中日韩环境合作联合行动计划（2015—2019）》执行情况，对一年以来的工作进展表示满意；听取了环保企业圆桌会和青年环境论坛代表的成果报告，鼓励三国环保企业界积极开展环保产业与技术合作并提倡青年人保持友好沟通与交往，将所学知识转化为推动可持续发展的生产力；通过并签署了《第十九次中日韩环境部长会议联合公报》。

在随后召开的新闻发布会上，李干杰表示，中日韩环境部长会议是三国建立最早、成果最丰富的合作机制之一，为推动区域可持续发展做出了积极贡献。改善空气质量是三国联合行动计划中的第一个合作领域，也是三国共同关注的优先领域。近年来，三国在空气污染治理和沙尘暴防治方面开展了大量合作，为改善本国及区域空气质量发挥了积极作用。希望三方能够继续发挥各自优势，在互相尊重、合作共赢的基础上，分享环境治理经验。

在回答记者关于进口固体废物的问题时，李干杰说，限制和禁止固体废物进口是中国政府深入贯彻落实新发展理念、改善环境质量、维护生态安全和保障公众健康的一项重大决策部署。进口固体废物常掺杂有禁止进口的固体废物，甚至是危险性废物，加工利用过程中违法违规问题相当突出。前一阶段，中国环保部门开展了打击进口固体废物加工利用企业环境违法问题专项行动，检查企业近 1 800 家，发现的违法违规企业占比高达 60%。同时，进口固体废物也阻碍了中国国内固体废物的循环利用进程。中国政府已发布《禁止洋垃圾入境推进固体废物进口管理制度改革实施方案》，先行将环境污染风险高、社会公众反映强烈的 24 类固体废物禁止进口，并根据世界贸易组织（WTO）有关透明度义务的要求，在相关委员会项下进行了通报。他强调，下一步，中国将修订《固体废物进口管理办法》，分批分类调整进口固体废物管理目录，逐步减少固体废物进口种类和数量。完善相关法律法规和制度，提高对走私垃圾、非法进口固体废物等行为的处罚标准，加大全过程监管力度，保持执法高压态势。强化资源节约集约利用，全面提升国内固体废物无害化、资源化利用水平。推动建立国际合作机制，共同推动全球和区域可持续发展。

会议期间，三国部长还为 2017 年度"中日韩三国环境部长奖"获奖者中国张磊、韩国李成奉、日本吉川健颁奖。

环境保护部启动秋冬季大气污染
综合治理攻坚战

发布时间
2017.8.31

环境保护部 8 月 31 日在京召开座谈会，贯彻落实《京津冀及周边地区2017—2018 年秋冬季大气污染综合治理攻坚行动方案》（以下简称《攻坚方案》）及六个配套方案。环境保护部部长李干杰出席会议并讲话。他强调，要提高政治站位，狠抓贯彻落实，坚决打好秋冬季大气污染综合治理攻坚战。

李干杰指出，做好京津冀及周边地区大气污染防治工作是党中央、国务院部署的一项重大政治任务，习近平总书记多次做出重要指示批示，李克强总理在今年《政府工作报告》中强调打好蓝天保卫战，张高丽副总理出席京津冀及周边地区大气污染防治协作小组第十次会议，对秋冬季大气污染综合治理攻坚行动进行部署。各地区各部门认真贯彻落实协作小组第十次会议精神，相关工作取得了新进展。今年 3—8 月，北京市细颗粒物（$PM_{2.5}$）月均浓度均实现历史同期最低。但也要看到，京津冀及周边地区大气环境形势依然十分严峻，涉气"散乱污"企业和燃煤锅炉整治不彻底，非法超标排污屡禁不绝，散煤、扬尘和挥发性有机物（VOCs）治理不到位等问题仍然突出，完成"大气十条"目标任务面临巨大压力。大气污染问题是发展问题，也是民生问题、社会问题。加强大气污染治理既是改善环境空气质量、增进民生福祉的必然要求，也是推进供给侧结构性改革、推动产业结构转型升级的重要抓手。要牢固树立"四个意识"，充分认识打好秋冬季大气污染综合治理攻坚战的重要性、必要性、正当性和紧迫性，全力保障攻坚行动落实到位，以空气质量改善的实际效果取信于民，实现区域经济社会发展和生态环境保护协同共进。

李干杰说，打好秋冬季大气污染综合治理攻坚战，要明确目标任务和保障措施，准确把握总体部署。《攻坚方案》和攻坚行动强化督查方案、巡查方案、专项督察方案、量化问责规定、信息公开方案、宣传方案等六个配套方案是一套组合拳。《攻坚方案》围绕全面完成"大气十条"考核指标，针对京津冀及周边地区秋冬季大气污染治理存在的薄弱环节，从重点区域、重点时段、重点领域、重点问题入手，提出了更加严格的标本兼治措施，并按照清单制、台账式的方式，将空气质量改善目标分解到各个城市，将具体任务一一落实到各个市区县，推动治理措施真正落实到位。六个配套方案进一步细化落实保障措施，从创新督察机制、强化地方党政领导干部责任、建立健全信息公开和宣传报道制度等方面做出系统安排。

一是创新督察机制，促进压力传导到位。采取督查、交办、巡查、约谈、专项督察"五步法"，强化督查严查突出大气污染问题，将问题移交地方政府限期解决并向社会公开，组成100多个巡查工作组对问题整改情况进行核查和"回头看"，对问题突出且解决缓慢的地方开展约谈，选择10个左右问题最为突出的市（区）开展机动式、点穴式的中央环境保护专项督察，落实大气污染治理"党政同责""一岗双责"。二是严格量化考核问责，强化地方责任追究。将问责事项分为"任务型"和"结果型"。"任务型"问责中第一种是未按要求完成交办问题整改的，发现2个、4个、6个问题的将分别问责副县（区）长、县（区）长、县（区）委书记；第二种是通过强化督查或巡查再发现有新问题的，发现5个、10个、15个问题的将分别问责副县（区）长、县（区）长、县（区）委书记。地市级层面，行政区域内被问责的县（区）达到2个、3个、4个的将分别问责副市长、市长、市委书记。"结果型"问责是根据大气环境

质量改善目标完成情况进行排名，排名后三位且改善目标比例低于60%的问责副市长，低于30%的问责市长，不降反升的问责市委书记。把大气污染治理任务与市县党委和政府责任捆绑在一起，有效调动各级党委和政府工作的积极性、主动性。三是加强信息公开，发挥公众监督作用。京津冀及周边地区"2+26"城市要公开环境保护部印发的问题督办清单以及整改落实情况，充分发挥群众参与、社会监督的作用，动员全社会的力量共同打好攻坚战。四是强化宣传引导，营造良好舆论氛围。大力宣传攻坚行动的重要性、必要性、正当性和紧迫性，采取伴随式报道等方式，积极宣传攻坚行动措施及取得的成效，及时曝光地方不作为、环境质量恶化、企业违法排污等突出问题，主动发布权威声音，积极回应公众关切，共同营造"上下联动、同频共振"的强大舆论氛围。

李干杰强调，要进一步统一思想，强化组织协调，加快推动《攻坚方案》落地见效。

一要加强组织领导，落实责任分工。各地要建立和完善上下联动、部门联动、区域联动的协调机制，研究制定实施方案，分解细化任务措施，明确责任分工。地方各级党委和政府主要领导要亲自抓、负总责，形成一级抓一级，一级带一级的局面。二要加强管理创新，形成长效机制。攻坚行动不是一场运动式治污，而是以攻坚为平台从投融资、监测、执法、考核问责等各方面入手创新管理体制、机制、方法，并在解决突出问题的实践中进行验证，推动长效机制建立完善和发挥作用。三要加强技术支撑，提升治污水平。抓紧实施大气重污染成因和治理科技攻关项目，强化大气污染物排放清单、重点行业管控等基础研究。每个县至少建成2个、每个区至少建成1个空气质量自动监测站点，建设更多城市监测微站，为大气污染治理提供有力支撑。四要加强区域联动，强化

一图读懂

环保部为应对秋冬季重污染放了哪些大招？

重污染天气应对。重污染天气应对是攻坚行动决胜的关键，各地要加快完善应急预案，为秋冬季重污染天气应对提供保障。

李干杰最后强调，贯彻落实《攻坚方案》，认识要到位，关键要把住，信心要坚定，行动要加快。要牢牢把握《攻坚方案》体现的突出工作重点、细化工作任务、系统综合施策、调集精兵强将、紧盯党委政府、量化刚性问责、强化技术支撑、加强公众监督、注重宣传引导等 9 个关键特点，坚定信心，快速行动，切实抓好各项攻坚任务的贯彻落实，推动区域大气环境质量持续改善，以优异的成绩迎接党的十九大胜利召开。

会议由环境保护部副部长赵英民主持。北京、天津、河北、山西、山东、河南 6 个省（市）人民政府分管负责同志出席会议并发言。6 个省（市）环境保护厅（局）主要负责同志，京津冀大气污染传输通道 26 城市及辛集市等 6 个市县政府主要负责同志、环保局主要负责同志，雄安新区、郑州航空港经济综合实验区管理委员会负责同志，环境保护部相关司局、派出机构和直属单位主要负责同志参加会议。

一图读懂

京津冀及周边地区
秋冬大气污染治理
攻坚战

本月盘点

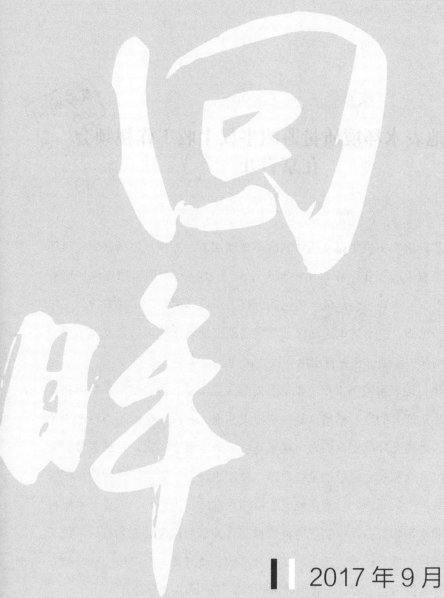

回眸

2017 年 9 月

- 第六次朝核应急
- 舍弗勒事件
- 启动大气重污染成因与治理攻关项目

发布时间
2017.9.1

国家地表水环境质量监测事权上收工作视频会
在京召开

为认真贯彻落实中央生态文明体制改革重要部署，加快推进国家地表水环境质量监测事权上收工作，环境保护部8月31日在京召开国家地表水环境质量监测事权上收工作视频会，进一步明确上收工作总体思路、实施安排与工作要求，要统一思想，提高认识，确保顺利完成国家地表水环境质量监测事权上收任务。环境保护部副部长翟青出席会议并讲话。

翟青指出，地表水监测事权上收是贯彻落实党中央、国务院生态文明建设和环境保护决策部署的重要举措，是厘清中央和地方事权、化解不当行政干预的必然要求，是提升环境监测能力、减轻基层压力的现实需求，是加强数据应用共享、满足公众和社会需求的重要保障。总体思路是：以"国家考核、国家监测、数据共享"为原则，以确保地表水监测数据质量为核心，以提升水质自动监测能力和水平为任务，以实现监测数据实时共享和信息公开为目标，统一标准规范和质控要求，国家、地方和第三方机构各负其责，分阶段、分步骤开展国家地表水监测事权上收，上收后监测数据实行联网共享并公开。

具体来说，要完成三方面的任务：

一是全面推行采测分离模式。所谓采测分离，就是将考核断面水质采样和分析测试工作交由不同单位承担，改变现行属地监测模式，从机制上与利益相关方脱钩。

二是加快推进水质自动站建设。逐步建立以自动监测为主、手工监测为辅的监测模式，提升环境监测能力和自动预警水平。

三是实行数据联网共享。采测分离数据由承担检测分析任务的实验室直传中国环境监测总站，中国环境监测总站与各级环保部门实行数据共享。水质自动站数据也将统一联网并共享。同时开展远程质控和实时监督，确保数据真实、准确，并向社会实时公开发布。

翟青强调指出，上收工作时间紧、任务重，各地方、各有关单位要按照任务时间节点，倒排工期，确保上收工作顺利完成。

具体要把握好以下四个方面：

一是要把握上收总体要求，本次上收范围为 2 050 个考核断面，自今年 10 月起实施采测分离，2018 年 7 月底前基本完成自动站建设。

二是要严格落实责任，各省（区、市）环境保护厅（局）、各地市人民政府及相关部门、中国环境监测总站，要加强协调联动，切实负起各自责任，积极稳妥推进上收工作。

三是要加强沟通协调，环境保护部专门成立地表水监测事权上收工作领导小组，建立工作调度与督办制度，加强监督检查，对进度缓慢、工作不力的，要现场督办，对工作成效明显的，予以公开表扬。

四是要严格纪律要求，提高廉政意识，坚决遵守法律法规和八项规定要求，决不能触碰法律红线。加强监督，公开透明，确保干成事、不出事。

各省（区、市）环境保护厅（局）、各地市人民政府分管负责同志，以及各地市环保部门负责人和相关工作人员在当地分会场参加会议。

环境保护部召开全面深化改革领导小组会议
通过垂改试点总结评估报告及跨地区
环保机构试点筹建方案

发布时间
2017.9.6

环境保护部部长李干杰 9 月 5 日在京主持召开环境保护部全面深化改革领导小组 2017 年第 4 次全体会议，认真学习习近平总书记有关全面深化改革的重要讲话精神，听取并原则同意省以下环保机构监测监察执法垂直管理制度改革试点工作总结评估报告，以及在京津冀及周边地区开展跨地区环保机构试点筹备组建工作方案。

李干杰指出，习近平总书记今年以来在多次主持召开的中央全面深化改革领导小组会议上发表重要讲话，对全面深化改革工作提出了一系列新思想新观点新要求。我们要深入学习领会，结合推进生态环境保护领域改革实践，认真加以贯彻落实。

首先，要深刻认识五年来全面深化改革取得的历史性成就。党的十八大以来的这 5 年，以习近平同志为核心的党中央，以巨大的政治勇气和强烈的责任担当，举旗定向、谋篇布局，迎难而上、开拓进取，统筹推进"五位一体"总体布局和协调推进"四个全面"战略布局，坚定不移全面深化改革，国家治理体系中具有"四梁八柱"性质的改革主体框架已经基本确立，重要领域和关键环节改革举措密集出台，许多改革方案落地见效，人民群众的改革获得感显著增强，改革呈现全面发力、多点突破、纵深推进的崭新局面。

其次，要准确把握生态环境保护领域发生的历史性变革。在习近平总书记生态文明建设重要战略思想指引下，各地区各部门大力推进生态文明建设和环境保护，我国生态环境保护从认识到实践发生历史性、转折性、全局性变化。当前生态环境保护领域改革站在了新的历史起点上，我们要更加紧密地团结在以习近平同志为核心的党中央周围，深化生态环保改革规律的认识，做好生态环保改革经验的总结，抓好生态环保改革成果的转化，持续释放改革红利，加快推动建设天蓝、水清、地绿的美丽中国。

第三，要认真落实"四个亲自"的要求推动生态环保改革落地见效。习近平总书记强调，党政主要负责同志抓改革要做到"四个亲自"，就是要做到重要改革亲自部署、重大方案亲自把关、关键环节亲自协调、落实情况亲自督查。前不久，总书记在主持召开的中央全面深化改革领导小组第三十八次会议上再次强调，全面深化改革，必须狠抓改革落实，对于已出台的改革举措，要对落实情况进行总结评估，尚未落地或落实效果未达到预期的改革任务，党的十九大以后要继续做实。截至目前，中央今年明确我部牵头的 5 项重点改革任务已基本完成，《禁止洋垃圾入境推进固体废物进口管理制度改革实施方案》、新修改的《水污染防治法》等已经出台，总体进展符合预期。在紧盯按时完成中央明确由我部牵头的改革任务同时，也要不折不扣地积极配合完成其他部门牵头的改革任务，还要按时完成部党组确定的部内各项改革任务。随着牵头出台的改革文件日益增多，要投入更多的精力抓好已出台改革文件落地见效。

一是抓责任落实。做到"一把手抓一把手"，把责任层层压实，主要负责同志要全程过问、全程负责、一抓到底。

二是抓督查督办。各牵头司局要及时对已出台半年以上的改革文件进行自查，查摆落实中存在的问题，并形成自查总结报告。

三是抓整改到位。对督查督办过程中发现的问题，要列出清单，挂账整改，

以更大的决心和气力推动生态环境保护领域各项改革取得实效。

李干杰强调，省以下环保机构监测监察执法垂直管理制度改革，是党的十八大以来推进生态文明建设的重要举措，也是推进生态环境保护领域国家治理体系和治理能力现代化的重要任务。要按照党中央、国务院的要求，在开展垂改试点工作总结评估的基础上，继续狠抓后续工作落实。

一要充分肯定垂改试点成效。按照党中央决策部署要求，环境保护部会同相关部门积极推动，地方先行先试，经过一年试点探索，已经形成了点面结合、梯次推动的良好格局，总书记强调的"4个突出问题"解决路径探索成功，条块结合、各司其职、权责明确、保障有力、权威高效的地方环保管理新体制基本建立。

二要加快全面推进垂改。党中央、国务院要求2018年6月底前，全面完成垂改任务。各地必须按照这一时限要求倒排工期，宜快不宜慢、宜早不宜迟，加快推动落实关联垂改的各项任务，确保如期全面完成垂改任务。

三要区别对待新老问题。总结试点经验，应准确区分和正确看待环保机构队伍建设存在的老问题和试点过程中出现的新问题。对短期内难以解决、又不影响垂改核心要求和进程的老问题，宜从长计议逐步解决。对影响垂改进程的新问题，宜早想办法予以解决，确保达到预期改革目标。

四要加强协调督促和宣传引导。当前一些地方还有"等靠要"的思想，对构建"督政"新格局和建立"以条为主"管理新模式的要求领会不深不透。要加强督促指导和宣传解释，引导地方把思想认识统一到党中央、国务院的决策部署上来，坚定信心，积极稳妥地推动垂改工作。

李干杰指出，中央全面深化改革领导小组第三十五次会议审议通过了《跨地区环保机构试点方案》，为加快推动落实在京津冀及周边地区开展跨地区环保机构试点，部机关各有关部门要按照既定任务分工，加大工作力度，加快工

作进度，力争 9 月底前完成筹备组建和试运行，充分发挥其在今冬明春京津冀及周边地区大气污染综合治理攻坚行动中的作用。

会议还听取了其他有关改革工作情况的汇报。

环境保护部副部长黄润秋、翟青、赵英民，纪检组组长吴海英出席会议。

环境保护部机关各部门主要负责同志参加会议。

发布时间
2017.9.8

环境保护部对《水污染防治行动计划》
进展相对滞后地区开展专项督导

为认真贯彻《水污染防治行动计划》（以下简称"水十条"）工作要求，推动各地按期完成 2017 年目标任务，环境保护部拟于 2017 年 9 月开始，以长江经济带为重点，赴辽宁、黑龙江、安徽、江西、湖北、湖南、贵州、云南、宁夏 9 个省（区），开展为期一个月的专项督导工作。

本次督导的主要内容包括重点城市黑臭水体整治、饮用水水源规范化建设、集聚区污水集中处理设施建设、重点行业清洁化改造、加油站地下油罐防渗改造、敏感区域污水处理厂提标改造、沿海港口码头污染防治等"水十条"明确的 2017 年重点任务实施情况，以及协调调度、台账管理、信息报送和公开等制度落实情况。本次专项督导后，对发现的重大问题将按照工作程序统筹实施挂牌督办、公开约谈、区域限批等督政措施，必要时纳入中央环保督察范畴。

发布时间
2017.9.10

环境保护部宣布终止第六次朝核应急响应状态

针对 2017 年 9 月 3 日 11 时 30 分朝鲜进行的第六次核试验，环境保护部（国家核安全局）于当日 11 时 46 分启动二级应急响应，会同工信部、水利部、卫生计生委、地震局、气象局、国防科工局、军队、武警等相关部门，协调黑、吉、辽、鲁等省，调配京、皖、蒙、川等省市应急支援力量，全面开展东北边境及周边地区辐射环境应急监测、人工放射性核素采样分析及技术研判。经过 8 天连续监测，各项监测结果均未见异常。环境保护部（国家核安全局）会同有关单位进行综合评价后认为，此次朝鲜核试验未对我国环境造成影响，已满足终止条件，决定于 9 月 10 日 18 时终止第六次朝核应急响应状态。

截至 9 月 10 日 18 时，东北边境及周边地区辐射环境自动监测站实时连续监测、移动监测车巡测、航空监测、实地取样监测共获取 7 768 组数据，监测结果均处于正常水平。其中，黑、吉、辽、鲁 4 省自动监测站取得数据 6 681 组，采集气溶胶样品 522 个，气碘样品 205 个，地表水、地下水、饮用水样品 152 个，降水样品 33 个，沉降物样品 66 个，无人机擦拭样品 8 个，移动监测数据 101 个，结果均未见异常。

此次朝核应急行动，党中央、国务院领导高度重视，中央机关、各成员单位和地方各级政府积极响应，主动配合，军队地方军民融合，资源共享、联防联控，共同构建了中朝边境核与辐射安全防线，确保了此次应急行动取得圆满成功。

　　应急响应状态终止后，将转入日常预警监测工作状态。环境保护部（国家核安全局）将继续对边境重点地区辐射环境进行自动监测、预警监测、定期取样分析监测。东北边境及周边地区辐射环境自动监测站实时连续空气吸收剂量率将持续公开，方便公众查阅，及时回应公众关切。

发布时间
2017.9.14

环境保护部启动大气重污染成因与治理攻关项目

大气重污染成因与治理攻关领导小组组长、环境保护部部长李干杰今日在京主持召开大气重污染成因与治理攻关领导小组第二次会议暨攻关项目启动大会。会议在听取总体专家组汇报后，讨论并通过了大气重污染成因与治理攻关实施方案。

李干杰在主持会议时发表了讲话。他指出，当前京津冀及周边地区秋冬季大气污染治理存在薄弱环节，采暖季空气质量改善不明显，重污染天数居高不下。必须强化科技支撑，找准大气重污染的成因和来源，研究更有效的措施，更有针对性地解决大气重污染问题。大气重污染成因与治理攻关作为总理基金项目，是科学研究与管理决策紧密结合、科学研究与治理方案协同促进的重大科技工程，更是重大民生工程，是重要的政治任务。要牢固树立"四个意识"，坚决落实攻关任务和要求，产出一批实实在在的成果，提升大气污染治理科学化和精准化水平，支撑和推动京津冀及周边地区空气质量持续改善，为人民群众创造良好生产生活环境，为全国和其他重点区域大气污染防治提供经验和借鉴。

李干杰说，开展攻关工作

首先要做到"说得清"和"让老百姓心里清楚",通过集中攻关,定量化、精细化弄清京津冀及周边地区大气重污染的成因和来源,形成整体系统的科学认知;强化大气污染防治的科普宣传,做好面向公众的科学解读,推动形成全社会共同参与大气污染治理的共识和合力。其次要坚持目标导向和问题导向,着眼于整体和系统解决区域大气环境问题,统一调查方法、统一质量控制、统一数据管理,探索形成一套解决问题的技术体系。第三要坚持为管理决策服务,紧紧围绕大气污染防治科学决策和精准施策这个核心,服务支撑京津冀大气污染传输通道"2+26"城市的大气环境管理和污染治理工作,帮助地方政府和环保部门做好成因分析并提出决策建议。

李干杰强调,要以攻关项目实施为契机,加快科研体制机制创新,建立可持续的大气环境科学研究平台。

一是发挥国家大气污染防治攻关联合中心的技术核心和枢纽作用。联合环保系统和相关部委直属单位、相关高校和科研院所,共建国家大气污染防治攻关联合中心,形成管理和技术研发深度融合的紧密型科研组织模式,保障攻关工作高效实施。

二是建立"包产到户"跟踪研究机制。成立28个跟踪研究专家团队,对"2+26"城市进行驻点指导,掌握防治工作第一手资料,提出"一市一策"的大气污染综合解决方案。

三是强化资源整合与共享。坚持"统一领导、统一决策、统一标准、统一行动、统一考核"的组织实施原则,建立统一的仪器设备信息管理与共享平台,突破仪器设备共享难题,解决科研数据共享和管理难的问题。

四是加强信息公开和宣传解读。及时全过程通报攻关项目进展,加强科学家、政府、媒体与公众的对话交流,针对热点问题及时做出科学权威解读,回应社会关切、凝聚社会共识。

李干杰指出，要秉持"严、真、细、实、快"的工作作风，切实保障攻关任务圆满完成。"严"是前提，要从严肃工作纪律做起，把"严"字贯穿攻关工作始终，明确项目管理要求，严格考核，严把质量关。"真"是基础，要坚持真理，实事求是，确保各项数据真实准确，发现真问题，掌握真情况，提出科学、高效、经济的解决方案。"细"是关键，要做好精细化来源解析和高时空分辨率排放清单编制工作，识别优先控制的污染源和污染物，确定多污染物协同控制技术途径，推进环境管理向精细化转变。"实"是根本，要真抓实干，确保攻坚任务落到实处、取得实效，做到任务实、措施实、责任实。"快"是保障，要做到部署快、推进快、见效快，尽快形成战斗力、拿出一批阶段性成果。

李干杰最后强调，本次攻关是一个系统工程，各部门、各地方、各单位要加强协调配合，形成合力。领导小组成员单位要共同做好领导指挥、协调组织和监督考核工作。京津冀及周边6省（市）要积极配合攻关项目组织实施，加强对辖区内城市的指导和支持。"2+26"城市要为跟踪研究工作组提供必要的便利条件，及时摆问题、找难点、提需求，并对跟踪研究工作组进行监督评估。中国环境科学研究院要做好具体的组织和服务工作，主动协调攻关联合中心组成员单位之间的重大事项，提供各方面保障，确保攻关任务顺利完成。总体专家组要切实做好技术把关工作，保证决策的科学性。各课题负责人和全体科研人员要认真深入开展调查研究，保证科研成果"落地开花"，真正解决实际问题。

科技部、农业部、卫生计生委、中国科学院、中国气象局等攻关领导小组成员单位的有关负责同志，北京、天津、河北、山西、山东、河南6省（市）环境保护厅分管负责同志等攻关领导小组办公室成员，攻关总体专家组、28个攻关课题负责人、28个跟踪研究工作组负责人以及主要研究人员，攻关项目管理办公室工作人员参加会议。

发布时间
2017.9.15

环保部率团出席核电厂多国设计评价机制会议

2017 年 9 月 12—14 日，经合组织核能署在英国伦敦召开核电厂多国设计评价机制（MDEP）政策组会议及第 4 次大会。环境保护部副部长刘华率团出席会议并提议在 MDEP 机制内成立中国自主研发的三代核电技术"华龙一号"专门工作组，该提议得到了与会各方一致同意。

MDEP 机制现有美国、法国、俄罗斯、英国、日本、韩国等 15 个成员国，均为核电大国。法国 EPR、美国 AP1000、俄罗斯 VVER 等国际主流堆型均在 MDEP 机制内设有专门工作组。在 MDEP 内成立"华龙一号"工作组，标志着中国自主核电技术将与国际主流堆型一起接受各国核安全监管部门的评价。这是落实习近平主席在第四届核安全峰会上提出的"对外推广国家核电安全监管体系"倡议的具体举措，展现了中国核安全监管高度透明的形象，也将有力支撑我国核电"走出去"。

刘华在会上介绍，"华龙一号"是由中国自主设计研发的三代核电技术，示范项目已经在中国开工建设，一些国家也表示对"华龙一号"很有兴趣。刘华说，成立"华龙一号"工作组完全符合 MDEP 机制的目标，中国国家核安全局在"华龙一号"安全审评上有一些经验，希望与感兴趣的国家一起对"华龙一号"进行安全审评、交流信息、共享经验。中国代表团在会议上详细介绍了关于成立"华龙一号"工作组的设想、"华龙一号"的技术特点以及"华龙一号"项目安全审评监管的最新进展，作为工作组共提国的英国和南非也做了相应介

绍。会议经讨论一致同意成立"华龙一号"工作组。

会议期间刘华副部长与英国核管制办公室首席监督员理查德·赛维之共同主持召开了首次中英核安全合作指导委员会会议,双方商定未来两年将围绕"华龙一号"安全审评、核电厂安保、核电厂严重事故分析、放射性废物管理四个主题开展具体的合作活动。

会议期间刘华副部长还会见了 MDEP 政策组主席、芬兰核安全局局长佩特里·提帕那并签署了中芬核安全监管合作协议;会见了经合组织核能署总干事威廉·麦格伍德,就加强中国与经合组织核能署的核安全合作交换了意见。

发布时间
2017.9.18

第四批中央环境保护督察进驻结束

编者按

中央环境保护督察是党的十八大以后，习近平总书记亲自倡导推动的生态文明体制改革的一项重大举措。督察 2015 年底从河北开始试点，到党的十九大之前（2017 年 10 月）实现了 31 个省（区、市）全覆盖。

中央环境保护督察带来的一大变化是，督察内容从"督企"转为"督政"，是一次对地方党委、政府生态环境保护工作的全面体检，一些地方党委、政府受到了警醒，强化了环保责任的落实。

此外，通过受理群众举报、边督边改等手段，中央环境保护督察切实解决了一大批群众身边的突出环境问题。约有 8 万件涉及垃圾、油烟、恶臭、噪声、散乱污企业污染及黑臭水体等问题，得到了比较好的解决。

中央环境保护督察也因此达到了"百姓点赞、中央肯定、地方支持、解决问题"的效果。

9 月 15 日，第四批中央环境保护督察组完成对吉林、浙江、山东、海南、四川、西藏、青海、新疆（含兵团）8 省（区）的督察进驻工作。截至当日，督察组交办的 39 586 件环境举报，地方已办结 35 039 件，办结率达到 88.5%。在此期间，8 省（区）因环境问题约谈 4 210 人，问责 5 763 人。

一、与 8 省（区）396 名领导干部个别谈话

经党中央、国务院批准，第四批 8 个中央环境保护督察组于 2017 年 8—9

月对吉林、浙江、山东、海南、四川、西藏、青海、新疆（含兵团）8 省（区）开展督察。截至 9 月 15 日，8 个督察组全部完成了督察进驻工作。

各督察组坚决贯彻落实中央要求，在地方党委、政府的大力配合下，顺利完成督察进驻各项任务。进驻期间，8 个督察组共计与 396 名领导干部进行个别谈话，其中省级领导 213 人，部门和地市主要领导 183 人；走访问询省级有关部门和单位 171 个；调阅资料 8.4 万余份；对 105 个地市（区、县）开展下沉督察。

督察组高度重视群众环境诉求，督察进驻期间共收到群众举报 59 848 件，经梳理分析受理有效举报 43 015 件，合并重复举报后向地方转办举报 39 586 件。

二、8 省（区）立行立改解决一批突出环境问题

各被督察地方党委、政府高度重视环境保护督察工作，强化部署，建立机制，对群众举报问题即知即改、立行立改，取得了明显的整改效果。

一是解决一批突出环境问题，群众普遍点赞。新疆维吾尔自治区坚决整改卡拉麦里山自然保护区生态环境问题，并对相关责任人严肃问责；西藏自治区大力开展拉鲁湿地整治，推动解决历史遗留问题；吉林省全面启动白山市南山垃圾填埋场垃圾渗滤液收集转运处理工作，解决长期存在的环境污染隐患。

二是统筹督察整改与民生保障，防止"一刀切"。山东省通过"过桥行动"帮助禁养区畜禽养殖场（户）向非禁养区搬迁；新疆生产建设兵团强化管理服务、加强补贴补偿，积极为养殖户搬迁、企业转型解决实际困难；四川成都、浙江宁波等地及时采取措施，叫停部分基层整改"一刀切"问题。

三是借势借力，推动环保长效机制建设。浙江省以督察为契机，推进卫浴、建材、印染等特色产业综合整治和转型升级；四川省组织开展《四川省环境保护条例（修订）》立法调研；青海省及时开展生态保护红线划定和勘界定标；海南省举一反三做好督察整改落实。

四是注重信息公开，营造了良好舆情氛围。各地利用"一台一报一网"每天公开边督边改情况。各地群众积极参与督察、举报环境问题，监督整改落实；广大网民关注督察、点赞督察，为督察出谋划策；山东省还举办督察整改新闻发布会，主动回应社会关切，取得较好效果。

三、交办 39 586 件环境举报地方已办结 88.5%

截至 2017 年 9 月 15 日，督察组交办的环境举报，地方已办结 35 039 件，办结率达到 88.5%。其中，责令整改 32 602 家；立案处罚 9 181 家，罚款 46 583.84 万元；立案侦查 297 件，行政和刑事拘留 364 人；约谈 4 210 人，问责 5 763 人（具体情况详见下表）。

目前，第四批环境保护督察工作已进入督察报告阶段。对已经转办、待查处落实的群众举报问题，督察组已安排人员继续督办，确保群众举报的环境问题能够查处到位、整改到位、公开到位、问责到位。同时督察组也要求地方总结边督边改经验做法，建立完善群众环境举报受理、查处机制，不断解决和回应群众环境诉求。

中央环境保护督察边督边改情况汇总表

省份	收到举报数量（件）			受理举报数量（件）			交办数量（件）	已办结（件）			责令整改（家）	立案处罚（家）	罚款金额（万元）	立案侦查（件）	拘留（人）		约谈（人）	问责（人）
	来电	来信	合计	来电	来信	合计		属实	不属实	合计					行政	刑事		
吉林	3 595	7 327	10 922	2 697	5 500	8 197	7 360	4 850	648	5 498	2 632	528	1 612.45	71	15	17	503	1 130
浙江	4 537	6 506	11 043	3 334	3 439	6 773	6 773	5 645	199	5 844	6 948	3 991	21 045.29	100	69	62	721	329
山东	4 167	7 216	11 383	3 283	4 832	8 115	8 006	6 693	1 024	7 717	8 456	1 260	9 900	59	38	33	1 137	1 235
海南	3 465	1 262	4 727	3 035	1 126	4 161	2 358	1 421	197	1 618	1 584	455	3 151.08	19	17	30	374	276
四川	3 499	8 101	11 600	2 977	5 990	8 967	8 966	8 582	251	8 833	8 372	1 752	3 256.26	43	17	11	912	1 084
西藏	1 892	115	2 007	947	68	1 015	1 015	721	131	852	742	656	1 857.32	0	1	0	212	138
青海	3 017	767	3 784	1 890	409	2 299	2 299	1 931	368	2 299	2 021	47	380.41	4	30	0	195	184
新疆（含兵团）	3 198	1 184	4 382	2 774	714	3 488	2 809	2 103	225	2 378	1 847	492	5 381.03	1	21	3	156	1 387
合计	27 370	32 478	59 848	20 937	22 078	43 015	39 586	31 946	3 043	35 039	32 602	9 181	46 583.84	297	208	156	4 210	5 763

注：数据截至 2017 年 9 月 15 日 22:00。

舍弗勒事件

编者按

　　2017年9月18日，一封由舍弗勒公司大中华区的"紧急求助函"引发社会广泛关注和热议。函中，舍弗勒向上海市经信委、浦东新区人民政府、嘉定区人民政府求助，称其原材料供应商上海界龙金属拉丝有限公司因环保问题将被关停，公司面临供货危机，并称"此问题将会导致49家车企，200多款汽车或因此停产三个月，会造成3 000亿元的产值损失"。由此，关于"环保冲击实体经济"的质疑和担忧之声，再度泛起。

　　19日，新京报通过其新媒体发表评论《"关停一家污染企业造成3 000亿损失"：别夸大环保冲击实体经济》，"环保部发布"两微第一时间转发了此文，绝大多数网友在留言中，表达了对环保执法的支持。20日，澎湃新闻刊发《浦东回应滚针工厂关停致300万辆汽车减产：9个月前已通知》，披露了该企业的违法事实和环保部门的执法情况。20日晚至21日，人民网、光明网、新华社等主流媒体陆续发声。

　　自19日下午至25日上午，"环保部发布"两微共转发相关新闻及评论34篇（微博19篇、微信15篇），带动了全国环保系统新媒体矩阵成员积极转发，自22日至25日中午，31个省级环保部门微博共转发相关文章382篇次。

 >>> 环境新闻速览

"关停一家污染企业造成3000亿损失"：别夸大环保冲击实体经济

环保不是请客吃饭，总要付出代价，面对企业"求救"也不可轻易让步，这正是"铁腕治污"的应有之义。

据媒体报道，舍弗勒大中华区 CEO 张艺林，9 月 14 日致函上海市有关部门，称其原材料供应商上海界龙金属拉丝有限公司因环保问题将被关停，公司面临供货危机，并称"此问题将会导致 49 家车企，200 多款汽车或因此停产三个月，会造成 3000 亿元的产值损失"。

此后，舍弗勒又澄清说，已调动全球资源妥善处理供应链事宜，目前对主机厂整车生产影响可控。

舍弗勒"求救"事件一度在网络上掀起很大波澜，引起了不少关于"环保冲击实体经济"的质疑和担忧。

不过现在看来，舍弗勒所称的"危机"，实际上夸大了。汽车元件用的"滚针"不是什么高精尖的产品，不可能只有上海界龙金属拉丝这一家公司生产，根据舍弗勒的澄清公告，从国外找到这种资源，保障对汽车厂的稳定供货，并非难事。

上海界龙金属拉丝有限公司如今所遭遇的困境，并非偶然。按照常识，对于环保不达标的厂商，环保部门不可能一上来就关停，应当是给过企业机会的。如果界龙金属拉丝公司之前对于环保部门的整改要求置若罔闻，最终弄到如今被断电、拆除设备的地步，那只能是自食其果。

舍弗勒作为界龙金属拉丝的下游客户，同样是有责任的。

作为下游企业，在确定上游供货商时，不能只看价格，环保同样是重要的考量之一。与滚针打交道这么多年，舍弗勒不可能对滚针生产的污染不了解。如果当初在确定滚针供货商时，舍弗勒能履行环保监督的责任，要求供货商严格执行环保政策，又怎么会落得个引火烧身的结局？

环保的收紧，必然影响实体经济，但这样的冲击更是行业升级和企业转型的动力，对此，没有必要过度担忧。

如果是在地方环保部门屡屡督促下，一些企业仍然采取观望、拖延的态度，迟迟不进行环保升级改造，这样的企业被淘汰，没什么好惋惜同情的。总有一些抓住机会，积极落实环保政策的企业会继续生存下去，而且活得更好。这样的优胜劣汰，才是经济发展中的积极现象。

环保，应当被放在第一位。此前，一些地方在环保执法中总是把税收、就业放在第一位，对于污染企业姑息迁就，从而饱受舆论诟病。

如今，在环保政策的压力下，地方政府的执法开始"硬起来"，这绝非坏事。环保不是请客吃饭，总要付出代价。面对企业"求救"也不可轻易让步，这正是"铁腕治污"的应有之义。

来源：新京报评论

浦东回应滚针工厂关停致300万辆汽车减产：9个月前已通知

一家汽车零部件生产厂的关停，可能造成300多万辆汽车的减产，相当于3 000亿元的产值损失？针对这家工厂的下游客户舍弗勒公开发布的一封紧急求助函，上海市浦东新区环保局作出回应。

9月18日下午，《舍弗勒投资(中国)有限公司紧急求助函》在网上传播，函中称该公司钢丝冷拔外协供应商：上海界龙金属拉丝有限公司(界龙拉丝)由于环保方面的原因，川沙新镇人民政府对其自2017年9月10日起"断电停产、拆除相关生产设备"。舍弗勒希望政府部门在不违反环保法律法规的前提下，允许界龙继续生产3个月，以进行供应商的切换准备。9

18日深夜，舍弗勒通过官方微博发表声明，已调动全球资源妥善处理供应链事宜，目前对主机厂整车生产影响可控。

据浦东新区环境保护和市容卫生管理局发给澎湃新闻的信息，上海界龙金属拉丝有限公司位于川沙新镇界龙大道266号，该区域属规划产业区外、规划集中建设区以外的"198区域"，具体生产工艺为酸洗磷化—热处理—拉拔，2016年产钢丝10 580吨，产值7 840万元。该公司因无环评审批手续，在去年12月份中央环保督察期间，被列为环保违法违规建设项目"淘汰关闭类"。去年12月、今年3月，川沙新镇两次告知企业停止生产，今年9月4日，川沙新镇再次书面告知企业立即停止生产，如不予配合，将采取"断水、断电"措施。目前，企业已停产并自行切断了生产电源。

浦东新区环保局称，首先，在长达九个月内，界龙金属拉丝有限公司完全有充分的时间与舍弗勒进行协调沟通和生产调整，不至于使舍弗勒感到突然和被动；其次，舍弗勒作为德资企业在选择供应商时，应考虑其合法性，是否遵守中国的环保法规；最后，从舍弗勒稍后发布的声明中可以了解，目前还是有办法妥善处理供应链事宜的。

上述回应还提及，当前，随着中央环保督察的深入开展，在中国生产的企业必须遵守环保法律法规，作为地方政府也必须落实中央环保法律法规，对敢于环境违法的企业做到关停并转，绝不让步，以此进一步促进产业的升级和企业的转型，这也是人民群众要求"绿水青山"的必然要求。

9月18日，汽车零部件供应商舍弗勒投资（中国）有限公司（舍弗勒中国）公开发布紧急求助函称，上海界龙金属拉丝有限公司是舍弗勒中国唯一在使用的滚针原材料供应商。这些不同尺寸的滚针，广泛地应用于该公司的大量动力总成产品之中。今年9月11日，界龙拉丝突然书面通知舍弗勒，由于环保方面原因，上海市浦东新区川沙镇政府自9月10日起，

对该厂实施了"断电停产、拆除相关生产设备"的决定。

舍弗勒中国在这则求助函中称，该公司对相关客户进行了排查，发现滚针的断货将导致49家汽车整车厂的200多个车型从9月19日起开始陆续全面停产。并称理论上将"造成中国汽车产量300多万辆的减产，相当于3 000亿元人民币的产值损失，局势十分火急。"

对此，澎湃新闻记者与舍弗勒方面取得联系，确认了函件的真实性，该公司称，正就该事件与各方面展开沟通协商。随后，舍弗勒中国向澎湃新闻发来声明称，已调动全球资源处理供应链事宜，对主机厂整车影响可控。

来源：澎湃新闻

环境保护部召开全国生态文明建设现场推进会

发布时间
2017.9.21

　　环境保护部 9 月 21 日在浙江省安吉县召开全国生态文明建设现场推进会，贯彻落实党中央、国务院决策部署，总结全国环保系统推进生态文明建设工作，交流各地区成功做法和经验，研究部署下一阶段重点任务。环境保护部部长李干杰、浙江省省长袁家军出席会议并发表讲话。李干杰强调，要深入学习贯彻习近平总书记生态文明建设重要战略思想，坚持"绿水青山就是金山银山"的绿色发展观，努力开创生态文明建设新局面，满足人民群众对良好生态环境新期待。

　　会议首先播放了习近平总书记提出"绿水青山就是金山银山"重要思想纪录片，对第一批 13 个"绿水青山就是金山银山"实践创新基地、46 个国家生态文明建设示范市县进行授牌。李干杰在讲话中说，党的十八大以来，以习近平同志为核心的党中央把生态文明建设作为统筹推进"五位一体"总体布局和协调推进"四个全面"战略布局的重要内容，始终摆在治国理政的重要战略位置，形成了科学系统的习近平总书记生态文明建设重要战略思想。深入学习贯彻习近平总书记生态文明建设重要战略思想，必须立足尊重自然、顺应自然、保护自然的朴素自然观，坚持节约资源和保护环境的基本国策，构建人与自然和谐发展现代化建设新格局；必须树立绿水青山就是金山银山的绿色发展观，推动形成绿色发展方式和生活方式，努力实现经济社会发展和生态环境保护协同共进；必须坚持良好生态环境是最普惠的民生福祉的基本民生观，坚持以人民为中心的发展思想，坚决打好生态环境保护攻坚战；必须把握山水林草田湖是一个生命共同体的整体系统观，按照生态系统的整体性、系统性及其内在规律，进行整体保护、宏观管控、综合治理；必须遵循用最严格的制度保护生态环境的严密法治观，发挥制度和法治的引导、规制等功能，为生态文明建设提供体制机制保障；必须胸怀共谋全球生态文明建设之路的共赢全球观，与国际社会一道解决好工业文明带来的矛盾，为全球环境治理提供中国理念、中国方案和中国贡献。

李干杰表示，生态环境保护是生态文明建设的主阵地和主力军，在推进生态文明建设实践中，生态环境保护取得明显成效。

一是狠抓污染治理不动摇，全面落实大气、水、土壤污染防治三大行动计划，推动实施一批环境基础设施建设和环境综合整治项目，环境质量稳步改善。

二是强化环境硬约束不放松，通过开展环境影响评价、完善环保标准、严格监管执法，推动产业合理布局和生产方式绿色化。

三是加强生态保护不松懈，全面推进划定生态保护红线，强化自然保护区监管，推进实施生物多样性保护重大工程，绿色发展空间得到拓展。

四是深化环保改革不停步，中央环境督察等一批具有标志性、支柱性改革举措陆续推出并落地见效，生态文明制度体系日益完善。

五是拓展宣传教育不留白，开展中国生态文明奖等表彰与评选，拓宽公众参与渠道，全社会生态文明意识明显提升。总的来看，党的十八大以来的五年，成为我国生态文明建设和生态环境保护认识最深、力度最大、举措最实、推进最快、成效最好的时期。

李干杰指出，推进生态文明需要实践与理论的不断碰撞和融合，近年来全国生态文明建设呈现出千帆竞渡、百舸争流的喜人局面，多层次试点试验示范已成为推进生态文明建设的重要平台和抓手。

首先，国家生态文明试验区建设为深化生态文明体制改革提供广阔舞台。福建省、江西省、贵州省借试验区之势，推动生态环保领域各项改革，让绿水青山的守护者有更多获得感。

其次，生态省建设为生态文明建设打下坚实基础。习近平总书记在福建省、浙江省工作期间就率先启动生态省建设，全国还有江苏、湖北等 14 个省（区、市）先后开展生态省建设，把良好生态环境质量作为发展的基本要素，实现发展与保护的内在统一。

第三，"绿水青山就是金山银山"实践创新基地建设打造更多"两山"实践样本。环境保护部在浙江安吉试点的基础上，在全国选择 13 个地区作为实践创新基地，继续探索"绿水青山"转化为"金山银山"的有效路径，为全国其他地区提供经验借鉴。

第四，生态文明示范创建进一步激发各地生态文明建设的生机和活力。近年来，环境保护部着力把生态文明建设示范区创建打造成为加快推进生态文明建设的平台，以市县为重点，探索和深化提升生态文明水平的新模式新途径新载体，得到各地的广泛关注和积极响应。

李干杰强调，当前和今后一段时期，要坚决把思想和行动统一到党中央、国务院决策部署上来，立足生态环境保护主阵地，切实把生态文明建设各项任务落到实处。

一要切实扛起生态文明建设和生态环境保护的政治责任。牢固树立和增强"四个意识"，从政治上思考和谋划生态环境保护工作，努力做自觉践行习近平总书记生态文明建设重要战略思想的表率。

二要大力推动形成绿色发展方式和生活方式。加快构建"三大红线"，实施环境准入负面清单，完善环境保护标准体系和污染防治技术体系，用好环保等绿色标尺，倒逼产业结构调整和布局优化。加强宣传教育，倡导绿色消费，鼓励公众参与，使每个人都成为生态文明建设和生态环境保护的监督者、实践者和受益者。

三要加强环境治理与生态保护。以解决人民群众反映强烈的大气、水、土壤污染等突出问题为重点，全面加强环境污染防治。同时加强生态保护修复，强化环境执法监管，有效防范和化解环境风险，维护人民群众切身利益和社会和谐稳定。

四要深化生态环保领域改革。既抓好中央已出台改革文件的贯彻落实，又谋划推动好新的改革举措。抓紧建立生态环境保护责任清单，加大中央环境保护督察力度，加快推进省以下环保机构监测监察执法垂直管理制度改革，开展设置跨地区环保机构试点、按流域设置环境监管和行政执法机构试点，推行覆盖所有固定污染源的污染物排放许可制，推进地表水环境质量监测事权上收，健全环境保护市场体系。

五要持续抓好试点示范。扎实开展好第一批"绿水青山就是金山银山"实践创新基地建设工作，发挥生态文明建设示范创建工作的平台载体和典型引领作用，推动各地形成生态文明建设的导向、建立相应的工作机制、破解生态文明建设的瓶颈和制约。环境保护部将进一步提高生态文明建设示范市县创建工作的规范化和制度化水平，注重严格审查监控，注重激励与约束并举，注重提升扩大影响力，注重做好与生态省市县建设和设立国家生态文明试验区工作的衔接协调。

袁家军代表浙江省委、省政府向与会嘉宾表示欢迎。他说，在习近平总书记"绿水青山就是金山银山"重要思想发源地——安吉余村，举行全国生态文明建设现场推进会，既是重温"两山"重要思想、高水平推进生态文明建设的重要举措，又为浙江提供经验借鉴。加强生态保护和环境治理，走绿色发展、生态文明之路，是浙江贯彻落实党中央、国务院决策部署的自觉行动，也是浙

江可持续发展的必然选择。浙江坚持加强顶层设计，从绿色浙江、生态浙江，到美丽浙江，一任接着一任干，形成了一张蓝图绘到底的决策部署；加强综合治理，以改善环境质量为核心，统筹推进治水治气、治土治山、治城治乡，全面提升环境质量；加强制度创新，率先构建生态文明体制机制，树立绿色发展导向，探索建立与主体功能定位相适应的党政领导班子综合考评机制，大力推进生态示范创建；深化供给侧结构性改革，坚持"亩均论英雄"，加快打破影响生态环境、拖累发展的坛坛罐罐，推动新旧动能转换。我们将深入践行"两山"重要思想和以人民为中心的发展思想，谋划建设大花园，切实将生态文明建设提升到新的更高水平，加快建成美丽浙江，为美丽中国建设作出应有的贡献。

会议期间，李干杰调研了安吉县天荒坪镇余村实践"绿水青山就是金山银山"情况、灵峰街道蔓塘里自然村"美丽乡村"建设情况，考察了杭州九峰垃圾焚烧发电项目。李干杰对浙江省生态文明建设取得的成绩表示充分肯定，希望浙江省能继续坚持生态立省，再接再厉，取得更大实效，多为全国出经验树典型，不断回应群众对于美好环境的期待。

环境保护部副部长黄润秋主持会议并参加调研。浙江省副省长熊建平出席会议并陪同调研。

全国各省、自治区、直辖市环境保护厅（局），新疆生产建设兵团环境保护局负责同志及对口处室负责同志，环境保护机关相关司局、直属单位负责同志，第一批"绿水青山就是金山银山"实践创新基地、国家生态文明建设示范市县相关负责同志参加会议。

长江经济带战略环评项目启动

发布时间
2017.9.26

环境保护部 9 月 26 日在京组织召开了长江经济带战略环境评价启动会，环境保护部副部长黄润秋出席会议并讲话。这是继《长江经济带发展规划纲要》《长江经济带生态环境保护规划》后，在长江流域贯彻落实"共抓大保护，不搞大开发"要求，走生态优先、绿色发展之路的一项新的重要实践，将通过国家、省、市三级互动，基于制定落实生态保护红线、环境质量底线、资源利用上线和环境准入负面清单（以下简称"三线一单"），系统提出流域管控要求和近远期生态环境战略性保护的总体方案。

黄润秋回顾了从长江经济带发展座谈会，到中央财经领导小组会议，再到中央政治局会议，习近平总书记对长江经济带"共抓大保护，不搞大开发"要求和"生态优先、绿色发展"战略定位，强调这是开展长江经济带战略环评工作的基本依据和基本遵循。黄润秋指出，开展战略环评是落实中央要求的重要基础性工作，是研判长江经济带生态环境短板和中长期生态风险、明确战略性保护路径和方案的重要手段，也是推动长江经济带成为绿色经济示范带、引领国内重大区域流域绿色发展的重要途径。

黄润秋明确了长江经济带战略环评的总体要求，强调要以改善区域环境质量、提升流域生态功能为目标，提出长江经济带"共抓大保护，不搞大开发"的新生态安全框架，按照"守底线、拓空间、优格局、提质量、保功能"的总体思路，基于制定"三线一单"，提出"共抓大保护"的生态环境战略性保护

总体方案，为推动形成绿色发展带、人居环境安全带和生态保障带的战略格局提供决策支持。

针对长江经济带生态环境保护的复杂性和系统性，黄润秋要求坚持三个统筹，即水陆统筹、产城统筹和上下游统筹；坚持问题导向和有限目标，说清楚最关键的环境问题、最根本的产生原因和中长期的发展态势；坚持划好框子定准规则，以空间、总量和准入环境管控为切入点落实"三线一单"；坚持自上而下和自下而上相结合，推进地市级区域"三线一单"划定。

黄润秋还就全面推进长江经济带战略环评提出具体工作要求，强调必须充分调动沿江省、市工作积极性，切实履行地方环保主体责任，制定落实"三线一单"；必须吸纳国家和地方高水平专家，筹建统一的项目专家组和地方技术团队，加快开展工作。

有关特邀专家，沿江 12 省（市）环保厅（局）相关负责人，环境保护部有关司局、环境工程评估中心相关负责人参加了会议。

本月盘点

回眸

2017 年 10 月

■ 学习宣传党的十九大精神

■ 环保部部长深夜暗查北京市柴油车污染管控

环保部部长深夜暗查北京市柴油车污染管控

发布时间
2017.10.1

环境保护部部长李干杰9月30日深夜前往北京市新发地农产品批发市场和琉璃河综合检查站，采取不打招呼、直奔现场的方式，现场检查北京市对高排放柴油车辆污染管控工作开展情况。他强调，要持续发力，密切配合，严格管控超标排放车辆，形成持续高压震慑。

9月30日晚22:30分左右，李干杰一行到达北京市新发地农产品批发市场。该市场每天批发蔬菜、水果等农产品4万多吨，日均车流量达到3万多辆，其中重型柴油货车3 000多辆，曾经是超标排放车辆集中区域。时值初秋深夜，市场内柴油货车进进出出，一派繁荣景象。看到环境监察人员正在拦截查看柴油车尾气排放情况，李干杰详细询问市场车辆进出频次、基层环保部门日常监管手段以及超标车辆检出率等相关情况，并不时与被检测车辆驾驶员进行交谈，了解车辆拉载果蔬种类、行驶途经地、车用柴油购买使用情况等。他还俯下身子、

蹲在地上，和执法人员一道借着手电光照，接连对多辆柴油车进行检查，查看尾气管排放是否冒黑烟、车用尿素是否正常加注使用。

之后，李干杰一行绕行南六环高速公路，沿途查看检查

北京市 9 月 21 日起对柴油车采取新管控措施后的落实情况。

10 月 1 日凌晨 0:30 分，李干杰一行到达琉璃河综合检查站。该检查站位于 107 国道北京市房山区琉璃河镇，与河北省涿州市交界，每天有三五百辆重型柴油货车通行，也是查处超标排放车辆比较多的区域。看到环保、公安和交通部门的人员正在联合执法检查，他与大家一一握手交谈并表示亲切慰问。他仔细询问环境监察人员，了解现场执法检查和日常工作生活情况。他指出，当前北京市秋冬季大气污染防治形势依然十分严峻，柴油车是北京市大气污染的重要污染源，加强管控、降低柴油车污染排放，是治理大气污染的重要措施。他表示，大家的工作十分重要也非常光荣，希望大家继续发扬不怕苦、不怕累的精神，严格管控超标排放柴油车辆，为改善首都空气质量做出贡献。

李干杰强调，在京津冀及周边地区 2017—2018 年秋冬季大气污染综合治理攻坚战中，各地都要持续加大对重型柴油车的环保管控，切实做到以下几点：

一是持续发力，保持全天候、全方位的高压管控态势。重污染天气期间，监管执法人员要全员上岗、全时检查，消除监管盲区，严格管控排放超标车辆。对于柴油货车通行的主要通道、重要卡口，特别是对于物流集中地、客运场站、重点工业企业等，更要作为秋冬季执法监管的重中之重，派出精兵强将实行 24 小时值守管控。

二是密切配合，对柴油车开展综合执法监管。环保部门要与公安交管和交通运输等有关部门联合行动，分别从违反禁限行规定、超载超限、尾气超标排放等方面着手，对违法违规车辆形成强有力震慑。要运行好"环保取证、公安处罚、交通维修"的机动车环保监管新模式，环保部门严格做好检测取证，配合公安交管部门利用"6063"代码实施处罚，督促超标车辆按照交通运输部门规范要求进行维修。

三是提升监管能力，加快构建机动车遥感监测网络和在用车环境检测监控

平台。仅靠人工 24 小时现场值守检查，难度大、效率低，难以满足监管需要。要按照"大气污染防治法"要求，加快建设"2+26"城市遥感监测网络，覆盖柴油货车通行主要通道。加快建设在用车环境检测机构监控平台，今年年底前实现所有环境检测机构国家—省—市三级联网。对于货运量大的重点工业企业，要安装黑烟车抓拍系统，实施严密监控，提供处罚依据。

四是严格实施处罚，对超标排放车辆形成持续高压震慑。对于超标排放车辆一律依法严肃查处，特别是对屡查屡犯的超标车辆，要实施更为严厉的联合惩戒措施，确保执法实效。通过超标排放车辆大数据分析，溯源车辆制造企业、注册登记地、所属运输企业、环境检测机构等，建立起责任追究链条。特别是要严厉处罚与车虫串通一气、花钱造假包过的环保年检机构，对于屡犯不改者移交质检部门吊销资质，对于参与造假人员移交公安部门追究刑事责任。

五是强化宣传引导，普及机动车污染防治知识。不断提升车主环保守法意识，及时维修保养、购买合规油品、及时添加使用车用尿素，确保车辆达标排放。提升公众参与程度，鼓励公众举报超标排放车辆，为监管部门提供执法线索。

环境保护部等 7 部门联合召开"绿盾 2017" 国家级自然保护区监督检查专项行动 巡查工作部署视频会议

10 月 17 日，环境保护部、国土资源部、水利部、农业部、国家林业局、中国科学院、国家海洋局 7 部门在京联合召开"绿盾 2017"国家级自然保护区监督检查专项行动巡查工作部署视频会议。环境保护部副部长黄润秋出席并讲话。

黄润秋指出，近年来，习近平总书记对自然保护区工作做出多次重要指示批示。各单位各部门要进一步提高政治站位，把思想和行动统一到党中央、国务院决策部署上来，维护生态安全，改善生态环境质量，强化自然保护区管理。各地要扎实推进专项行动，严格落实整改销号制度，严厉查处涉及自然保护区违法违规行为；要全力推进自然环境保护党政同责、一岗双责、终身追责制度，实行最严格的考核问责制度；要加强对涉及自然保护区建设项目的审批和监管，健全相关制度，完善天空地一体化监管网络，加强社会监督，全方位构建自然保护区监管长效机制。

黄润秋表示，2017 年 7 月 7 部门联合开展"绿盾 2017"专项行动以来，各地方、各部门高度重视，积极行动，对照问题清单逐一进行了排查和处理，建立违法违规问题管理台账，严厉打击涉及自然保护区的各类违法违规行为，有力促进了违法违规问题的清理和整改。截至目前，各地已调查处理 7 000 多

个涉及自然保护区问题，确定了整改要求和完成时限，生态恢复措施正在落实，"绿盾2017"专项行动取得了阶段性进展。

黄润秋强调，巡查工作必须坚持问题导向，重点巡查各地"绿盾2017"专项行动工作机制建立情况，违法违规问题管理台账的建立和销号制度执行情况，重点问题的处理整改和问责追责情况。环境保护部将会同有关部委建立健全巡查工作协调联动机制，落实组长单位负责制，进一步明确工作重点。巡查工作必须坚持问题导向，不能避重就轻，搞形式主义，走过场。必须深入基层，做好现场检查。必须问责追责，要敢抓敢管动真碰硬，抓好责任落实落地。各地要积极支持和配合巡查工作，充分做好相关准备工作，提供必要的人员、技术和后勤保障；要加大宣传和信息公开力度，强化社会舆论监督。对在巡查中发现工作进度缓慢、问题整改不力的，环境保护部将会同有关部门启动公开约谈或专项督察，严肃追责，确保专项行动取得实效。

安徽、河南、广西、四川、陕西、新疆6省区代表汇报了专项行动工作进展。会议部署了专项行动巡查工作。7部门将成立10个联合巡查组，在全国31个省区开展历时1个月的巡查。

环境保护部等7部门代表，全国31个省（区、市）有关部门代表，以及国家级、地方级自然保护区管理机构代表5 000多人参加视频会议。

发布时间
2017.10.18

党的十九大系列宣传

编者按

2017 年 10 月 18 日，中国共产党第十九次全国代表大会在北京召开。习近平代表第十八届中央委员会向大会作报告，报告中"美丽中国"的目标引发了国内外广泛关注。

在党的十九大开幕当天，环保部新媒体小组制作的长图《一图读懂十九大报告中的"美丽中国"》，单条微博 24 小时阅读量超过 1 500 万，刷新了"环保部发布"的单条阅读量纪录。

截至 10 月 25 日，"环保部发布"两微在十九大期间发布相关稿件共 453 篇，制作海报、长图、H5、短视频等各类新媒体产品 17 个，总阅读量 2 639 万，收获了良好的社会效果。

一图读懂
十九大报告中的"美丽中国"

一图读懂
十个关键词读懂十九大报告中的"生态文明"

发布时间
2017.10.27

环境保护部召开党组（扩大）会议
传达学习贯彻党的十九大精神

环境保护部党组书记、部长李干杰10月26日在京主持召开党组（扩大）会议，传达学习贯彻党的十九大精神，强调要更加紧密地团结在以习近平同志为核心的党中央周围，以习近平新时代中国特色社会主义思想统一思想和行动，坚决打好污染防治攻坚战，满足人民日益增长的优美生态环境需要，为决胜全面建成小康社会、夺取新时代中国特色社会主义伟大胜利、实现中华民族伟大复兴的中国梦不懈奋斗。

会议传达了十九大盛况、十九大报告、十八届中央纪委工作报告和党章修正案精神。李干杰指出，党的十九大是我们党和国家事业发展进程中立起的一座丰碑，其影响和意义十分重大而深远。十九大报告高举中国特色社会主义伟大旗帜，高瞻远瞩、博大精深、开拓创新、求真务实、激励人心、催人奋进，具有很强的时代性、历史性、科学性、思想性、针对性、可行性，集中体现了全党全国各族人民的共同心声，是一篇闪耀着马克思主义真理光辉的划时代鸿篇巨著，是中国特色社会主义进入新时代，我们党带领全国各族人民进行伟大斗争、建设伟大工程、推进伟大事业、实现伟大梦想的政治宣言、行动纲领和冲锋号角。大会审议通过的中央纪律检查委员会工作报告，充分肯定了在党中央坚强领导下，各级纪律检查委员会坚决遏制腐败蔓延势头，净化党内政治生态，推动形成和巩固发展了反腐败斗争的压倒性态势。大会审议通过的《中国共产党章程（修正案）》，体现了党的十八大以来党的理论创新、实践创新、制度创新取得的成果，反映了这些年来党的建设的成功经验。大会选举产生新一届中央委员会，习近平同志在十九届一中全会上再次当选为中央委员会总书记、中央军委主席，充分体现了全党全军全国各族人民的共同心愿，充分反映了我们党朝气蓬勃、兴旺发达。我们坚信，以习近平同志为核心的党中央将团结带领全党全军全国各族人民，决胜全面建成小康社会，奋力夺取新时代中国特色社会主义伟大胜利。

李干杰说，中国特色社会主义进入了新时代，是十九大报告做出的极为重大、极富远见、极具内涵、极其凝练的政治判断，是对党和国家事业发展新的历史方位的精准标定，对于实现"两个一百年"奋斗目标有着极其重要的现实意义，对于实现中华民族伟大复兴的中国梦有着极其深远的历史意义，对于实现为全球提供现代化进程的中国智慧和中国方案有着极其鲜明的世界意义。

李干杰指出，十九大报告对五年来党和国家事业发展取得的 10 个方面历史性成就、历史性变革的总结，是对进入新时代所具备的基础条件最有说服力的总结。其中，生态环境保护领域，在以习近平同志为核心的党中央坚强领导下，党和国家落实谋划开展了一系列根本性、长远性、开创性的工作，推动生态环境保护从认识到实践发生了历史性、转折性和全局性变化。进入认识最深、力度最大、举措最实、推进最快、成效最好的时期。生态环境保护领域确实是解决了许多长期想解决而没有解决的难题，办成了许多过去想办而没有办成的大事。生态文明建设成效显著，集中体现为五个"前所未有"：思想认识程度之深前所未有；污染治理力度之大前所未有；制度出台频度之密前所未有；监管执法尺度之严前所未有；环境质量改善速度之快前所未有。

李干杰强调，十九大创立了习近平新时代中国特色社会主义思想，这是指导新时代党和国家事业持续发展前进的最重要思想，也是十九大最重要的历史

性贡献。我们之所以能够取得历史性成就，发生历史性变革，根本在于以习近平同志为核心的党中央坚强领导，根本在于以习近平新时代中国特色社会主义思想的科学指导。习近平新时代中国特色社会主义思想的创立，为中国特色社会主义进入新时代提供了方向指引、根本遵循和前进动力。在生态环境保护领域，十八大以来，总书记走到哪里，就把对生态环境保护的关切和叮嘱讲到哪里，有关重要讲话、论述和批示指示多达 300 余次，形成了系统完整的习近平生态文明建设重要战略思想，成为习近平新时代中国特色社会主义思想的重要组成部分。

李干杰指出，十九大报告明确提出，我国社会的主要矛盾已经转化为人民日益增长的美好生活需要和不平衡不充分的发展之间的矛盾。人民群众日益增长的优美生态环境需要与更多优质生态产品的供给能力不足之间的矛盾突出，这是社会主要矛盾新变化的一个重要方面，过去"盼温饱""求生存"，现在"盼环保""求生态"。社会主要矛盾的新变化，是关系全局的历史性变化，对党和国家各项工作提出了许多新要求。对生态环境保护工作来讲，就是要提供更多优质生态产品以满足人民日益增长的优美生态环境需要。

李干杰强调，十九大报告明确提出，到 2020 年在全面建成小康社会基础上，按照 15 年一个阶段，对新时代中国特色社会主义发展做出战略安排。第一阶段到 2035 年基本实现现代化，第二阶段到本世纪中叶全面建成社会主义现代化强国。这是最振奋人心的新目标使命，也是最催人奋进的行动号令。其中每一个时间节点，对生态文明建设和环境保护，都有明确的目标要求。到 2020 年，要求坚决打好污染防治攻坚战，使全面建成小康社会得到人民认可、经得起历史检验。到 2035 年，要做到生态环境根本好转，美丽中国目标基本实现。到本世纪中叶，要把我国建成富强民主文明和谐美丽的社会主义现代化强国，物质文明、政治文明、精神文明、社会文明、生态文明将全面提升。这既有建成美丽中国的要求，也有达到高水平生态文明的要求。这些目标使命大多都是全新的。

李干杰说，十九大报告指出，建设生态文明是中华民族永续发展的千年大计，功在当代，利在千秋，深刻揭示了推进生态文明建设的重大意义。同时，也对生态文明建设和生态环境保护提出了许多新理念、新要求、新目标和新部署，建设新时代社会主义生态文明使命光荣，责任重大，大有作为，值得我们付出全部心血和竭尽全力为之长期不懈奋斗。尽管任重道远，要走的路还比较长，也比较艰难，但我们完全有理由认为，中国特色社会主义新时代的生态文明建设必须要大有作为，也必然能够大有作为。

李干杰强调，作为生态文明建设的主阵地和主力军，环保部门责无旁贷，争当推进美丽中国建设的排头兵。

第一，坚决扛起推进生态文明建设的政治责任。牢固增强和忠实践行"四个意识"，始终在思想上、政治上、行动上同以习近平同志为核心的党中央保持高度一致，始终敬仰核心、维护核心、拥戴核心、服从核心、紧跟核心。坚持以人民为中心的发展思想，深入贯彻习近平生态文明建设重要战略思想，坚定不移、坚持不懈地推动党中央有关生态环境保护和生态文明建设的决策部署落地见效。

第二，加快推动形成绿色发展方式和生活方式。坚持"绿水青山就是金山银山"，在全社会推动牢固树立社会主义生态文明观，营造人人、事事、时时崇尚生态文明的社会氛围，推动形成简约适度、绿色低碳的生活方式。推动构建绿色低碳循环发展的经济体系，不断提升生产领域的科技含量，最大限度地降低生产活动的资源消耗、污染排放强度和总量。

第三，着力解决突出环境问题。以解决大气、水、土壤污染等突出问题为重点，坚决打好生态环境保护攻坚战，尤其是要坚决打赢蓝天保卫战，持续改

善环境质量，让人民群众在良好的环境中生产生活。

第四，加大生态系统保护力度。加快划定并严守生态保护红线，进一步加强自然保护区建设和管理；推动实施生物多样性保护重大工程，努力增加优质生态产品供给，不断满足人民群众日益增长的优美环境需要。

第五，健全完善生态环境保护体制机制。改革完善环境管理制度，加快构建政府为主导、企业为主体、社会组织和公众共同参与的环境治理体系，加快推动实现生态环境领域治理体系和治理能力现代化。

在谈到全面从严治党时，李干杰说，十九大报告指出，全面从严治党永远在路上，充分体现了我们党勇于自我革命、从严管党治党的气魄和品格，体现了我们党对共产党执政规律、马克思主义政党建设规律的探索不断深化，体现了党中央坚决将全面从严治党进行到底的鲜明态度和坚定决心。他要求，环保部门各级党组织要切实增强全面从严治党的思想自觉，深刻认识全面从严治党的形势，牢牢把握新时代党的建设总要求，矢志不渝把全面从严治党引向深入。落实十九大报告明确的新时代党的建设总要求、总布局、总目标和重点任务，要把党的政治建设摆在首位，严肃党内政治生活，严明政治纪律和政治规矩，坚决维护以习近平同志为核心的党中央权威和集中统一领导，在政治立场、政治方向、政治原则、政治道路上同党中央保持高度一致；持续推进"两学一做"学习教育常态化制度化，认真开展以学习贯彻习近平新时代中国特色社会主义思想为重点的"不忘初心、牢记使命"主题教育；坚持党管干部原则，坚持正确选人用人导向，建设高素质专业化干部队伍；以提升组织力为重点，突出政治功能，坚持"三会一课"制度，推进党的活动方式创新，引导广大党员发挥先锋模范作用，把基层党组织建设成为坚强战斗堡垒；持之以恒正风肃纪，运用好监督执纪"四种形态"，发挥巡视利剑作用，全面加强党的纪律建设，夺取反腐败斗争压倒性胜利。全面增强学习、政治领导、改革创新、科学发展、

依法执政、群众工作、狠抓落实、驾驭风险八个方面的本领，不断提高执政能力和领导水平。

李干杰指出，当前和今后一个时期，学习好、宣传好、贯彻好党的十九大精神，是环保系统首要的政治任务。各级党组织和广大党员干部，要认真学习十九大文件，反复研读，深刻领会，细心琢磨，入心入脑，切实把思想和行动统一到十九大精神上来，把智慧和力量凝聚到大会确定目标任务上来，牢固树立"四个意识"，坚定"四个自信"，不忘初心、牢记使命，锐意进取、埋头苦干，全力打好污染防治攻坚战，为全面建成小康社会、建设富强民主文明和谐美丽的社会主义现代化强国贡献力量。

最后，李干杰对环境保护部系统学习贯彻十九大精神做出具体安排部署。

第一，抓紧完善和落实学习贯彻十九大精神"一揽子"计划。要采取组织专题讨论会、报告会、培训班等多种形式，尽快形成学习贯彻的"一揽子"计划，各级党组织和广大党员干部都要迅速行动起来，掀起学习宣传贯彻十九大精神的热潮，用党的十九大精神武装头脑、指导实践、推动工作。

第二，深入研究十九大报告对生态环境保护的新要求。十九大报告对生态文明建设和生态环境保护领域提出的一系列新变革、新理念、新目标、新要求和新部署，需要在学习贯彻过程中，深入进行研究，有的需要拿出具体的目标指标，有的需要出台实施方案，有的需要落实在工作中、体现在环境质量改善上。

第三，积极筹备召开第八次全国环境保护大会。要把党的十九大精神尤其是关于生态文明建设和环境保护的决策部署学深悟透，体现到有关文件和讲话中去，使环保大会的各项工作安排真正落实十九大的部署、符合十九大的要求，确保筹备工作有序展开。

第四，切实做好今年工作的收尾和明年工作谋划。今年还剩下两个多月的时间，学习贯彻十九大精神，就要紧盯当前重点任务，坚决落实党中央、国务

院关于生态环境保护的决策部署。以解决人民群众反映强烈的大气、水、土壤污染等突出问题为重点，全面加强环境污染防治，特别是要强力推进京津冀及周边地区秋冬季大气污染综合治理攻坚行动，确保各项攻坚措施落到实处。其他各项工作，也都要收好今年的尾，开好明年的头。

学习笔记

一份环保系统干部职工的十九大精神学习笔记

环境保护部副部长翟青、赵英民、刘华，纪检组组长吴海英出席会议。环境保护部副部长黄润秋列席会议。大家一致表示，坚决拥护党的十九大报告，结合各自分管工作，认真学习贯彻党的十九大精神。

环境保护部机关各部门副司级以上干部，各派出机构、直属单位主要负责同志列席会议。

微博：本月发稿344条，阅读量3 038.2万＋；
微信：本月发稿226条，阅读量108.7万＋。

本月盘点

回眸

2017 年 11 月

■ 在廊坊召开秋冬季大气污染综合治理
攻坚阶段总结

■ "环保部发布"一周年回顾

发布时间
2017.11.3

环境保护部印发《关于贯彻落实〈关于深化环境监测改革提高环境监测数据质量的意见〉的通知》

为贯彻落实中共中央办公厅、国务院办公厅印发《关于深化环境监测改革提高环境监测数据质量的意见》（以下简称《意见》），环境保护部近日印发通知，要求各级环境保护部门要深刻领会《意见》的重大意义，自觉把思想和行动统一到党中央、国务院决策部署上来，增强抓好贯彻落实的使命感和责任感，确保《意见》各项改革措施和工作任务落地生效，为加快推进环境治理体系和治理能力现代化提供坚强支撑。

《通知》指出，《意见》是继《生态环境监测网络建设方案》《关于省以下环保机构监测监察执法垂直管理制度改革试点工作的指导意见》之后，中央关于深化环境监测改革的又一重大部署，充分体现了以习近平同志为核心的党中央对生态环境监测工作的高度重视。《意见》立足我国生态环境保护需要，坚持问题导向、综合施策、标本兼治，从建立责任体系、完善法规制度、加强监督管理等方面提出了保障环境监测数据质量的一系列重大改革举措和任务要求，对于提高环境监测数据质量，提升环境监测工作整体水平具有重大意义。

《通知》要求，各级环境保护部门要高度重视《意见》的学习宣传和贯彻落实工作，通过举办培训班、研讨班、专家解读等多种方式，组织地方各级政府相关部门、环境保护部门、排污单位、社会监测机构和运维机构工作人员深入系统学习，学深学透，掌握核心内容和重点任务，切实提高相关工作人员对保障环境监测数据质量重要性的思想认识和业务水平。

《通知》强调，地方各级环境保护部门要按照《意见》要求，积极配合党委和政府围绕环境监测数据真实性由谁负责、负什么责、何种情形追究什么责任等建立健全责任体系，对已发布的与《意见》要求不一致的文件要及时修订或废止。各级环境保护部门要与质量技术监督部门，依法对环境监测机构进行监管，探索建立联合监管和检查通报机制。环境监测机构及其负责人对其监测数据的真实性和准确性负责。排污单位按照有关规定开展自行监测，并对数据的真实性负责。地方各级环境保护部门要加强与相关部门沟通协调，积极推动建立部门间环境监测协作机制。要统一规划布局行政区域内环境质量监测网络，按照国家统一的环境监测标准规范开展监测活动，并加强在环境质量信息和其他重大环境信息发布方面的沟通协调，解决部门间数据不一致、不可比的问题。

《通知》要求，地方各级环境保护部门要围绕环境质量监测、机动车尾气检测、社会化服务监测、排污单位自行监测等直接关系人民群众切身利益、影响环境管理决策的监测领域，从2018年起，连续三年组织开展打击环境监测数据弄虚作假行为专项行动，加大弄虚作假行为查处力度，严格执法、严肃问责，形成高压震慑态势。各级环境保护部门应与相关部门大力实施联合惩戒，将依法处罚的环境监测数据弄虚作假企业、机构和个人信息向社会公开，并纳入全国信用信息共享平台。

地方各级环境保护部门要进一步健全环境监测质量管理体系。省级环境保护部门应确保环境监测仪器设备和标准物质能够溯源到国家计量基准。承担国家区域质控任务的省级环境监测机构应切实发挥作用，加强对本行政区域内环境监测活动全过程监督，协助国家质控平台开展区域内的质量检查和区域间的交叉检查。

发布时间
2017.11.8

专家评估 4—7 日重污染过程应急措施减排效果：
"2+26" 城市主要污染物减排 20% ～ 30%

11 月 4—7 日，京津冀及周边地区出现了一次大气污染过程，整体情况为中—重度污染，污染主要集中在北京、河北中南部的石家庄、保定、邢台、邯郸和山西中部的太原、阳泉等城市。11 月 3 日，北京、天津和河北、山西、山东、河南等部分城市陆续发布重污染天气橙色预警，4 日零时启动 II 级应急响应，7 日，区域内城市开始陆续解除橙色预警。针对这次重污染过程，国家大气污染防治攻关联合中心组织专家开展了跟踪研究和动态评估，攻关联合中心副主任、中国工程院院士、北京大学张远航教授进行了解读。

11 月 4—7 日的区域重污染过程期间，区域相对湿度总体较小，持续受偏南风影响，利于污染物快速传输。4 日起，河北保定和山西太原等城市首先出现小时中度污染（参考空气质量标准日均值评价，下同），并在西南风作用下逐渐向北京方向发展。5 日夜间，区域内石家庄、保定、太原、阳泉等城市出现小时重度污染，并在 6 日达到峰值（图 1）。石家庄 $PM_{2.5}$ 小时浓度在 6 日 4 时达到重度污染水平，6 日 19 时达到本次过程的峰值（255 微克 / 立方米），为区域内最高值。北京市 $PM_{2.5}$ 小时浓度在 6 日 10 时达到重度污染水平，7 日 2 时达到本次过程的峰值（176 微克 / 立方米）。

这次污染过程和以往相比，$PM_{2.5}$ 浓度增长速率较低、污染累积强度较弱，北京市仅 40 个小时 $PM_{2.5}$ 浓度维持在 150 微克 / 立方米左右，峰值浓度也较以

往污染过程低，一定程度上体现出了区域应急联动的效果和作用。

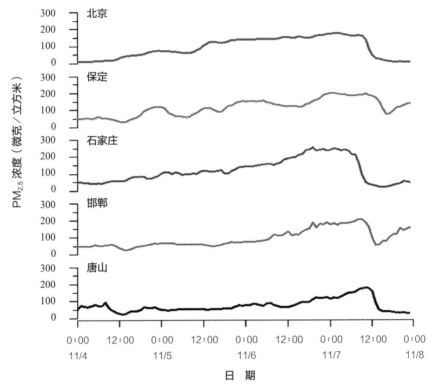

图1　11月4—7日京津冀区域部分城市 PM$_{2.5}$ 小时浓度

从气象条件看，11 月 5—6 日，在太行山脉东侧出现风场辐合带，污染物在此汇聚，大气扩散条件转差。受静稳天气影响，北京市 5—6 日地面平均风速仅 1.1 米 / 秒，不利于污染物水平扩散；相对湿度平均为 72%，对污染物二次转化和颗粒物吸湿增长有一定促进作用；早晨均有近地逆温，对污染物垂直扩散有所抑制。石家庄 5—6 日地面平均风速仅 0.8 米 / 秒，也不利于污染物水平扩散，平均相对湿度为 69%。

从 PM$_{2.5}$ 组成看，京津冀区域综合观测实验的结果显示，这次污染过程中，硝酸盐仍是 PM$_{2.5}$ 中占比最高的组分，硫酸盐的占比要明显低于硝酸盐。北京

市 PM$_{2.5}$ 浓度在 4 日和 5 日中午的两次抬升都与硝酸盐浓度快速升高有关，重度污染期间硝酸盐占到 PM$_{2.5}$ 总质量的 1/3 左右，最高时近 40%（图 2），与 10 月份的污染过程相似；石家庄、保定和德州 PM$_{2.5}$ 组分观测也有类似现象。这说明，在风速小、湿度大的不利气象条件下，区域内工业、柴油车及部分地区采暖等排放的 NO$_x$ 快速转化成硝酸盐是推高 PM$_{2.5}$ 浓度的重要原因。另外，污染过程期间北京市硫酸盐浓度呈缓慢增长，硫酸盐在北京市 PM$_{2.5}$ 中平均占比仅为 6%，最高时为 7%，说明燃煤污染控制效果显著。

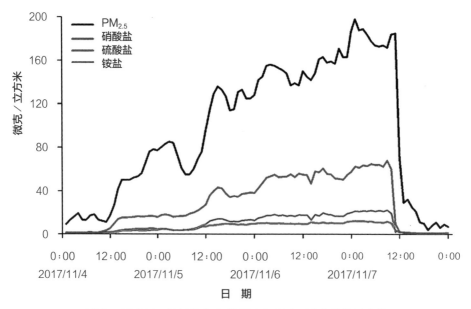

图 2　11 月 4—7 日北京市典型站点 PM$_{2.5}$ 浓度及组分变化

从区域传输看，综合多家科研机构的模式模拟结果表明，11 月 4—7 日，京津冀及周边地区"2+26"城市在持续偏南风的作用下，山东西部和河南北部城市的大气污染物排放对区域内 28 个城市的空气质量影响显著，对区域 PM$_{2.5}$ 平均浓度的贡献超过 1/3。北京市 PM$_{2.5}$ 浓度在 4 日中午的升高，就与西南方向污染气团输送有密切关系；5 日中午—6 日，西南方向和东南方向污染气团的输送对北京市都有影响，加上北京本地排放的贡献，导致 $PM_{2.5}$ 浓度持续升高。

从应急管控措施看，京津冀及周边地区"2+26"城市针对这次污染过程采取了区域应急联动，各地提前发布预警信息，及时准备和启动应急减排措施。环境保护部派出的 130 个督查巡查组，共检查 4 000 余家企业，仅 100 余家没有完全落实减排措施，执行率高达 97%。根据应急减排措施效果的初步评估，"2+26"城市采取橙色预警应急措施后，SO_2、NO_x、PM、VOCs 等主要污染物减排比例为 2% ～ 30%，其中工业企业停限产的减排贡献最大，特别是工业源 SO_2 减排比例达到 50% 左右，这也是本次污染过程中北京、石家庄、德州等地 $PM_{2.5}$ 中硫酸盐占比较低的重要原因；北京市橙色预警应急措施对主要污染物的减排比例为 15% ～ 25%。如果没有提前采取应急减排措施，北京、石家庄、保定等城市的 $PM_{2.5}$ 峰值浓度将会进一步升高，各地进入重污染的时间也会更早（图 3）。

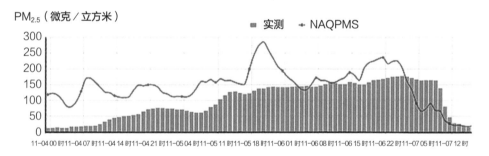

图 3　北京市 $PM_{2.5}$ 浓度模式预测与监测实况对比

7 日中午前后，随着北方冷空气的南下，北京、天津、廊坊、保定等城市的空气质量大幅改善，但这些城市直到 8 日 0 时才解除橙色预警，这也将减少该区域污染物排放对河北南部、山东西部、河南北部一带的传输影响。

驻环境保护部纪检组研究部署学习贯彻
党的十九大精神工作

发布时间
2017.11.9

11月7日下午，中央纪委驻环境保护部纪检组组长吴海英主持召开中央纪委驻环保部纪检组全体干部会议，研究部署学习贯彻党的十九大精神工作。

组领导首先带领大家原原本本学习了习近平总书记在十九届中共中央政治局第一次集体学习上的讲话精神、赵乐际同志在中央纪委监察部传达学习党的十九大精神大会上的讲话，以及中央和中央纪委有关文件。参会同志就驻部纪检组学习贯彻工作提出意见建议，大家一致认为，在学习贯彻十九大精神中，要原原本本学、联系实际学、深入思考学，在学懂、弄通、做实上下功夫。

吴海英指出，学习贯彻十九大精神，是当前和今后一个时期的首要政治任务。要站在党和国家事业发展全局的高度，充分认识十九大的重大现实意义和深远历史意义，切实增强学习贯彻的自觉性和坚定性。要紧紧扭住中央关于认真学习宣传贯彻党的十九大精神的决定指出的"十个深刻领会"和"六个聚焦"，把自己摆进去，把职责摆进去，学出更加坚定的信仰信念、更加强烈的责任担当、更加纯粹的忠诚和觉悟。

吴海英强调，要按照中央纪委部署要求，抓紧制定驻部纪检组学习贯彻十九大精神实施方案。要紧密结合派驻机构实际、派驻监督工作的特点和规律深入学习，聚焦监督执纪问责，紧紧盯住基层党组织的政治责任，紧紧盯住关键少数的廉洁自律和示范表率作用，持之以恒正风肃纪，夺取反腐败斗争压倒

性胜利。要将党的十九大精神贯彻到每一项工作中，提早思考谋划明年的工作，做好学习贯彻十九大精神专题调研约谈、贯彻落实中央八项规定精神"回头看"成果运用等重点工作。

吴海英要求，要以党的政治建设为统领，加强驻部纪检组自身建设，真正做到"打铁必须自身硬"。纪检干部是手握戒尺的人，我们监督的驻在部门是建设美丽中国的重要职能部门，这就要求我们必须时时事事走在先、做表率，立标杆、树形象。要不断加强党性锻炼，切实提高觉悟素养，全面提升"八种本领"，实实在在练就"硬功夫"，以更加坚定的信念和无私无畏的勇气，切实当好政治生态"护林员"，以政治清明促生态文明建设取得新成效。

第十二届全国人大环境与资源保护委员会副主任委员、中国环境科学研究院原院长孟伟接受组织审查

据驻环境保护部纪检组消息：第十二届全国人大环境与资源保护委员会副主任委员、中国环境科学研究院原院长孟伟涉嫌严重违纪，目前正接受组织审查。

发布时间 2017.11.13

环境保护部党组全体成员赴西柏坡
瞻仰革命圣地重温入党誓词

11月13日，环境保护部党组书记、部长李干杰和环境保护部党组全体成员赴河北省平山县瞻仰西柏坡革命圣地，深切缅怀革命先辈的丰功伟绩，深情回顾党领导人民进行革命斗争的辉煌历史，重温入党誓词。

李干杰一行首先来到西柏坡纪念馆广场，怀着无比敬仰的心情，向五大书记塑像敬献花篮。随后，李干杰等步入西柏坡纪念馆，观看《新中国从这里走来》纪录片，参观一件件简朴的实物、一幅幅珍贵的图片和一座座生动的沙盘，回顾党中央在西柏坡波澜壮阔的奋斗历程。参观结束后，李干杰等又前往中共中央旧址，瞻仰毛泽东等开国领袖旧居和七届二中全会旧址。在七届二中全会旧址前，面对鲜红的党旗，李干杰领誓，环境保护部党组全体成员庄严地举起右手，齐声宣读入党誓词。宣誓前，李干杰发表了讲话。

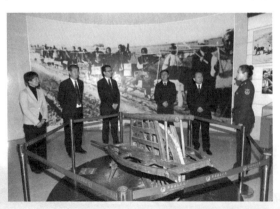

李干杰说，深入学习贯彻党的十九大精神是当前和今后一个时期的首要政治任务和头等大事，我们今天来到西柏坡，就是要踏着革命先辈和习近平总书记的足迹，积极探求我们党从胜利走向胜利的精神密码，

不忘初心、牢记使命，弘扬"红船精神"和"西柏坡精神"，在打好生态环境保护攻坚战、全面提升生态文明、建设美丽中国的新"考试"中，创造无愧于新时代的新业绩。

李干杰指出，西柏坡精神是我们党在领导全国人民夺取革命战争全国性胜利的实践中形成的革命精神，核心是"两个敢于""两个坚持""两个善于"和"两个务必"，体现着中国共产党人的政治情怀和执政理念。重温和践行西柏坡精神，对于引领我们深入学习宣传贯彻党的十九大精神，以永不懈怠的革命精神和一往无前的英雄气概推进新时代生态文明建设和生态环境保护具有重要意义。

李干杰强调，弘扬西柏坡精神，一是要坚持"两个敢于"。要以习近平新时代中国特色社会主义思想为指导，发扬革命的大无畏精神，锐意进取、攻坚克难，把党的十九大关于生态文明建设的蓝图转化为路线图、施工图，坚决打赢蓝天保卫战，坚决打好生态环境保护攻坚战。二是要着力"两个坚持"。按照新时代要求，始终铭记一切为了人民，一切依靠人民，一切服务人民，坚持良好生态环境是最普惠的民生福祉，践行全心全意为人民服务的根本宗旨，提供更多优质生态产品以满足人民日益增长的优美生态环境需要。三是要秉承"两个善于"。勇于开拓创新，把习近平总书记生态文明建设重要战略思想作为强大思想武器和动力源泉，大胆求索，将生态环保领域改革不断推向深入。四是要牢记"两个务必"。切实把加强党的建设，党要管党、全面从严治党落到实处，牢固树立"四个意识"，持之以恒加强党风廉政建设，严惩腐败，建设一支忠诚、干净、担当的环保队伍。

河北省副省长李谦陪同参加活动。

环境保护部党组成员，副部长翟青、赵英民、刘华，环境保护部党组成员、中纪委驻环境保护部纪检组组长吴海英参加活动。

环境保护部机关有关部门主要负责同志陪同参加活动。

环境保护部与河北省人民政府签署《推进雄安新区生态环境保护工作战略合作协议》

发布时间 2017.11.13

为贯彻落实党的十九大"高起点规划、高标准建设雄安新区"的决策部署，深入实施京津冀协同发展战略，共同推动雄安新区生态环境保护，11 月 13 日，环境保护部与河北省人民政府签署《推进雄安新区生态环境保护工作战略合作协议》，环境保护部部长李干杰和河北省人民政府省长许勤代表双方签字，河北省委书记王东峰出席协议签署仪式。李干杰、王东峰分别致辞。

李干杰在致辞中指出，签署协议是环境保护部与河北省委省政府深入贯彻落实党中央、国务院决策部署，长期以来紧密合作，共同推进生态文明建设，努力改善区域生态环境质量的重大成果；是以习近平新时代中国特色社会主义思想为指导，牢固树立社会主义生态文明观，推进绿色发展，建设美丽中国和美丽河北的具体行动。

李干杰强调，设立雄安新区是以习近平同志为核心的党中央做出的一项重大历史性战略决策，是千年大计、国家大事，对于深入推进京津冀协同发展战略，积极稳妥有序疏解北京非首都功能，加快河北经济社会发展，意义十分重大，影响十分深远。这项工作是在习近平总书记亲自谋划、亲自决策下推动的，充分体现了总书记强烈的使命担当、深远的战略眼光、高超的政治智慧和深厚的民生情怀。

李干杰指出，环境保护部高度重视雄安新区生态环境保护，将其作为一项重大政治任务，成立推进雄安新区生态环境保护工作领导小组，有关司局相继开展新区环境评估、白洋淀治理、生态保护红线划定等工作。下一步，将扎实推进协议的落实，着力支持白洋淀流域环境整治、雄

安新区生态保护与修复、区域污染协同防治、"三线一单"管控体系建设、监测和执法监管体系建设、环境安全防控体系建设、生态环境管理机制创新、绿色环保产业发展。

王东峰代表河北省委、省政府，对环境保护部长期以来给予河北的关心支持表示感谢。他指出，要全面落实习近平总书记对河北工作的一系列重要指示要求，把生态环境保护工作放在更加突出的位置来抓，坚持绿色发展，强化标本兼治，推进综合治理，为新时代全面建设经济强省、美丽河北提供良好生态环境。要高起点、高标准建设雄安新区，以环境保护部与河北省人民政府签署协议为契机，着力解决影响全局的突出生态环境问题，统筹流域治理和区域治理，全面提升新区生态环境质量和水平。

环境保护部副部长翟青、赵英民、刘华，纪检组组长吴海英出席签署仪式并鉴签。

环境保护部有关司局主要负责同志参加签署活动。

发布时间
2017.11.16

第一批中央环境保护督察8省（区）
公开移交案件问责情况

经党中央、国务院批准，第一批8个中央环境保护督察组于2016年7—8月组织对内蒙古、黑龙江、江苏、江西、河南、广西、云南、宁夏8省（区）开展环境保护督察，并于2016年11月完成督察反馈，同步移交100个生态环境损害责任追究问题。其中，内蒙古17个、黑龙江13个、江苏11个、江西11个、河南20个、广西9个、云南11个、宁夏8个，要求地方进一步核实情况，严肃问责。

对此，8省（区）党委、政府高度重视，均责成纪检监察部门牵头，对移交的责任追究问题全面开展核查，严格立案审查，依法依纪审理，查清事实，厘清责任，扎实开展问责工作，并报经省（区）党委、政府研究批准，最终形成问责意见。为发挥警示教育作用，回应社会关切，经国家环境保护督察办公室协调，8省（区）于11月16日统一对外公开中央环境保护督察移交的生态环境损害责任追究问题问责情况。经汇总8省（区）问责结果，主要情况如下：

从问责人数情况看，8省（区）此次共问责1 140人，其中厅级干部130人（正厅级干部24人），处级干部504人（正处级干部248人）。分省（区）情况是：内蒙古自治区问责124人，其中厅级干部27人，处级干部65人；黑龙江省问责170人，其中厅级干部23人，处级干部93人；江苏省问责137人，其中厅级干部12人，处级干部45人；江西省问责106人，其中厅级干部10人，处级干部 46 人；河南省问责 227 人，其中厅级干部 10 人，处级干部 83 人；广西壮族自治区问责 141 人，其中厅级干部 11 人，处级干部 44 人；云南省问责 110 人，其中厅级干部 25 人，处级干部 50 人；宁夏回族自治区问责 125 人，其中厅级干部 12 人，处级干部 78 人。8 省（区）在问责过程中，注重追究领导责任、管理责任和监督责任，尤其强化了领导责任。

从具体问责情形看，8 省（区）被问责人员中，通报 20 人，诫勉 320 人，责令公开道歉 1 人，组织处理 18 人（次），党纪处分 178 人，政纪处分 584 人，移送司法机关 12 人，已被追究刑事责任 9 人，批评教育 9 人，停职检查 1 人。被问责的厅级干部中，诫勉 46 人，党纪处分 40 人，行政处分 40 人，4 人被移送司法机关。总体上看，8 省（区）在问责工作中认真细致，实事求是，坚持严肃问责、权责一致、终身追责的原则，为不断强化地方党委、政府环境保护责任意识发挥了重要作用。

从问责人员分布看，8 省（区）被问责人员中，地方党委 46 人，地方政府 299 人，地方党委和政府所属部门 666 人，国有企业 49 人，其他有关部门、事业单位及基层工作人员 80 人。在党委、政府有关部门中，环保 193 人，水利 81 人，国土 75 人，林业 63 人，工信 59 人，住建 51 人，城管 38 人，发改 31 人，农业 9 人，公安 9 人，交通 6 人，安监 4 人，国资委 3 人，旅游 2 人，市场监管等部门 42 人。被问责人员基本涵盖环境保护工作的相关方面，体现了环境保护"党政同责"和"一岗双责"的要求。

中央环境保护督察是推进生态文明建设的重大制度安排，严格责任追究是环境保护督察的内在要求。内蒙古等 8 省（区）党委、政府在通报督察问责情况时均强调，要深入学习贯彻习近平总书记生态文明建设重要战略思想，强化"四个意识"，提高政治站位，扛起政治责任，深入贯彻落实好党的十九大精神，坚决打好污染防治攻坚战。要求各级领导干部要引以为鉴，举一反三，把思想

和行动统一到党中央决策部署上来，自觉践行新发展理念，推动经济与环境协调发展。要求各级各部门要认真落实环境保护党政同责和一岗双责，层层压实责任，抓实各项工作，以看得见的成效兑现承诺，取信于民。

发布时间
2017.11.16

环境保护部召开禁止洋垃圾入境推进固体废物进口管理制度改革工作视频会议

11 月 16 日，环境保护部召开禁止洋垃圾入境推进固体废物进口管理制度改革工作视频会议，环境保护部部长李干杰出席会议并讲话。他强调，要牢固树立和忠实践行"四个意识"，坚决贯彻习近平总书记重要指示批示精神，坚定不移抓好禁止洋垃圾入境这一生态文明建设的标志性举措。

李干杰指出，禁止洋垃圾入境是我党全面提升生态文明的重要宣示，是满足人民日益增长的优美生态环境需要的内在要求，是推动形成绿色发展方式和生活方式的有力抓手。习近平总书记高度重视，主持召开中央全面深化改革领导小组会议研究部署，多次做出重要指示批示，明确指出禁止洋垃圾进口是生态文明建设的标志性举措，要求坚定不移地推进这项改革，从严把握各项管控工作。今年 7 月国务院办公厅印发《禁止洋垃圾入境推进固体废物进口管理制度改革实施方案》（以下简称《实施方案》）。各级环保部门要切实提高政治站位，把思想和行动统一到习近平总书记重要批示指示精神上来，统一到党的十九大精神上来，统一到党中央、国务院的决策部署上来，坚决打赢禁止洋垃圾入境、推进固体废物进口管理制度改革攻坚战。

李干杰表示，《实施方案》印发以来，环境保护部会同各地区、各部门狠抓贯彻落实，多途径、多环节采取有针对性的应对措施，实现了固体废物进口量总体下降。

一是严格监管，严厉打击违法行为。开展打击进口废物加工利用行业环境违法行为专项行动，对1 792家进口废物加工利用企业开展为期1个月的拉网式、全覆盖异地执法检查，形成极大震慑。联合有关部门开展固体废物集散地专项整治行动，铲除洋垃圾藏身之所。充分发挥环保、海关、质检等部门执法信息通报机制作用，强化固体废物进口全过程监管。

二是综合施策，减少固体废物实际进口量。从严审批固体废物进口许可证，对近一年内存在违法行为的企业，一律不予受理其进口申请。对存在弄虚作假骗取许可证、非法转让许可证等严重环境违法行为的企业，依法依规撤销进口许可证。

三是完善制度，从严把住固体废物准入门槛。印发《进口废物管理目录（2017）》，将生活来源废塑料、未经分拣的废纸、废纺织原料、钒渣4类24种固体废物调入《禁止进口固体废物目录》。正在修订11项《进口可用作原料的固体废物环境保护控制标准》，全面加严夹带物控制指标。

四是稳妥应对，防范化解各类风险。组织专家开展政策解读，积极应对外方评议意见，主动回应各方关切。

李干杰要求，全国环保系统要以铁的决心、铁的纪律、铁的措施，不折不扣地落实好《实施方案》。

一是统一思想认识。要从增强"四个意识"、坚决维护以习近平同志为核心的党中央权威和集中统一领导的高度来认识和把握，确保各项改革措施落地见效，当务之急是大幅压减进口量，争取超额完成《实施方案》设定的目标和任务。

二是强化集散地清理整顿。加强部门间协调配合，依法取缔一批污染严重的非法再生利用企业。进一步细化执法检查重点内容，依法严肃查处排查过程中发现的违法排污等各类环境违法行为。

三是持续保持执法高压态势。自 2018 年起连续三年，每年组织开展打击进口废物加工利用行业环境违法行为专项行动。切实巩固专项行动成效，推动违法企业整改到位。今年底前，环境保护部将对 2017 年专项行动开展"回头看"，依法从重从快处理违法企业并启动"一案双查"，严肃追究相关人员责任。

四是强化进口废物加工利用企业监管。从严从紧减量审批 2018 年固体废物进口许可证。各地区要深入开展工作，全面掌握固体废物进口基本情况，提前采取有针对性的管控措施。对申请进口固体废物的企业严格现场检查，决不允许有弄虚作假行为；持续强化环境监管，确保加工过程不污染环境、不损害人民群众健康。

五是推动改革平稳推进。积极协调、配合本行政区人民政府，针对可能受影响的地区和行业，制定转型期间工作预案，做好相关工作。

六是加强宣传引导。进一步宣传好、解读好《实施方案》的目标任务、主要内容和重大意义，宣传我国在固体废物进口管理、打击洋垃圾走私方面取得的积极成效。强化垃圾分类、固体废物无害化资源化利用等方面宣传，推动全社会共同参与环境保护和资源节约。

视频会议由环境保护部副部长赵英民主持。江苏、浙江、广东省环境保护厅主要负责同志分别做了经验交流和表态发言。

环境保护部机关有关部门、固体废物与化学品管理技术中心主要负责同志在主会场参加会议。各省（区、市）环境保护厅（局），各市（州、盟、地区）、县（市、区、旗）环境保护局的负责同志、负责固体废物管理的有关同志，各环境保护督察局负责同志在分会场参加会议。

环境保护部在河北廊坊召开京津冀及周边地区 "散乱污" 企业整治暨秋冬季大气污染 综合治理攻坚阶段总结现场会

发布时间 2017.11.21

环境保护部 11 月 21 日在河北省廊坊市召开京津冀及周边地区"散乱污"企业整治暨秋冬季大气污染综合治理攻坚阶段总结现场会,环境保护部部长李干杰出席会议并讲话。他强调,要深入学习贯彻党的十九大精神,坚决打好秋冬季大气污染综合治理攻坚战,为全面打赢蓝天保卫战奠定坚实基础。

会议首先播放了廊坊市治理"散乱污"专题片,听取了廊坊市、山东省济宁市典型经验发言和北京、天津、河北、山西、山东、河南 6 省(市)工作进展情况介绍。在认真听取发言和介绍后,李干杰发表讲话。他说,党的十九大报告浓墨重彩地对生态文明建设和生态环境保护进行了全面总结和重点部署,提出了一系列新变革、新理念、新要求、新目标和新部署,必须在学懂、弄通、做实上下功夫,把十九大描绘的宏伟蓝图落实为路线图、施工图。要把打赢蓝天保卫战作为推进绿色发展、满足人民对美好生活需要的重要内容,抓实、抓细、抓好各项任务措施落实,率先打赢京津冀及周边地区秋冬季大气污染防治攻坚战,努力完成大气环境质量改善 2017 年阶段性目标。

李干杰指出,一年来,各地区各部门深入贯彻京津冀及周边地区大气污染防治协作小组第 9 次、第 10 次会议精神,办成了一些多年来一直想办而没有办成的大事。

一是加快调整产业结构、能源结构、交通运输结构。"2+26"城市排查出的 6.2 万余家涉气"散乱污"企业及集群已全部分类处置。完成电代煤、气代煤 300 多万户，替代散煤 1 000 多万吨。淘汰燃煤小锅炉 4.4 万台，淘汰小煤炉等散煤燃烧设施 10 万多个，许多地方基本实现"清零"。天津港、黄骅港等港口已停止接收集疏港汽运煤炭。

二是大力实施重点行业错峰生产。对钢铁、建材等大气污染重点行业企业实施科学生产调控，11 月 15 日起全面实施错峰生产。制定"一厂一策"错峰运输方案，优先选择排放控制较好的车辆承担大宗物料运输任务。

三是积极有效应对重污染天气。完成重污染天气应急预案修订工作，应急减排清单基本做到涉气企业全覆盖，统一更严的预警启动标准，在近期重污染天气应对中发挥重要作用。经过不懈努力，"2+26"城市 1—2 月细颗粒物（$PM_{2.5}$）平均浓度同比上升 23.5% 的不利局面已得到全面扭转，3 月—11 月 15 日同比下降 9.8%；北京市 $PM_{2.5}$ 浓度连续 7 个月低于 60 微克 / 立方米，达到历史最好水平。

李干杰表示，"散乱污"企业综合整治是大气污染防治的重点任务，"2+26"城市的做法和经验需要认真总结推广。

一是全面排查，不留死角。按照"属地管理、分级负责、无缝对接、全面覆盖"的原则，彻底摸清行政区域内违法违规"散乱污"企业，逐一登记备案，实行清单制、台账式管理。

二是分类施策，标本兼治。实行"先停后治"，采取"关停取缔、整合搬迁、整改提升"三种方式，做到"取缔要坚决、搬迁有去处、整改有标准"。

三是疏堵结合，扶治并举。围绕"钱从哪里来""人往哪里去""出路在何方"等问题进行积极探索，政府主导、市场运作破解企业资金瓶颈，提早布局职工再就业，并为愿意"搬""转"企业提供战略指导和技术指导。

四是建立机制，严防反弹。从管理对象看，把"党政同责""一岗双责"责任层层压实到乡镇、村街，实现督政和督企并重；从管理目标看，推动发展转型与污染防治相结合，实现环境管理向推动绿色发展的长远目标转型；从管理机制方式看，调集优势管理资源与协同式作战相结合，实现各部门齐抓共管的协作模式；从管理手段看，人力与运用现代信息及科学技术相结合，实现管理能力提升。

五是加强引导，营造氛围。通过电视、网络、报刊等平台，积极正面引导舆论，加大问题曝光力度，最大限度赢得群众理解和支持。

总的来看，"散乱污"企业综合整治是以新发展理念为引领、以环境倒逼发展转型的生动实践，实现了保护环境、发展经济、改善民生多赢的预期目标。一是改善环境空气质量，解决人民群众身边的突出环境问题，让老百姓切实从中获益，提高幸福感和获得感。二是推进供给侧结构性改革，促进产业转型升级，整出了企业高质量、产业高水平、税收高贡献，实现了增产不增污。三是营造公平公正的市场环境，避免劣币驱逐良币现象，促进实现市场公平和竞争公正。

李干杰指出，京津冀及周边地区秋冬季大气污染防治形势依然严峻，岁末年初的气象条件总体不利，一些城市 $PM_{2.5}$ 浓度仍在不降反升，实现"大气十条"要求的北京市 $PM_{2.5}$ 年均浓度达到60微克/立方米左右目标的压力仍然较大。他强调，要突出抓好以下几方面工作，坚定不移全力打赢秋冬季大气污染综合治理攻坚战。

一要切实加强组织领导。各级党委、政府要坚持常态治理和应急减排相协调、本地治污和区域协作并重的原则，切实扛起持续改善大气环境质量的政治责任，对重点工作任务和薄弱环节，增加人力物力，以舍我其谁的精神状态，全面完成好各项任务。

二要不折不扣完成攻坚行动工作任务。建立并实施严格的监督检查制度，确保各项治污措施持续稳定发挥减排效益。加强施工工地扬尘等无组织排放管控,做好气源、电源保障工作。继续做好重污染天气应急联动和本区域应急工作,及时启动相应级别预警,落实应急减排措施。完成颗粒物组分网建设并发挥作用。驻各市科技攻关团队要认真分析每次重污染天气过程,有针对性地提出下一步应对建议。

三要坚决守住"散乱污"企业及集群综合整治阶段性成果。坚持零容忍,大力推进网格化管理,压实基层责任,继续排查"散乱污"企业及集群,确保不留死角。坚持高标准,严要求,对企业整治情况对标先进开展再梳理,推动企业通过整改提升成为行业标杆。建立健全长效机制,完善排污许可、考核问责等制度,严格环境准入和审批,避免污染转移。

四要强化督政问责。将量化问责要求进一步细化、实化、制度化,切实传导压力,落实地方大气污染治理"党政同责""一岗双责"。

五要切实加强环境宣传教育引导。大气污染防治工作离不开公众的理解、支持和参与。每一名环保工作者既要当好战斗员,又要做好宣传员。要积极做好环境宣传教育和舆情引导工作,及时发布重污染天气信息。

会前,李干杰赴廊坊市文安县拆除燃煤小锅炉集中存放地、文安县大地木业公司、文安木材工业技术研发中心、文安县南庄村气代煤工程现场调研了"散乱污"企业整治与升级改造等情况,考察了文安县左各庄环保所能力建设、乡镇空气质量监测点建设情况,并慰问基层环保人员。李干杰对文安县通过整治"散乱污",实现社会效益、经济效益和环境效益的多赢表示充分肯定,希望再接再厉,巩固成果,努力实现经济社会发展和生态环

境保护协同共进，为人民群众创造良好生产生活环境。

环境保护部副部长翟青主持会议并参加调研。

北京、天津、河北、山西、山东、河南6省（市）人民政府有关负责同志出席会议并发言。6省（市）环境保护厅（局）主要负责同志及有关处（办）负责同志，京津冀大气传输通道26城市及辛集市等6个市县政府负责同志、环境保护局主要负责同志，雄安新区管理委员会负责同志，郑州航空港经济综合实验区管理委员会负责同志、城建环保局负责同志，环境保护部相关司局、派出机构和直属单位主要负责同志，"2+26"城市大气重污染成因与治理攻关专家组组长参加会议。

发布时间
2017.11.22

我们一岁啦！这是我们两微发出的 6 079 条信息

自 2016 年 11 月 22 日初次见面，感谢您陪我们一起走过的 365 个日夜。在您的支持与陪伴下，"环保部发布"一周岁啦！这个生日，不必喧嚣，无需奢华，只要内心热烈而执着，只要有你与我们相伴。

H
5

"环保部发布"一周年回顾

发布时间
2017.11.22

环境保护部学习宣传贯彻党的十九大精神
"五大活动"全面启动

党的十九大胜利召开以来，环境保护部党组高度重视，把学习宣传贯彻党的十九大精神作为当前和今后一个时期的首要政治任务，按照习近平总书记"学懂、弄通、做实"的总要求，依据中央和中央国家机关工委的部署安排，部党组书记、部长李干杰提出"抓紧完善和落实学习贯彻十九大精神一揽子计划"，学习宣传贯彻党的十九大精神"大动员""大培训""大调研""大讨论""大宣传"五大活动在部系统全面开展。

一、"三步走"深入动员，"五大活动"正式开启

环境保护部把"大动员"作为学习宣传贯彻党的十九大精神的前提，10月26日，第一时间召开党组会和党组扩大会，传达精神、统一思想；10月29—30日，召开全国环保系统"学习贯彻党的十九大精神打好生态环境保护攻坚战"专题研讨班，深入研究、凝聚共识；11月1日，召开环境保护部学习贯彻党的十九大精神视频会，部系统3 500余人参加，集中宣讲、掀起高潮。李干杰部长深入阐明十九大的政治意义、理论意义、历史意义、现实意义、世界意义，全面解读十九大报告对生态环境保护和生态文明建设的新变革、新理念、新要求、新目标和新部署，系统指明环保系统贯彻落实十九大精神的思路、举措和要求，突出强调切实把党要管党、全面从严治党落到实处，为推进生态环境保护事业改革发展提供坚强政治、组织和作风保障。"三步走"大动员吹响

了广大党员干部学习贯彻十九大精神的"冲锋号",拉开了环保系统"五大活动"的序幕。

二、"定方案"紧锣密鼓,"五大活动"实字当先

按照部党组要求,直属机关党委牵头组织办公厅、规财司、人事司、宣教司,3次召开专题会议,研究制定《环境保护部党组学习宣传贯彻党的十九大精神"五大活动"方案》,广泛征求部领导、各部门各单位党组织意见,在实字上下功夫,在细字上做文章,在效果上求突破。按照培训全覆盖、调研全覆盖、讨论全覆盖、宣传全覆盖的总体要求,"大培训"从2017年11月上旬至2018年6月,分层次开展网络培训、集中研讨、大讲堂和集中轮训,并按业务领域分7个片区,确保全员培训。"大调研"从现在到2018年6月底前,以党支部为单位,聚焦一两个突出问题,到区县、乡镇、村庄、社区、相关企业和监管对象蹲点调研,并提交调研报告。"大讨论"于2018年9月底前组织所有党支部联系实际开展大讨论,择优分专题向部党组当面提出贯彻落实十九大精神的意见建议。"大宣传"充分调动环保系统资源力量,发挥新媒体优势,开展丰富多彩、形式多样的宣传报道活动。最终形成"百名党员干部谈体会、百篇建议报告献良策、百件新闻报道展精品"的"三个一百"优秀成果。

三、"作表率"党组先行,"五大活动"从我做起

部党组坚持走在前、作表率。11月9—11日,李干杰部长赴陕西省就贯彻落实党的十九大精神进行调研,召开陕西、甘肃、青海、宁夏、新疆5省(区)有关负责同志座谈会,听取地方对下一步打好生态环境保护攻坚战的意见建议,以实际行动践行"大调研"。11月13日,环境保护部与河北省人民政府签署《推进雄安新区生态环境保护工作战略合作协议》,深入贯彻实施京津冀协同发展战略,让十九大报告关于"高起点规划、高标准建设雄安新区"的决策部署落地生根。同日,部党组全体成员赴西柏坡革命圣地,深切缅怀革命先辈的丰功

伟绩，重温入党誓词。李干杰部长代表部党组郑重承诺，不忘初心、牢记使命，弘扬"红船精神"和"西柏坡精神"，在打好生态环境保护攻坚战、全面提升生态文明、建设美丽中国的新"考试"中，创造无愧于新时代的新业绩。广大党员干部一致表示，要以部党组为榜样，积极投入"五大活动"，把思想统一到十九大精神上来，把力量凝聚到落实十九大确定的各项任务上来，坚决担起生态文明建设的政治责任。

中国环境保护部被授予 "保护臭氧层政策和实施领导奖"

发布时间
2017.11.25

《保护臭氧层维也纳公约》（以下简称《公约》）第 11 次缔约方大会及《关于消耗臭氧层物质的蒙特利尔议定书》（以下简称《议定书》）第 29 次缔约方大会于 2017 年 11 月 20—24 日在加拿大蒙特利尔召开，来自 141 个国家以及相关国际组织 700 余名代表与会。

经国务院批准，环境保护部副部长赵英民率中国政府代表团出席本次会议。

赵英民在会上介绍了中国共产党第十九次全国代表大会就生态文明建设和生态环境保护提出的新变革、新理念、新要求、新目标和新部署，总结了我国在保护臭氧层方面取得的突出成就，并强调指出多边基金 2018—2020 年增资应以发展中国家实际履约需求为基础，充分考虑生产和消费同步淘汰的原则。

《公约》和《议定书》秘书处为表彰中国在履约进程中做出的贡献及保护臭氧层所取得的显著成就，授予中国环境保护部 "保护臭氧层政策和实施领导奖"。赵英民代表环境保护部领奖后表示，获得这个奖项是国际社会对中国推动生态文明建设和保护全球环境作出突出贡献的高度肯定，今后我们将按照习近平总书记十九大报告中提出的相关要求，在推进中国生态文明建设、实现绿色发展、改善生态环境质量的同时，为保护全球生态环境安全贡献中国智慧和中国方案。

会间，赵英民分别会见了联合国副秘书长兼联合国环境署执行主任索尔海

姆、公约秘书处执行秘书玻比利以及加拿大环境部长麦肯纳，就会议议题和深化双边合作交换了意见。

蒙特利尔议定书被国际社会公认为最成功的多边环境条约。30 年来，在各缔约方的不懈努力下，全球淘汰了超过 99% 的消耗臭氧层物质生产和使用，臭氧层耗损得到有效遏制，并实现了巨大的环境、健康和气候效益。蒙特利尔议定书在保护臭氧层的同时，也为其他全球性环境问题的解决树立了榜样。中国累计淘汰消耗臭氧层物质占发展中国家淘汰总量的一半以上，提前超额完成了第一阶段履约任务。

环保部联合黑龙江省政府约谈黑龙江省农委和哈尔滨等 4 市政府主要负责人

2017 年 11 月 28 日，环境保护部联合黑龙江省政府对黑龙江省农业委员会和哈尔滨、佳木斯、双鸭山、鹤岗 4 市政府主要负责同志进行约谈，督促落实秋冬季大气污染防治工作措施。

约谈指出，党中央、国务院高度重视大气污染防治工作，要求坚决打赢蓝天保卫战。9 月 28 日，环境保护部专门召开会议，传达中央领导同志指示精神，要求黑龙江省等有关地区切实加大力度，压实责任，全力做好空气质量保障工作。黑龙江省农委和哈尔滨等地市虽然做了部署，开展了一些工作，但措施没有落到实处。10 月 18—20 日，哈尔滨等 4 市持续出现重度及以上污染天气，AQI 长时间"爆表"，严重影响群众生产生活，造成不良社会影响。环境保护部组织的保障督查和专项督察还发现：

秸秆大面积焚烧污染严重。据黑龙江省农委统计数据，全省 2016 年秸秆综合利用率 60.4%，其中双鸭山、鹤岗两市分别为 46.9% 和 44.6%，但抽查发现，两市数据虚报水分分别达到 90% 和 70%，秸秆综合利用工作推进不力。佳木斯下辖富锦、同江两市 2016 年上报秸秆综合利用率分别为 59.8% 和 57.5%，但经调查，实际利用率仅分别为 12% 和 10.6%。哈尔滨五常市农业局测算秸秆实际综合利用率为 36%，与上报的 65% 相差甚远。省农委对秸秆综合利用工作抓得不紧，全省明确 2017 年秸秆综合利用率达到 65%，但全省 2017 年秸秆综合利

用工作方案直到 8 月 14 日才印发，对地市工作督促不力、考核缺失，对上报数据不审核、不把关，导致秸秆综合利用工作严重滞后。

黑龙江省规定 10 月 11 日—11 月 5 日实施全域秸秆禁烧，但省农委监督工作流于形式，哈尔滨、佳木斯、双鸭山、鹤岗 4 市禁烧责任没有压实，对焚烧秸秆行为基本采取放任态度。10 月 18—25 日，据测绘部门数据显示，哈尔滨等 4 市耕地范围内火点及热敏感点总数分别为 843 个、2 190 个、1 205 个、471 个；据环境保护部卫星遥感数据显示，上述 4 市秸秆焚烧火点数较上年同期分别增长 5.1 倍、0.87 倍、20 倍、3.3 倍。环境保护部现场督察时，频频发现大面积秸秆焚烧火点，火势猛烈，浓烟滚滚，污染严重，这是导致重污染天气形成的重要原因。

重污染天气应对流于形式。10 月 18—20 日，哈尔滨等 4 市虽启动了重污染天气红色应急响应，但应急减排措施落实不到位。哈尔滨市 10 月 16 日预测到 10 月 18—19 日全市气象条件不利于污染物扩散，但未引起重视，直至 18 日 20 时 50 分即将"爆表"的情况下，才临时启动一级红色预警，贻误应急减排时机，且给人民群众带来不便。佳木斯市应急办在预警启动后，未按要求立即通知各成员单位启动应急措施，后虽由市环保局代为通知，但已致使减排工作严重滞后。

重污染天气应急预案普遍不严不实。鹤岗、双鸭山两市应急限产企业名单仅有 8 家和 21 家企业；佳木斯、鹤岗、双鸭山 3 市应急减排项目清单内容不全，仅是笼统规定每级预警响应对应的整体减排比例，未将减排措施细化到具体企业，缺乏可操作性。哈尔滨市应急预案于 2017 年 10 月印发，相关减排措施不具体，虽然拟定了减排企业清单，但多数企业减排措施不实，实际难以操作。

现场抽查还发现，在红色预警响应情况下，哈尔滨市龙唐电力群力供热、威立雅哈尔滨热电等企业用煤量较平时明显增加，限产减排措施没有落实；岁宝热电、华电热电、熙和物业、嘉力供热、巴彦裕宝热力、鑫玛热电木兰公司、宇王植物蛋白、金山热力、哈尔滨投资股份有限公司热电、麦肯食品哈尔滨公司等企业未落实应急减排措施。双鸭山市建龙钢铁、鹤岗市征楠煤化工没有落实限产减排措施，制作虚假台账应付检查；中海石油华鹤煤化有限公司建有3台170蒸吨燃煤锅炉，未按要求执行限产减排措施。

企业违法排污问题突出。督察发现，双鸭山市99台6蒸吨及以上电力和供热锅炉，有31台无任何环保设施，有43台无脱硫脱硝设施，烟气直排问题突出。龙跃供热公司2台160蒸吨燃煤锅炉未建脱硝设施，烟尘排放浓度超标。新天地物业、四方佳欣供热、东荣物业、新安矿、双达供热、集贤县瑞晟供热、同方节能友谊热力等企业19台20蒸吨及以上燃煤锅炉均无脱硫脱硝设施，烟气未经处理直排。

鹤岗市热力公司第一热源厂3台35蒸吨和一台130蒸吨燃煤锅炉仅有简易除尘设施，未建脱硫脱硝设施，烟气超标排放；第二热源厂建有5台35蒸吨、2台75蒸吨和2台130蒸吨燃煤锅炉，脱硫脱硝设施直至现场检查时才临时开启，烟气未经处理直排。经纬生物质发电公司建有2台35蒸吨锅炉，烟尘排放浓度超标。鹤翔新能源有限公司烟尘排放浓度超标，地面除尘设施运行不正常，出焦时烟尘无组织排放严重。

环境保护部在哈尔滨市现场督察期间，发现百余家企业存在环境问题，特别是华能集中供热、岁宝热电、国电哈尔滨热电、哈尔滨天宝热力、华电哈尔滨发电、哈尔滨第三发电等企业相关环保设施或未建成，或运行不正常，违法排污问题明显。

约谈要求，黑龙江省农委和哈尔滨、佳木斯、鹤岗、双鸭山4市政府应进一步提高认识，压实责任，强化措施，加大秸秆综合利用力度，深化秋冬季大气污染治理，强化环境执法监管，切实推进问题整改。要分别制订整改方案，

并在 20 个工作日内报送环境保护部和黑龙江省政府。

约谈会上，黑龙江省农委和 4 市政府主要负责同志均做了表态发言，表示将诚恳接受约谈、正视问题、举一反三、全面整改，确保秋冬季大气污染防治工作落到实处。

环境保护部有关司局负责同志，东北督察局负责同志，黑龙江省政府及有关部门负责同志参加了约谈。

发布时间
2017.11.29

环境保护部召开 2017 年全国环保设施和城市污水垃圾处理设施向公众开放工作座谈会暨现场会

环境保护部 11 月 28 日在大连市召开 2017 年全国环保设施和城市污水垃圾处理设施向公众开放工作座谈会暨现场会。主要目的是深入学习贯彻党的十九大精神，进一步统一思想、坚定信心，总结交流经验措施，扎实推进环保设施向公众开放各项工作。

会议指出，环保设施向公众开放是构建和完善环境治理体系的务实举措，能够有效保障群众的环境知情权、参与权和监督权，进一步激发群众参与环境治理的积极性和主动性，使老百姓成为监督企业污染排放的主体，也是促进环保企业持续健康发展的有效途径。

会议认为，今年 5 月，环境保护部与住建部联合印发了《关于推进环保设施和城市污水垃圾处理设施向公众开放的指导意见》，各地据此进行了积极探索，开放活动日趋深入、开放工作日趋常态、开放形式不断优化、专业水平有所提升，整体局面向好发展。但总体上看，环保设施向公众开放还是一项全新的任务，离实现制度化、规范化、常态化还有一定距离。

会议强调，扎实推进环保设施向公众开放各项任务，各级环保部门要明确工作目标，完善工作机制，发挥好牵头作用，对标 2017 年底和 2020 年两个时间节点，完成开放任务。各开放单位要抓紧完成准备工作，认识公众开放这项利企利民的好事，要立足实际情况，坚定开放决心。环境保护部将建立调度机制，

定期调度各地工作进展，确保各地如期做好开放工作。此外，要加强社会宣传，让更多人知道、参与这件事，凝聚广泛的社会力量。

座谈会上，大连市环保局介绍了环保设施公众开放主要做法，各省（区、市）环保厅（局）有关负责同志和四类开放设施单位代表进行了交流发言。与会代表还到大连光大水务寺儿沟污水处理厂、大连市环境监测中心、大连市泰达垃圾焚烧发电厂、夏家河污泥处理厂参观学习了环境设施公众开放工作经验。

短视频

环保设施向公众开放，原来这么有料

微博： 本月发稿311条，阅读量1170万＋；

微信： 本月发稿229条，阅读量147万＋。

本月盘点

回眸

2017 年 12 月

■ 启动冬季供暖"专项督查"保障群众
温暖过冬

■ 全国 338 个地级及以上城市环保部门
"双微"全部开通

■ 长江经济带饮用水水源地环保执法收官

发布时间
2017.12.6

环境保护部部长率中国政府代表团出席
第三届联合国环境大会高级别会议

12 月 5 日,第三届联合国环境大会高级别会议在肯尼亚首都内罗毕联合国环境署总部开幕。经国务院批准,环境保护部部长李干杰率领由环境保护部、外交部、国家林业局和中国常驻联合国环境署代表处人员组成的中国政府代表团与会。来自 170 多个国家和国际组织、非政府组织的 4 000 多名代表出席会议。肯尼亚总统肯雅塔出席开幕式并致辞。联合国环境署执行主任索尔海姆作了"迈向无污染的星球"政策发言。

李干杰在大会上作了题为"携手迈向无污染星球,努力建设清洁美丽的世界"发言。李干杰指出,中国生态环境保护进程总体上与世界是同步的、成效是显著的。过去五年,中国出台了实施大气、水、土壤污染防治行动计划。2016 年京津冀、长三角、珠三角 $PM_{2.5}$ 平均浓度比 2013 年均下降 30% 以上。

2016 年单位 GDP 能耗比 2011 年累计下降 21%,单位 GDP 二氧化碳排放累计下降 27%。酸雨占国土面积比例由 30% 左右的历史高点下降到 7.2%。我们在努力解决自身环境问题的同时,还积极参与国际环境合作。

在蒙特利尔议定书框架下，中国累计淘汰消耗臭氧层物质占发展中国家淘汰量的一半以上。

李干杰指出，习近平总书记在今年 10 月举行的中国共产党第十九次全国代表大会上，为我们擘画了一幅激动人心的生态环境保护蓝图：到 2020 年，坚决打好污染防治攻坚战；到 2035 年，生态环境根本好转，美丽中国基本实现；到本世纪中叶，生态文明全面提升，建成美丽中国。我们要建设人与自然和谐共生的现代化，提供更多优质生态产品满足人民日益增长的优美生态环境需要。我们要推进绿色发展，着力解决突出环境问题，加大生态系统保护力度，改革生态环境监管体制。我们要推动构建人类命运共同体，构筑尊崇自然、绿色发展的生态体系，建设清洁美丽的世界。

李干杰表示，作为一个负责任的国家和国际社会的重要成员，我们将践行新发展理念，实行最严格的生态环境保护制度，依法打击洋垃圾进口，实现人与自然和谐共生、保护与发展协同共进；我们坚持环境友好，推进绿色"一带一路"建设，继续加强南南环境合作，实现 2030 年可持续发展目标；我们支持索尔海姆执行主任领导下的联合国环境署改革，提高行政效率和执行力，在全球环境治理体系中发挥更大作用。

作为全球最高环境决策机构，本届大会以"迈向无污染的星球"为主题，会议通过一系列决议，号召各国采取共同行动应对当今世界所面临的环境污染挑战。

会议期间，李干杰出席了欧盟环境委员会主办的循环经济边会开幕式，并作了题为"坚持新发展理念 推动实现绿色低碳循环发展"的致辞。李干杰还会见了韩国、阿根廷、蒙古等国代表团团长、欧盟环境委员以及巴塞尔公约执行秘书等，就深化双边环境合作交换了意见。

天津等7省（市）公开
中央环境保护督察整改方案

发布时间
2017.12.18

经党中央、国务院批准，中央环境保护督察组于 2017 年 4—5 月组织对天津、山西、辽宁、安徽、福建、湖南、贵州 7 省（市）开展环境保护督察，并于 2017 年 8 月完成督察反馈。反馈后，7 省（市）党委、政府高度重视督察整改工作，认真研究制定整改方案。目前整改方案已经党中央、国务院审核同意。为回应社会关切，便于社会监督，压实整改责任，根据《环境保护督察方案（试行）》要求，经国家环境保护督察办公室协调，7 省（市）统一对外全面公开督察整改方案。

7 省（市）督察整改方案均对中央环境保护督察组反馈意见进行了详细梳理，共计确定 531 项整改任务，其中天津市 49 项、山西省 60 项、辽宁省 58 项、安徽省 144 项、福建省 72 项、湖南省 76 项、贵州省 72 项。整改措施主要包括深入学习贯彻党的十九大关于生态文明建设和生态环境保护的新理念、新要求、新目标和新部署；深入推进产业升级和能源结构调整；打好大气、水、土壤环境治理攻坚战，解决突出环境问题；积极推进生态环保体制机制改革等内容。保障措施主要包括加强组织领导、强化督办落实、加大整改宣传、严肃责任追究等内容。整改方案还进一步细化明确责任单位、责任人、整改目标、整改措施和整改时限，实行拉条挂账、督办落实、办结销号，基本做到了可检查、可考核、可问责。

　　督察整改是发挥环境保护督察效果的重要环节，也是深入推进生态环境保护工作的关键举措。下一步，国家环境保护督察办公室将开展清单化调度，紧盯地方督察整改工作情况，及时督办，加强通报，对移交的生态环境损害责任追究问题调查问责结果进行审核，并适时组织公开。同时持续督促地方利用"一台一报一网"（"一台"即省级电视台，"一报"即省级党报，"一网"即省级人民政府网站）作为载体，加强督察整改工作宣传报道和信息公开，对督察整改不力的地方和突出环境问题，将组织机动式、点穴式督察，始终保持督察压力，确保督察整改取得实实在在的效果。

环境保护部开展 2017 年
宣教任务完成情况调研督导

发布时间 2017.12.21

为宣传贯彻党的十九大精神，落实《环境保护部党组关于学习宣传贯彻党的十九大精神"五大活动"方案》要求，了解各地环境宣传教育工作进展情况，进一步整合环境宣教资源，环境保护部日前组成 7 个督导组，赴内蒙古自治区、吉林省、黑龙江省等 14 个省（区、市）开展 2017 年环保系统宣教任务完成情况调研督导。

此次调研的重点包括环境信息发布工作落实情况；环保设施和城市垃圾处理设施向公众开放情况；对环保社会组织引导发展和规范管理情况；加强社会宣传教育工作落实情况等，对部分地方在开展环境宣传教育工作中存在的问题进行督导，同时听取地方对做好 2018 年环境宣传教育工作意见建议。

调研的方式包括召开座谈会；查阅例行新闻发布、环保新媒体建设、环保设施公众开放、环保社会组织引导、社会宣传教育等相关资料；实地查看环保设施公众开放情况等。

环境保护部有关负责同志表示，环境宣传教育工作是生态文明建设和环境保护的重要组成部分。十九大报告明确提出"要牢固树立社会主义生态文明观""构建政府为主导、企业为主体、社会组织和公众共同参与的环境治理体系"，对环境宣传教育工作提出了更高要求。新修订的《环境保护法》明确要求，开展环境宣传教育是各级人民政府一项重要的法定职责。环境宣传教育工作要坚

持围绕中心、服务大局，大力改善宣传工作方式，切实转变工作作风，积极促进全社会牢固树立绿色社会主义生态文明观，引导公众自觉践行绿色生活方式，为推进生态文明建设和环境保护工作营造良好的社会氛围。

环境保护部部长赴河北省承德市开展
定点扶贫调研慰问和督促检查

发布时间
2017.12.24

环境保护部党组书记、部长李干杰 12 月 22—23 日赴河北省承德市围场、隆化两县开展定点扶贫调研慰问和督促检查。调研期间，李干杰参观塞罕坝机械林场展览馆，走访慰问贫困户，查看扶贫项目，并召开定点扶贫工作座谈会。他强调，要深入学习宣传贯彻党的十九大精神，弘扬塞罕坝精神，坚持"绿水青山就是金山银山"，努力实现脱贫攻坚和生态环境保护共赢。

在塞罕坝机械林场展览馆，李干杰观看了林场建设纪录片，参观馆内一张张老照片，学习牢记使命、艰苦创业、绿色发展的塞罕坝精神。李干杰说，三代塞罕坝人用实际行动诠释了"绿水青山就是金山银山"的理念，他们的奋斗历程充分证明，只要以坚定的恒心和毅力推进生态保护和修复，驰而不息，久久为功，就一定能够实现生态环境根本好转。要坚决贯彻落实习近平总书记对塞罕坝林场建设者感人事迹的重要指示精神，总结推广塞罕坝林场建设的成功经验，坚持绿色发展理念，推动形成人与自然和谐发展现代化建设新格局，建设美丽中国。

随后，李干杰来到承德市围场、隆化两县。两县共有深度贫困村 45 个。环境保护部积极支持两县脱贫攻坚工作，2016 年共有 3.94 万贫困人口脱贫出列。2017 年，环境保护部创新扶贫工作机制，42 个机关司局和部属单位组成 13 个扶贫工作小组，与两县 87 个贫困村结对帮扶，将 45 个深度贫困村全部纳入结对帮扶范围，全面实施特色产业脱贫、生态保护脱贫等 6 项帮扶措施。

岁末年尾，精准扶贫效果如何？群众还有哪些困难？下一步工作要如何开展？李干杰在围场县哈里哈乡哈里哈村和隆化县韩麻营镇海岱沟村走村入户，既是精准扶贫"回头看"，也是问需、问计于民。贫困户王桂荣今年 78 岁，老伴已去世 14 年，无儿无女。李干杰坐在炕上，翻看着老人的贫困证明，关切询问老人平时是否有人照料？每个月的补助有没有按时发放？在贫困户杨虎林家，得知两个孩子还在上学，李干杰主动与孩子交流，鼓励他们好好读书，用知识改变家庭困境。贫困户谭国柱下肢瘫痪，妻子患有腰疼病，李干杰询问他们平时就医吃药的报销情况，并嘱咐村干部关注因病致贫的村民，及时给予帮助。李干杰还到贫困户李富国家，询问家庭情况，李富国激动地对党和政府的关怀表示感谢。

李干杰还先后到围场县哈里哈乡新瑞农业有限公司、隆化县冀康商贸有限公司调研扶贫项目。隆化县肉牛养殖目前已带动全县 150 个贫困村 14 000 名贫困人口实现精准脱贫，预计到 2020 年带动脱贫人口将达 19 867 名，走出了一条"牛—沼—菜""秸—牛—肥—菜"等循环发展路子。冀康商贸有限公司是当地三家肉牛深加工企业中的一家，听到企业采取"公司 + 合作社 + 农户 + 分红"的运营模式进行产业扶贫，让困难群众参与企业发展，李干杰关切询问："农民能赚多少钱？""企业雇佣了多少贫困群众？"得知企业可以直接或间接解决当地 2 700 人就业，李干杰对企业积极履行社会责任的行为表示赞赏。

在座谈会上，李干杰听取承德市和围场、隆化两县以及七家镇、唐三营镇、

韩家店乡、山湾乡、海岱沟村脱贫攻坚工作汇报，对进一步推动精准帮扶、支持两县打好精准脱贫攻坚战提出要求。

李干杰说，从现在到 2020 年是全面建成小康社会决胜期，党的十九大明确提出要打好三大攻坚战，其中就包括精准脱贫、污染防治，并且特别强调要坚持人与自然和谐共生，走生产发展、生活富裕、生态良好的文明发展道路，为统筹推进生态环境保护与脱贫攻坚，走出发展经济、消除贫困、改善环境的路子指明了方向。要以习近平新时代中国特色社会主义思想为指导，树立和践行"绿水青山就是金山银山"的理念，支持贫困地区打好两大攻坚战，走绿色发展之路。

李干杰指出，围场、隆化两县脱贫攻坚取得积极进展，全面开展精准识别"回头看"，实施精准派驻和精准帮扶，一村一策，一户一策，贫困村、贫困户全覆盖，为打好精准脱贫攻坚战奠定了基础。但两县脱贫攻坚仍然任务重、难度大。下一步，环境保护部将进一步加大支持力度。

一是支持生态保护脱贫。加大生态保护补偿力度，推进滦河流域试点，推动建立潮河流域补偿机制。支持两县开展农村环境综合整治，加大水污染防治支持力度，指导承德市及两县加强环境治理项目储备。

二是支持特色产业脱贫。充分挖掘两县资源优势，在生态有机种养、生态旅游等方面给予人才、政策、资金、项目、信息等帮扶，帮助驻村工作队实施脱贫计划与项目。

三是支持解决生产生活中突出问题。13 个扶贫工作小组原则上每年为每村办 1 件实事，力所能及帮助解决危房、饮水、出行等问题。

四是支持两县创建国家级生态文明建设示范区。委派有关技术支持单位帮助完成规划编制，对指标、任务、路线等进行精心设计。

五是支持提高脱贫攻坚管理能力。组织开展对两县扶贫干部的培训，促进转变思想认识，提高业务能力。

六是支持承德市及两县抓好整体规划。进一步找准问题，明确方向，提出重点任务、重点工程、重大政策，稳步推进实施。

李干杰最后强调，习近平总书记 2017 年 10 月对扶贫领域腐败和作风问题专项治理做出重要指示，环境保护部各司局各部属单位、承德市及两县要高度重视，把作风建设摆在突出位置，严格管理，用作风建设的成果促进各项扶贫举措的落实和成效的巩固。同时，在脱贫攻坚和环境保护工作中，要突出重点，瞄准贫困户、贫困村、扶贫项目和生态环境保护重大工程等，整合资源，一步一个脚印，一件事接一件事办，务求取得实效。

河北省副省长李谦陪同调研。环境保护部有关司局、河北省环保厅、承德市委市政府负责同志参加调研慰问和督促检查。

发布时间
2017.12.24

环境保护部组织开展京津冀及周边 "2+26" 城市冬季供暖保障工作专项督查

编者按

2017 年冬是京津冀区域建立 "国家级禁煤区" 的第一个冬天，但进入采暖季后，陆续有媒体报道在京津冀区域的一些村庄和社区，出现了天然气气量不够、来气不稳等情况，影响居民做饭和取暖，让群众受冻，有人因此质疑 "煤改气" 政策。

在接到相关反馈后，环境保护部第一时间向京津冀及周边地区 "2+26" 城市下发《关于请做好散煤综合治理 确保群众温暖过冬工作的函》特急文件，明确提出坚持以 "保障群众温暖过冬" 为第一原则。

12 月 15—20 日，为进一步掌握京津冀地区居民的采暖情况，了解并解决居民采暖中遇到的实际困难，环境保护部抽调部机关各司局和在京直属单位 2 367 人组成 839 个组，对京津冀区域冬季采暖情况进行大走访、大督查。

这次督查中，环境保护部部长李干杰，两位副部长翟青、赵英民均带队参加，6 天里检查了京津冀及周边 "2+26" 个城市的 385 个县（市、区），2 590 个乡（镇、街道），25 220 个村庄（社区），553.7 万户。

对于督查中发现的未有效解决群众供暖的个别村庄（社区），督查组现场驻点督促落实，问题不解决不撤离。至 12 月 20 日夜间，居民供暖基本得到保障。"煤改气引发气荒" 的舆情逐渐趋于平稳。

针对近期出现部分地区供暖不足、天然气供应短缺等问题，环境保护部抽调部机关各司局和在京直属单位2 000多人组成839个组，在各有关地方政府和各部门大力支持配合下，于12月15—20日赴京津冀及周边"2+26"城市，广泛深入开展大走访、大慰问、大调研和大督查活动。李干杰部长、翟青副部长、赵英民副部长，分别带队赴天津、保定、廊坊、邢台、邯郸、德州、聊城、安阳等重点地区进行调研督导。

环境保护部有关负责同志向记者介绍说，此次专项督查主要目的和任务是确保群众温暖过冬，根据各地报送的信息并结合日常掌握的情况，对京津冀及周边"2+26"城市的"煤改气""煤改电"（以下称"双替代"）改造工作，逐村入户进行拉网式全覆盖检查，发现供暖尚未保障的问题，由督查组当即派人现场驻点督促当地政府限期整改解决，切实保障居民温暖过冬。

据记者了解，839个组6天内共检查了京津冀及周边"2+26"城市的385个县（市、区），2 590个乡（镇、街道），25 220个村庄（社区），涉及553.7万户。其中，已完成"双替代"改造任务的村庄（社区）21 516个，涉及474.3万户。这当中有80万户是2016年改造完成的，其余394.3万户是2017年改造完成的。其中，列入2017年度计划的有314.8万户，各地计划外主动多改造的有79.5万户。此外据调度，山东、山西、河南、河北四省"2+26"城市以外的其他30个城市，还开展了"双替代"改造150万户左右。

现场检查发现，在已完成"双替代"改造任务的村庄（社区）中，共有1 208个村庄（社区），42.6万户，自进入采暖季以来曾经出现气源不足等问

图解

"气荒"六问

题（约占 5.6%），其中 993 个村庄（社区）、33 万户，在督查前各地通过协调增加气源、采取燃煤取暖或使用电热器等临时性措施，已保障了群众供暖。剩余 215 个村庄（社区）、9.6 万户，经督查组现场驻点督促落实，能增加气源并稳定充足供应的，采取燃气采暖；暂不能保障气源的，则通过采取燃煤或使用电热器等临时性措施保障供暖。截至 12 月 20 日夜间，居民供暖全部得到保障。

环境保护部有关负责同志说，尚未完成改造任务的村庄（社区）共有 3 704 个。其中，在采暖季开始后，一直继续沿用燃煤采暖的 3 288 个；无法沿用燃煤取暖、但在督查前各地已通过采用电热器等临时性措施保障采暖的 413 个。督查中发现，仍有 3 个村庄（社区）供暖改造设施未完成，且未采取临时性采暖保障措施。具体情况是，山西省高平市寺庄镇回沟村共有居民 102 户，煤改气工程未完成，且燃煤炉已拆除。督查组当即留守驻点督促落实，当地加快工程进度，已于 12 月 20 日打压调试，23 日上午点火供暖。山东省济南市商河县水景御苑小区共有居民 238 户，煤改电工程的地源热泵换热站尚未建成，经督查组驻点督促，22 日已注水试压，24 日开始实现正常供暖。河南省辉县市华艺郡府小区约有居民 1 570 户，集中供热改造项目尚未完成施工，督查组驻点督促地方政府加快施工进度，预计 10 天内可全部完成供热管网施工调试工作。目前，采取空调或电热器等临时性措施保障居民取暖。

图解

数说"气荒"真相

这位负责同志表示，在京津冀及周边"2+26"城市"双替代"改造工作中，只要发现有供暖没有得到保障情况，环境保护部都要求督查组驻点蹲守，督促当地政府会同有关部门迅即解决。第一位的任务，就是要先行给居民提供电暖气等临时取暖设备，

坚决不让一户居民挨冻。同时，要加快施工进度，尽快实现正常供暖。驻点蹲守实行"挂账销号"，问题不解决不撤离。后续如发现新问题，一律照此办理。此外，对媒体反映的不属于居民供暖问题，如机动车加气站气源不足等，也已建议当地政府会同相关部门协调解决。

从督查情况来看，"2+26"城市"双替代"改造后，目前居民温暖过冬基本得到保障。老百姓普遍反映，不用半夜起来加煤了，屋子暖和了，也干净了，生活质量提高了。地方各级政府一致认为这是一项重大民生工程，实现了环境效益、经济效益和社会效益的有机统一，纷纷表示继续支持推进"双替代"改造工作。

短视频

暖气和好空气，一个也不能少

发布时间
2017.12.25

环境保护部通报南通市中央环保督察
整改不到位问题查处情况

　　根据群众举报，环境保护部组成督察组于 2017 年 8 月 8—12 日对江苏省南通市及通州区中央环保督察整改不到位问题进行专项督察。经查，群众反映情况基本属实。

　　2016 年 8 月 15 日，中央环保督察组进驻江苏省期间，向地方交办"通州区东盛印染公司在河里用暗管偷排污水"的信访举报。收到交办件后，南通市及通州区立即组织调查，并于 2016 年 8 月 16 日晚发现东盛印染公司沿通吕运河埋设两根暗管。当年 8 月 23 日，南通市在政府网站公开办理情况，即"群众反映暗管偷排情况基本属实，将进一步调查，如涉嫌环境犯罪将移送公安依法查处"。但此后，南通市及通州区没有采取有力措施，在已发现企业暗管且管内余水氨氮浓度超标的情况下，没有跟进暗管挖掘工作；在环保部门后续执法频频遭受阻挠、企业拒不配合，甚至威胁恐吓执法人员的情况下，未采取有效措施，以至该问题长期没有解决。

　　督察组现场督察还发现：东盛印染公司另有一根暗管且管内高浓度废水正在外溢，违规规避在线监测，利用帆布水管偷排未经处理的高浓度废水和氧化池污泥，在污水处理站设置报警电铃以应对检查等情况。同时，东盛印染公司周边区域还有丰杰印染、恒达印染、万达染整等企业，均存在严重环境违法问题。

　　2013 年 1 月—2017 年 8 月，市区两级环保部门共收到反映该区域环境污染问题的举报总计 536 件，且呈逐年增加态势，但当地党委、政府未引起高度重视，群众环境举报问题一直没有解决。

为严格环境法纪，压实环保责任，强化中央环保督察整改的严肃性，2017年 9 月 5 日，环境保护部将督察情况和责任追究问题案卷移交江苏省。江苏省高度重视，省委、省政府主要领导均作出明确批示，要求依法依规严肃查处；省纪委会同省委组织部、省环境保护厅立即开展调查；南通市及通州区迅速整改，全面拆除违法违规企业。根据有关规定和查明事实，江苏省决定对 7 名责任人进行严肃问责，并责成南通市政府向省政府作出深刻检讨，责成通州区委、区政府向省委、省政府和南通市委、市政府作出深刻检讨。

（1）南通市政府是中央环保督察交办问题整改落实的第一责任主体。作为具体协调落实督察整改工作的市政府副秘书长倪永平，跟踪督办不力，对督察整改结果核实把关不严，严重失察，对督察整改不到位问题负有领导责任，给予其行政记过处分。

（2）通州区委、区政府对督察整改不到位问题负有主要领导责任，分别给予宿迁市委副书记宋乐伟（时任南通市委常委、通州区委书记）、通州区委书记陈永红（时任通州区长）党内警告处分，给予通州区委副书记虞越嵩（时任通州区常务副区长）党内严重警告处分。

（3）通州区公安机关对打击东盛印染公司暗管偷排行为行政执法与刑事司法联动不力，对依法查处阻碍环保部门执行职务、妨害公务、暴力抗法等违法犯罪行为履职不力，对督察整改不到位问题负有领导责任，给予通州区公安局副局长王志清行政记大过处分。

（4）通州区水利局对通吕运河入河排污口规范化整治推进不力，河道巡查流于形式，对东盛印染公司偷排暗管失察，对督察整改不到位问题负有领导责任，给予通州区水利局局长丁华行政记过处分。

（5）通州区环境保护局对东盛印染公司暗管偷排督察整改不到位问题负有监管责任，给予通州区环境保护局副局长蒋军（当时主持工作）行政记大过处分。

中央环保督察是推进生态文明建设和环境保护的重要制度安排。南通市中央环保督察整改不到位问题教训十分深刻，必须从讲政治的高度推进中央环保督察整改，以钉钉子的精神抓实抓细抓紧，确保整改到位、查处到位，以看得见的成效兑现承诺，取信于民。对于在整改中得过且过、虚假应对，甚至欺上瞒下的，环境保护部将发现一起、查处一起，决不姑息。

全国 338 个地级及以上城市环保部门
"双微"全部开通

　　12 月 26 日 18 时，随着"环保拉萨"及"西藏阿里地区环境保护局"腾讯微信公众号相继认证通过，全国 338 个地级及以上城市环保部门新浪微博、腾讯微信公众号全部开通，全国环保系统新媒体矩阵初步建立。

　　环境保护部相关负责人表示，环境保护工作离不开公众的关注和参与，随着当前传播格局的变化，新媒体平台逐渐成为信息发布的重要渠道和"听民声""汇民意""集民智"的重要场所。在新形势下，环保宣教工作要与时俱进，适应传播格局的新变化，多渠道满足公众对环境信息的需求和期待，保障公众的知情权，推动更多的人关注参与环境保护工作。

　　环境保护部高度重视新媒体平台建设工作。2016 年 11 月 22 日，环境保护部官方微博、微信公众号"环保部发布"正式开通；2017 年 6 月底，全国 31 个省（区、市）和 15 个副省级城市环保厅（局）"双微"开通；2017 年 12 月 26 日，全国 338 个地级及以上城市环保部门"双微"全部开通。至此，覆盖国家、省、市三级的全国环保系统新媒体矩阵初步建立。

　　"这是重要的一步，但只是第一步。"环境保护部相关负责人表示，今后，新媒体将成为各地环境信息发布的重要平台之一，各地要通过"双微"以及不断创新的新媒体渠道及时发布权威信息，解读有关政策，传播环保知识，解疑释惑，满足公众的环境知情权；同时，要在新媒体的"鲜活、生动、贴近百姓"

上下功夫，注重与公众进行线上线下的互动，大力弘扬生态文化，鼓励公众参与环境治理，自觉践行绿色生活方式，共建"美丽中国"。

环境保护部、住房城乡建设部公布 第一批全国环保设施和城市污水 垃圾处理设施公众开放名单

环境保护部、住房城乡建设部今日联合公布第一批全国环保设施和城市污水垃圾处理设施向公众开放名单，并印发环境监测设施等四类设施公众开放工作指南。

环境保护部、住房城乡建设部有关负责人表示，十九大报告提出"构建政府为主导、企业为主体、社会组织和公众共同参与的环境治理体系精神"，把公众参与环境保护放在更加重要的位置。环保设施和城市污水垃圾处理设施是重要的民生工程，对改善环境质量具有基础性作用。环保设施和城市污水垃圾处理设施向公众开放一方面将增强公众对环境治理工作的认识和了解，提高公众的环境保护意识；另一方面也将满足公众的知情权、监督权、参与权，让污染治理设施在群众监督之下运行，加快建设现代环境治理体系，推动形成崇尚生态文明、共建美丽中国的良好风尚。

名单共包括全国31个省（区、市）的环境监测设施、城市污水处理设施、城市垃圾处理设施及危险废物和废弃电器电子产品处理设施4类共124家，同时公布了设施单位的联系人和联系电话，公众可以通过电话联系，预约参观。

同时，为指导并规范四类设施单位做好开放工作，印发环境监测设施、城市污水处理设施、城市垃圾处理设施、危险废物和废弃电器电子产品处理设施

向公众开放工作指南（试行），规定了开放的具体种类、内容、形式等。要求开放企业制定开放计划，做好人员组织和培训、安全防护措施和宣传动员工作，在网站、媒体等信息平台上公布活动时间、内容、地点、参观路线、参观要求和报名方式等内容。要虚心接受公众的意见，不断改进与提高，持续有效地开展开放活动。

今年5月，环境保护部、住房城乡建设部联合印发《关于推进环保设施和城市污水垃圾处理设施向公众开放的指导意见》，要求2017年底前，各省级环境监测机构以及省会城市（区）具备开放条件的环境监测设施对公众开放；各省（自治区、直辖市）省会城市选择一座具备条件的城市污水处理设施、一座垃圾处理设施作为定期向公众开放点；有条件的省份选择一座危险废物或废弃电器电子产品处理设施作为定期向公众开放点，各类开放点每两个月应至少组织开展一次公众开放活动。2020年底前，鼓励各省在有条件的地级市选择一座环境监测设施、一座城市污水处理设施、一座垃圾处理设施作为开放点；有条件的省份可新增危险废物或废弃电器电子产品处理设施作为开放点，推动开放工作常态化。

长江经济带地级以上饮用水水源地
环保执法专项行动圆满收官

发布时间
2017.12.30

12 月 30 日 9 时 46 分，湖南省发来报告，株洲市二、三水厂水源地保护区内电厂温排口移出工程完工，新箱涵排口正式投入使用，注定将在我国饮水安全保障日志上留下浓墨重彩的一笔。

随着湖南省株洲市完成清理整治任务，沿江 11 省市 126 个地级市 319 个饮用水水源地排查出的 490 个环境问题，全部完成清理整治。

至此，为贯彻落实习近平总书记关于长江经济带"共抓大保护、不搞大开发"重要指示精神，于 2016 年 5 月启动的长江经济带地级及以上饮用水水源地环保执法专项行动圆满收官。

事实上，专项行动过程中，解决的环境问题远不止 490 个。很多环境问题在各地前期排查过程中，都已陆续得到解决。

> 湖南株洲二、三水厂水源地夜间施工现场

> 新箱涵排口正式投入使用

长期关注和跟踪专项行动进展的人士明白，这一过程着实不易。圆满收官的背后，凝结了多少人的辛劳和汗水，克服了重重困难，冲破了重重阻力。

为了推进490个问题顺利解决，环保部在一年半时间内先后召开11次工作会、现场会、视频会，相关领导亲自写信、亲赴现场，对相关问题扭住不放，持续督导，有效传导了压力。

为了推进490个问题顺利解决，沿江11个省级和地市级党委、政府高度重视，党政"一把手"亲自过问，进一步形成了"政府牵头、部门联动、分工协作、责任清晰"的工作机制，有力保障了清理整治工作的顺利开展。

为了推进490个问题顺利解决，各级环保及其他相关职能部门全力推进违法问题清理整治，按照"一个水源地、一套整治方案、一抓到底"的原则，科学谋划，彻底排查、精准施策，推动整治工作取得积极进展。

回望这一年半的历程，我们越来越清晰地认识到，这项专项行动的意义，远远超出了解决490个环境问题本身，已经并将继续辐射到压实地方党委政府责任、维护法律法规权威、保障群众基本利益等更大范围、更高层次。

通过专项行动，饮用水水源保护法律法规得到坚决贯彻。沿江11省（市）126个地级及以上城市，已全部依法完成饮用水水源保护区划定工作，并在保护区边界设立了地理界标和警示标志，有效落实了地方各级政府应尽的法定职责和义务，环保法律法规的严肃性和权威性也得到了切实维护。

通过专项行动，许多环境问题，尤其是一些存在多年的历史遗留问题得到全面清理。上海、四川、湖北、湖南等地实施取水口拆建整合工程，提升了饮水环境安全保障水平。江苏、浙江、重庆制定完善专项法规或规章，建立常态执法监管机制。安徽、江西、云南、贵州统筹推进违法项目整治工程，彻底解决了影响群众饮水安全的环境问题。

通过专项行动，地方党委、政府及相关部门环保责任进一步压实。工业企业、码头桥梁、农业面源和排污口等难点问题，涉及法律、资金、行政、监管等方方面面，需要各级党委、政府及各相关部门参与支持。专项行动中，各级党委、政府高度重视，负责同志亲自协调推动，调动了各相关部门和社会各界的积极性。

尤其难能可贵的是，在这一过程中，各地探索实施了很多行之有效的做法，不仅直接推动了相关问题的解决，而且为后续在更大范围内开展饮用水水源地环境问题排查整治，积累了经验，奠定了基础。

这体现在，仔细摸排、查清问题的工作作风得以强化。沿江 11 省市环保部门对 319 个水源地进行了全面排查，对发现的 490 个环境违法问题，逐一分类登记在册，建立问题清单，工作非常扎实，效果很好。

这体现在，积极协调、内外联动的工作机制得以强化。11 省市环保部门加强内部协调联动，水环境管理部门和环境监察执法部门紧密配合，上下协同，并与发改、水利、住建、交通、海事、国土、农业等有关部门积极对接，形成工作合力，共同推动工作开展。

这体现在，出谋划策、当好参谋的工作方式得以强化。11 省市环保部门以专项行动为契机，积极向党委、政府汇报有关工作，得到党委、政府的重视和支持，对排查发现的环境问题逐一分析、制定整改方案，并将清理整治任务分解到住建、海事、水务等职能部门，为顺利完成任务提供了有力的保障。

如果用一句话来形容长江经济带地级及以上饮用水水源地环保执法专项行动的成效，或许没有比"解决了许多长期想解决而没有解决的难题，办成了许多过去想办而没有办成的大事"这句话更合适的了。

本月盘点

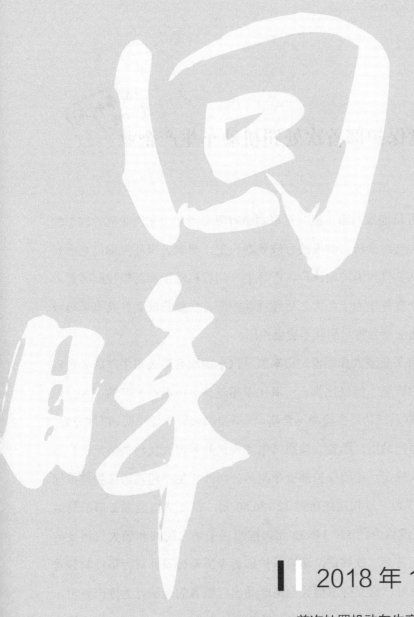

回眸

2018 年 1 月

■ 首次处罚机动车生产企业

■ 公布 31 个省级环保部门新闻发言人名单

环境保护部首次处罚机动车生产企业

发布时间
2018.1.9

　　环境保护部近日通报对山东凯马汽车制造有限公司和山东唐骏欧铃汽车制造有限公司违反大气污染防治制度的行政处罚决定，要求各级环保部门全面贯彻实施新修订的《大气污染防治法》，严惩生产超标机动车和污染控制装置弄虚作假行为。两个案件作为十九大之后环境保护部首次处罚的案件具有示范效应，对同类环境违法行为将起到强烈震慑作用。

　　环境保护部有关负责人介绍说，山东凯马汽车制造有限公司生产的 8 台轻型柴油货车排放的碳氢＋氮氧化物、一氧化碳超过排放标准；生产的 318 台重型柴油货车的 OBD 系统功能性检测不合格，污染控制装置弄虚作假、以次充好，冒充排放检验合格产品出厂销售。按照《中华人民共和国大气污染防治法》第一百零九条第一款规定，环境保护部责令凯马公司改正生产超过污染物排放标准的机动车违法行为，没收违法所得 12 786.80 元，并处货值金额 2 倍的罚款 514 559.52 元，罚没款合计 527 346.32 元。按照《中华人民共和国大气污染防治法》第一百零九条第二款规定，环境保护部责令凯马公司针对污染控制装置弄虚作假、以次充好，冒充排放检验合格产品出厂销售的违法行为停产整治，没收违法所得 718 194.05 元，并处货值金额 2 倍的罚款 30 496 562.52 元，罚没款合计 31 214 756.57 元。以上各项罚没款共计 31 742 102.89 元。

　　山东唐骏欧铃汽车制造有限公司生产的 109 辆轻型柴油货车排放的碳氢＋氮氧化物、一氧化碳排放超过排放标准。按照《中华人民共和国大气污染防治法》

第一百零九条第一款规定，环境保护部责令唐骏欧铃公司改正生产超过污染物排放标准的机动车违法行为，没收违法所得 112 502.48 元，并处货值金额 2 倍的罚款 6 923 815.16 元，罚没款共计 7 036 317.64 元。

环境保护部有关负责人指出，环境保护部对上述两个典型环境违法案件直接实施行政处罚，对两家机动车生产企业开出上千万元的巨额罚单，表明了环境保护部对违法排污的"零容忍"态度。此举为 2018 年在全国开展机动车和油品监督检查打下了坚实基础，是落实党的十九大报告提出坚决打赢蓝天保卫战的重要举措。

环保部通报两起干扰环境监测典型案例

发布时间
2018.1.14

　　中国环境监测总站通过对国控环境空气自动监测站点例行检查时发现，2017年9—10月期间，江西省新余市飞宇、河南省信阳市南湾水厂两个国控站点附近有雾炮车喷雾作业，水雾直接喷淋空气质量监测采样口及周围局部环境，该行为干扰了环境空气质量监测活动正常进行，环境保护部分别致函两省，责成严肃查处。两地经调查核实，视情节轻重已依纪依法分别给予直接责任人和分管责任人辞退、行政记过、行政警告、诫勉谈话、通报批评等行政处分。

　　为了进一步加强警示教育，严禁任何形式的环境监测干扰行为，环境保护部于近日印发了《关于近期部分城市环境空气质量自动监测站点受到喷淋干扰有关情况的通报》（以下简称《通报》），要求各地举一反三，加大查处力度，确保监测设施不受干扰。

　　《通报》指出，上述两起案例的发生，暴露出部分地方尚未构建起预防和惩治环境监测弄虚作假行为的有效机制，尚不能确保环境监测独立运行不受干扰。

　　《通报》要求，各地要引以为戒，夯实责任，确保环境监测数据真实准确。

　　一是加大宣传力度，提高思想认识。各级环保部门要加强对中办、国办《关于深化环境监测改革提高环境监测数据质量的意见》（以下简称《意见》）等重要文件和法律法规的宣传培训，及时曝光查处典型案件，切实提高相关部门和人员思想认识和底线意识，采取有效措施，确保环境监测不受干扰。

　　二是强化沟通协调，建立健全责任体系。各地要认真贯彻落实《意见》，建立健全防范和惩治环境监测数据弄虚作假的责任体系和工作机制。环保部门要加强与城管、市政、建设等相关部门沟通协调，在站点旁设立警示标牌，严禁非运维人员进入站点周边环境；坚决取缔影响、干扰城市空气质量监测正常运行的设备设施；严禁喷淋环境空气质量自动监测站点采样平台。

　　三是加大排查力度，保障监测数据质量。各省（区、市）环境保护厅（局）要举一反三，全面排查，同时根据"12369"环保热线举报等线索，加大查处力度，发现有人为干扰行为的，要依法依规对相关单位和责任人作出处理，坚决杜绝类似问题发生，并将查处结果向社会公开通报。

环境保护部通报 2017 年全国 "12369" 环保举报办理情况

发布时间
2018.1.23

一、2017 年全国共接到环保举报 60 余万件，电话举报超六成，微信举报占二成

2017 年，全国环保举报管理平台共接到环保举报 618 856 件，其中 "12369" 环保举报热线电话 409 548 件，约占 66.2%，微信举报 129 423 件，约占 20.9%，网上举报 79 885 件，约占 12.9%。目前已办结 589 094 件，其余 29 762 件正在办理中。

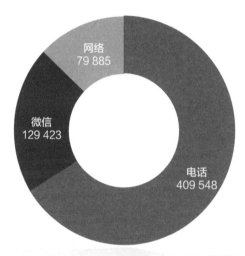

图 1　2017 年全国举报来源情况

（一）东中部省份、直辖市电话举报量较大

2017年，全国共接到电话举报409 548件，其中举报量较大的省（直辖市）有：江苏、重庆、上海、北京、辽宁、海南等，城市有：苏州、无锡、南京、沈阳、淄博、青岛、太原、厦门、深圳等。

图2　2017年各省电话举报量

（二）微信举报同比增长近一倍，广东省使用率居首位

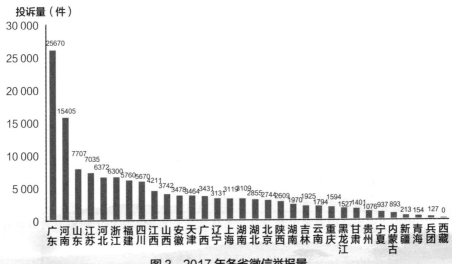

图3　2017年各省微信举报量

2017年，全国共接到微信举报 129 423 件，相比去年增加 63 542 件，同比增长96.4%。从地区来看，公众使用微信举报最频繁的前5个省份分别为广东、河南、山东、江苏和河北，举报数量合计占全国总数的48%。各省微信举报量增幅较大的有河南、安徽、四川，同比分别增长240.1%、210%、209.3%。

表1　2017年微信举报前五的省份举报及同比情况

2017 年			2016 年			同比增长 (%)
排名	省份	举报量 / 件	排名	省份	举报量 / 件	
1	广东	25 670	1	广东	15 390	66.8
2	河南	15 405	2	河南	4 529	240.1
3	山东	7 707	9	山东	3 669	110.1
4	江苏	7 035	10	江苏	3 616	94.6
5	河北	6 372	7	河北	3 294	93.4
合计		62 189		合计	30 498	103.9

（三）山东、广东、河南三省公众使用网上举报最频繁

2017年全国共接到网上举报 79 885 件，其中山东、广东、河南 3 省公众使用网上举报相对频繁，举报数量合计约占全国总数的 31%。

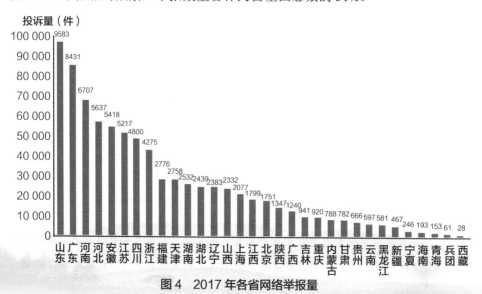

图4　2017年各省网络举报量

二、全国举报特点分析

（一）大气举报占近六成，恶臭／异味及施工噪声成举报主因

从举报污染类型来看，涉及大气污染、噪声污染的举报最多，分别占 56.7%、34.6%，其次为涉及水污染的举报，占 10.7%，举报量相对较少的为固废污染、辐射污染和生态破坏，分别占 2.0%、0.8% 和 0.4%。

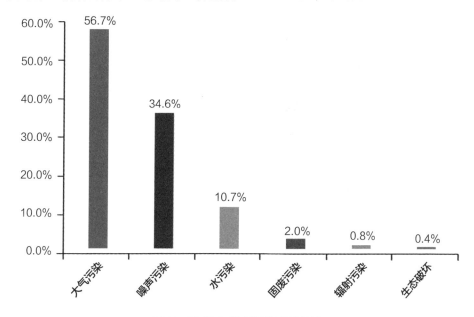

图 5　2017 年举报污染类型占比

大气污染方面，反映恶臭／异味污染最多，占涉气举报的 30.6%，其次为反映烟粉尘及工业废气污染，分别占涉气举报的 26.0% 和 21.7%；噪声污染方面，反映建设施工和工业噪声较多，分别占噪声举报的 49.0%、26.6%；水污染方面，反映工业废水污染的最多，占涉水举报的 51.1%。

（二）建筑业举报占三成，垃圾处理厂重复举报最多

从举报行业情况来看，公众反映最集中的行业是建筑业，占 31.3%，主要是夜间施工噪声问题，其次是住宿餐饮娱乐业和化工业，分别占 19.2% 和

12.5%。在 2017 年全部举报中，垃圾处理行业占比仅 3%，但在公众重复举报人次最多的企业中，垃圾处理厂占 30%，特别是反映广东、上海等地区垃圾处理厂的举报较多。

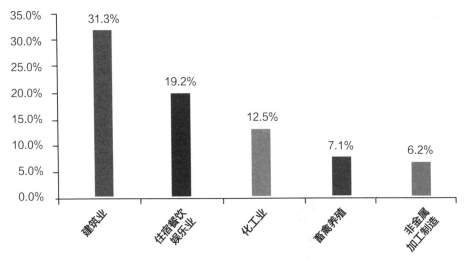

图 6　2017 年主要举报行业情况

（三）举报平均办结时间为 22 天，经查属实率约七成

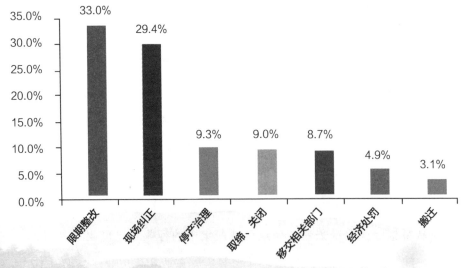

图 7　2017 年举报属实件处理情况

从 2017 年举报件办理情况来看，全国举报办理时效性进一步提升，公众举报平均受理时间是 3.7 天，平均办结时间是 22.8 天。从查处情况来看，约一成举报因提供线索不详或不属于环保管理范围而未受理，受理的举报属实比例约为七成，与去年持平。对于举报属实的处理意见中，对企业下达限期整改的占比最多，为 33.0%，其次为现场纠正、停产治理、取缔关闭，四者合计占全部处理意见的 80.7%。

三、重点案件督办情况

2017 年，环境保护部通过全国环保举报联网平台对各地举报、办理情况进行分析和监督，对媒体、公众短期内集中反映或属地处理不到位的举报进行了督办，全年累计督办 80 件，均已按时办结，确保了各地及时、妥善处置公众举报。

针对公众长期反映的污染问题，环境保护部也进行汇总，整理了 17 家多次处理仍有举报的企业和单位，向 7 省下发预警通知，要求属地政府及环保部门履行管理职责，查清事实，依法实施处理处罚，并督促企业落实环保主体责任，消除环境风险隐患。各地高度重视，责令其中 6 家企业落实环保整改要求，督促其中 5 家停产、搬迁或调整生产线，对于 6 家因涉及用地规划、市政运行等原因短期难以彻底消除影响的企业和单位，也会同规划、市政等部门制定了整改时间表，并做好信息公开与公众协调工作。

图解

数说"12369"环保举报办了啥？

环境保护部公布 31 个省级环保部门
新闻发言人名单

发布时间
2018.1.31

为进一步推进全国环保系统例行新闻发布工作，形成新闻发布合力，环境保护部在 1 月 31 日的例行新闻发布会上向社会公布了 31 个省级环保部门新闻发言人名单（附后）。

环境保护部有关负责人说，当前公众对良好生态环境的期待和参与环境保护事务的热情日益高涨，发布 31 个省级环保部门新闻发言人名单，目的是进一步加大信息公开力度，及时向媒体和公众提供环境信息、解读环保政策、回应社会关切，保障公众知情权。各省级环保部门新闻发言人要履好职、尽好责，及时通报当地环保工作进展，回应环境热点问题，进一步凝聚共识，创造全社会理解环保、支持环保、参与环保的良好氛围。

环境保护部有关负责人表示，部党组对环境舆论工作高度重视。2016 年 11 月，环保部开通了微博、微信公众号；去年 1 月开始，建立了例行新闻发布制度，去年 12 月，全国 338 个地级及以上城市环保部门微博微信公众号全部开通。此次发布 31 个省级环保部门新闻发言人名单，是进一步加大环保系统信息公开力度的又一重要举措。

名单包括省级环保部门新闻发言人的姓名、职务及新闻发布机构的电话和传真等内容，将在"环保部发布"微博微信、中国环境报和环境保护部网站上公布。

省级环保部门新闻发言人名单

序号	省（区、市）	发言人姓名	发言人职务	新闻发布机构电话	新闻发布机构传真
1	北京	姚辉	副局长	010-68717243	010-68466200
2	天津	陆文龙	副局长	022-87671589	022-87671535
3	河北	殷广平	副厅长	0311-87801193	0311-87908569
4	山西	刘军	副厅长	0351-6371100	0351-637 1095
5	内蒙古	杜俊峰	副厅长	0471-4632188	0471-4632188
6	辽宁	赵恒心	副厅长	024-62788739	024-62788728
7	吉林	陈绍辉	副厅长	0431-89963515	0431-89963515
8	黑龙江	林奇昌	总工程师	0451-87113015	0451-87113067
9	上海	方芳	副局长	021-23115709	021-63556010
10	江苏	季丙贤	副巡视员	025-58527309	025-58527300
11	浙江	卢春中	副厅长	0571-28869093	0571-28869003
12	安徽	殷福才	副厅长	0551-62811875	0551-62811875
13	福建	郑彧	总工程师	0591-83571232	0591-8357 1295
14	江西	石晶	副厅长	0791-86866965	0791-86866965
15	山东	管言明	副厅长	0531-66226127	0531-66226133
16	河南	王朝军	副厅长	0371-66309508	0371-66309501
17	湖北	周水华	总工程师	027-87167516	027-87 167360
18	湖南	潘碧灵	副厅长	0731-85698011	0731-85698179
19	广东	黄文沐	副厅长	020-85267640	020-87531752
20	广西	曹伯翔	副厅长	0771-5773954	0771-5844612
21	海南	毛东利	副厅长	0898-66762082	0898-65236130
22	重庆	陈卫	副局长	023-89181875	023-89181961
23	四川	李岳东	副厅长	028-61359562	028-61359763
24	贵州	陈程	副厅长	0851-85575279	0851-85575279
25	云南	杨春明	副厅长	0871-64110698	0871-64110698
26	西藏	张天华	副厅长	0891-6849039	0891 -6849039
27	陕西	郝彦伟	副厅长	029-63916274	029-63916247
28	甘肃	孙玉龙	副厅长	0931-8411589	0931-8418970
29	青海	冯志刚	副厅长	0971-8175429	0971-8202114
30	宁夏	徐龙	总工程师	0951-5160973	0951-5160973
31	新疆	温玉彪	总工程师	0991-4165468	0991-4165468

微博： 本月发稿 339 条，阅读量 1 293.6 万 +；

微信： 本月发稿 237 条，阅读量 135.5 万 +。

本月盘点

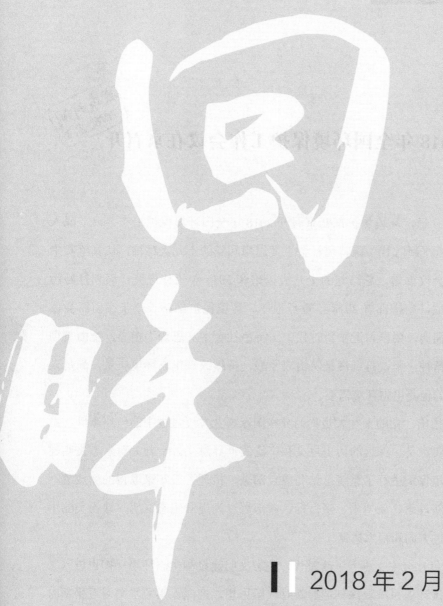

回眸

2018 年 2 月

- 2018 年全国环境保护工作会议召开
- 北京等 15 省份生态保护红线划定方案
  获国务院批准

2018 年全国环境保护工作会议在京召开

发布时间
2018.2.3

2月2—3日，环境保护部在京召开2018年全国环境保护工作会议，深入学习贯彻习近平新时代中国特色社会主义思想和党的十九大精神，认真落实中央经济工作会议部署，总结党的十八大以来和2017年工作进展，谋划打好污染防治攻坚战，安排部署2018年重点工作。环境保护部部长李干杰出席会议并讲话。他强调，要以习近平新时代中国特色社会主义思想为指导，全面贯彻党的十九大精神，坚决打好污染防治攻坚战，持续改善生态环境质量，满足人民日益增长的优美生态环境需要。

李干杰指出，党的十九大是我们党和国家事业发展进程中的一座丰碑，具有重要的现实意义、深远的历史意义和广泛的世界意义。十九大对生态文明建设和生态环境保护进行了系统总结和重点部署，梳理了五年来取得的新成就，提出一系列新理念、新要求、新目标、新部署，为提升生态文明、建设美丽中国指明了前进方向和根本遵循。

中国特色社会主义进入了新时代，生态文明建设和生态环境保护也进入了新时代。全国环保系统要深刻把握新时代新思想，把深入学习贯彻习近平新时代中国特色社会主义思想转化为政治自觉、思想自觉、行动自觉，坚持人与自然和谐共生，全面加强生态环境保护；深刻把握新时代新特征，充分发挥生态环境保护推进供给侧结构性改革、加快产业结构转型升级的作用，推动高质量发展，实现经济社会发展和生态环境保护协同共进；深刻把握新时代新使命，坚持以人民为中心的发展思想，着力解决突出生态环境问题，提供更多优质生态产品，增强人民获得感、幸福感、安全感；深刻把握新时代新动力，坚持以解决制约生态环境保护的体制机制问题为导向，持续深化生态环保领域改革，推动生态环境领域国家治理体系和治理能力现代化；深刻把握新时代新担当，牢固树立"四个意识"，打造一支信念过硬、政治过硬、责任过硬、能力过硬、作风过硬的环保铁军，坚决扛起生态文明建设和生态环境保护的政治责任。

在总结过去五年时，李干杰说，党的十八大以来，在以习近平同志为核心的党中央坚强领导下，我国生态环境保护从认识到实践发生历史性、转折性、全局性变化，思想认识程度之深、污染治理力度之大、制度出台频度之密、执法督察尺度之严、环境改善速度之快前所未有，生态文明建设取得显著成效。

一是环境治理模式改进优化，绿色发展理念深入人心，"党政同责""一岗双责"的环保工作格局以及政府、企业、社会组织和公众共同参与的环境治理体系正在形成。

二是大气、水、土壤污染防治三大行动计划先后发布实施，生态环境状况

明显改善。

三是生态环保领域改革全面深化，中央全面深化改革领导小组审议通过数十项生态文明和环境保护改革方案，"四梁八柱"性质的制度体系初步建立。

四是环境法治保障进一步加强，一系列重要环保法律法规完成制修订，最严格的新环保法实施，中央环保督察实现31个省（区、市）全覆盖。

五是环境风险有效防控，强化危险废物全过程监管，推进"邻避"问题防范与化解，突发环境事件得到妥善处置。

六是核与辐射安全切实保障，核安全顶层设计不断完善、核安全监管能力显著增强、核安全文化水平持续提升，全国辐射环境质量保持在本底涨落范围。

七是环境基础支撑日益夯实，《"十三五"生态环境保护规划》印发实施，环境监测网络建设取得积极进展，环保标准技术体系日益完善。

八是国际影响不断扩大，积极参与全球环境治理，成为全球生态文明建设的重要参与者、贡献者、引领者。

李干杰指出，2017 年环保系统坚持以改善生态环境质量为核心，以加快建设生态文明标志性工程为突破点，各项工作取得积极进展。

第一，五项重大任务取得显著成效。一是持续深化中央环保督察。完成第三批、第四批对 15 个省份督察，前三批督察 22 个省份整改方案明确的 1 532 项整改任务已完成 639 项，全国 26 个省份开展或正在开展省级环保督察。二是圆满实现"大气十条"目标。推进燃煤电厂超低排放改造和北方地区冬季清洁取暖，实施第五阶段机动车排放标准和油品标准，黄标车淘汰基本完成，启动大气重污染成因与治理攻关项目；开展京津冀及周边地区秋冬季大气污染综合治理攻坚行动，组织强化督察和巡查，"2+26"城市 $PM_{2.5}$ 平均浓度同比下降 11.7%，北京市 $PM_{2.5}$ 平均浓度达 58 微克 / 立方米。三是坚决禁止洋垃圾入境。调整进口废物管理目录，开展打击进口废物加工利用行业环境违法行为专项行动和固体废物集散地专项整治行动，限制类固体废物全年进口量同比下降11.8%。四是迅即开展"绿盾2017"专项行动。落实两办《关于甘肃祁连山国家级自然保护区生态环境问题督察处理情况及其教训的通报》，对国家级自然保护区开展监督检查，各地已调查处理2万余个违法违规问题线索，对1 100多人追责问责。五是大力推动长江经济带大保护。印发《长江经济带生态环境保护规划》，启动长江经济带战略环评"三线一单"编制，持续开展长江经济带地级以上城市饮用水水源地环保执法专项行动，排查出的490个环境问题全部完成清理整治。

第二，深化和落实环保改革措施。两办印发按流域设置环境监管和行政执法机构、设置跨地区环保机构试点方案，江苏、山东、湖北等9省（市）省以下环保机构垂直管理制度改革实施方案新增备案。出台《排污许可管理办法（试行）》和《固定源排污许可分类管理名录》（2017年版），基本完成火电、造纸等15个行业许可证核发。落实《关于深化环境监测改革提高环境监测数据质量的意见》，严肃查处人为干扰环境监测活动行为，完成2 050个国家地表水监测断面事权上收，全面实施"采测"分离。贯彻两办《关于划定并严守生态保护红线的若干意见》，京津冀、长江经济带和宁夏等15个省（区、市）划定方案已上报国务院审批。开展连云港等4个城市"三线一单"试点，出台建设项目竣工环境保护验收暂行办法、环境影响登记表备案管理办法。两办印发《生态环境损害赔偿制度改革方案》。

第三，全面推进其他各项重点工作。深入实施"水十条"，97.7%的地级及以上城市集中式饮用水水源完成保护区标志设置，93%的省级及以上工业集聚区建成集中污水处理设施，完成2.8万个村庄环境整治任务。

组织实施"土十条"，土壤污染防治法（草案）经全国人大常委会二审，《农用地土壤环境管理办法（试行）》颁布实施，土壤污染状况详查全面展开。

加强生物多样性和生态系统保护，启动实施生物多样性保护重大工程，开展全国生态状况变化（2010—2015年）调查评估，国务院批准新建国家级自然保护区17个，命名第一批国家生态文明建设示范市县和第一批"绿水青山就是金山银山"实践创新基地。

严格核与辐射安全监管，有效运转国家核安全工作协调机制，发布实施核安全"十三五"规划，推动辐射监测网络建设，圆满完成第六次朝核应急，开展"核电安全管理提升年"专项行动，完成放射源安全检查专项行动。

环境执法重拳出击，全国实施行政处罚案件23.3万件，罚没款数额115.8亿元，比新环保法实施前的2014年增长265%；出台《环境保护行政执法与刑事司法衔接工作办法》；全国278家已建生活垃圾焚烧厂679个监控点全部完成"装、树、联"；环保部调度处置突发环境事件60余起。

加强环保宣传教育和舆论引导，实行按月例行新闻发布制度，全国地市级及以上环保部门全部开通官方微博和微信公众号，推动环保设施和城市污水垃圾处理设施向公众开放。

强化各项保障措施，中央财政大气、水、土壤污染防治等专项资金规模达497亿元；水污染防治法、环境保护税法及其实施条例、建设项目环境保护管理条例等法律法规完成制修订；组建国家环境保护督察办公室，督察中心由事业单位转为行政机构并更名为督察局；修订环保专用设备企业所得税优惠目录，强化对上市公司环境信息披露监管；发布160项国家环保标准、2项污染防治可行技术指南和6项技术政策；发布《优先控制化学品名录（第一批）》；国办批复印发《第二次全国污染源普查方案》；发布《"一带一路"生态环境保护合作规划》《关于推进绿色"一带一路"建设的指导意见》。

第四，落实全面从严治党主体责任。开展学习宣传贯彻党的十九大精神"大动员""大培训""大调研""大讨论""大宣传"活动。制定环境保护部党组贯彻落实中央加强和维护党中央集中统一领导若干规定的意见。建立基层党组织按期换届提醒督促机制，推动各部门各单位"三会一课"规范化。开展"两学一做"学习教育先进党组织和优秀共产党员表彰，创新"一图一故事"宣传。狠抓中央八项规定精神落实，制定环境保护部贯彻落实中央八项规定实施细则的实施办法。开展贯彻落实中央八项规定精神"回头看"，对发现问题建立台账、按月调度，确保整改到位。全面加强纪律建设，积极运用"四种形态"，加强纪律教育，强化纪律执行。

李干杰强调，2017 年环保工作取得的重要进展，为过去五年环保工作成就增加了浓墨重彩的一笔。这些成就的取得，是习近平新时代中国特色社会主义思想科学指引的结果，是以习近平同志为核心的党中央坚强领导的结果，是各地区各部门大力支持的结果，是历任部领导班子接续奋斗的结果，是全国环保系统狠抓落实的结果。

李干杰说，回顾过去五年生态环境保护实践，有以下体会：

一是习近平新时代中国特色社会主义思想的科学指引，以习近平同志为核心的党中央坚强领导和英明决策，为做好生态环境保护工作提供了强大思想武器、实践动力和根本保障。

二是"五位一体"总体布局和"四个全面"战略布局协调推进，生态文明建设逐渐融入经济社会发展各方面和全过程，为加强生态环境保护提供了全面支撑。

三是坚持以改善环境质量为核心，形成多手段统筹运用的工作合力和联动效应，有力提高了环境治理措施的针对性、有效性。

四是严格执法督察问责，在持续深化中央环保督察的同时，探索形成督查、交办、巡查、约谈、专项督察"五步法"模式，有力推动了党中央、国务院决策部署的贯彻落实。

五是生态环境保护宣传和舆论引导工作积极主动、有力有效，为推进工作创造了良好社会氛围。

六是环保系统干部职工坚守科学精神、协作精神、牺牲精神，履职尽责、迎难而上、不舍昼夜、全力拼搏，为各项工作开展提供了基础保障。

李干杰指出，到2020年全面建成小康社会，是我们党向人民做出的庄严承诺。打好污染防治攻坚战没有退路。总体上看，当前我国生态环境保护仍滞后于经济社会发展，仍是"五位一体"总体布局中的短板，仍是广大人民群众关注的焦点问题，环境污染依然严重，环境压力居高不下，环境治理体系基础仍很薄弱。同时，我国生态环境问题是长期形成的，现在到了有条件不破坏、有能力修复的阶段，打好污染防治攻坚战面临难得机遇：以习近平同志为核心的党中央高度重视，尤其是习近平总书记率先垂范、亲力亲为，走到哪里，就把对生态环境保护的关切和叮嘱讲到哪里，为打好污染防治攻坚战提供了重要思想指引和政治保障；全党全国贯彻绿色发展理念的自觉性和主动性显著增强，加大污染治理力度的群众基础更加坚实；我国进入后工业化时代和高质量发展阶段，绿色循环低碳发展深入推进，为改善生态环境创造了有利的宏观经济环境；改革开放以来40年的不断发展与积累，为解决当前的环境问题提供了更好的、更充裕的物质、技术和人才基础；生态文明体制改革红利正在逐步释放，为生态环境保护增添强大动力。

李干杰强调，打好污染防治攻坚战的标志是使主要污染物排放总量大幅减少、生态环境质量总体改善、绿色发展水平明显提高，重中之重是打赢蓝天保卫战，明显增强人民的蓝天幸福感。也要在水和土壤污染防治、固体废物处理处置等方面，扎扎实实打几场富有成效的歼灭战。

一要实现三大目标，确保生态文明水平与全面建成小康社会目标相适应。在推动绿色发展方面，节约资源和保护生态环境的空间格局、产业结构、生产方式、生活方式加快形成，绿色低碳循环水平大幅提升。在改善生态环境质量方面，初步考虑是，到 2020 年，全国未达标城市 $PM_{2.5}$ 平均浓度比 2015 年降低 18% 以上，地级及以上城市优良天数比例达到 80% 以上；全国地表水 Ⅰ～Ⅲ 类水体比例达到 70% 以上；受污染耕地、污染地块安全利用率分别达到 90% 左右、90% 以上；生态红线占比控制在 25% 左右，生态系统稳定性增强。在国家生态环境治理体系和治理能力现代化方面，建立健全生态环境保护领导和管理体制、激励约束并举的制度体系、政府企业公众共治体系。

二要突出三大领域。坚决打赢蓝天保卫战，以京津冀及周边、长三角、汾渭平原等重点区域为主战场，坚决加快调整产业结构、能源结构、交通运输结构，狠抓重污染天气应对。着力开展清水行动，坚持"山水林田湖草"系统治理，深入实施新修改的水污染防治法，坚决落实"水十条"，扎实推进河长、湖长制实施，有效保障饮用水安全，打好城市黑臭水体歼灭战，加强江河湖库和近岸海域水生态保护，全面整治农村环境。扎实推进净土行动，全面实施"土十条"，强化土壤污染风险管控，保障农用地和建设用地安全，强化固体废物污染防治，加快推进垃圾分类处置。

三要强化三大基础。推动形成绿色发展方式和生活方式，优化产业布局，加快调整产业结构，推进能源生产和消费革命，推进资源全面节约和循环利用，倡导绿色低碳生活方式。加快生态保护与修复，划定并严守生态保护红线，实施生态系统保护和修复重大工程，加强自然保护区建设和管理，优化城市绿色空间。构建完善环境治理体系，改革生态环境监管体制，推进环保督察，推进排污许可制度，推进社会化生态环境治理和保护，构建市场导向的绿色技术创新体系，加快人才队伍建设，加强国际对话交流与务实合作。

李干杰指出，2018 年是深入贯彻党的十九大精神的开局之年，是改革开放 40 周年，是决胜全面建成小康社会、实施"十三五"规划承上启下的关键一年，

做好生态环境保护各项工作意义重大。

一要全面启动打赢蓝天保卫战作战计划。制定实施打赢蓝天保卫战三年计划，出台重点区域大气污染防治实施方案。稳步推进北方地区清洁取暖，加快淘汰燃煤小锅炉。推动提高铁路货运比例，整治柴油货车超标排放。继续推进燃煤电厂超低排放改造，启动钢铁行业超低排放改造，加强重点行业挥发性有机物治理。强化重点区域联防联控，开展区域应急联动。

二要加快水污染防治。推动 36 个重点城市和长江经济带黑臭水体整治，推进地级及以上城市地表水饮用水水源地清理整治。督促相关地方依法编制实施不达标水体限期达标规划。持续推进工业污染源全面达标排放。督导 2.5 万个建制村开展环境综合整治。推进重点河口海湾污染防治。

三要全面推进土壤污染防治。深入推进土壤污染状况详查。开展涉重金属行业企业排查。加快推进土壤污染综合防治先行区建设和土壤污染治理与修复技术应用试点。推动各地优化危险废物处置设施布局。制定化学品环境管理战略。推动开展"无废城市"建设试点。

四要加大生态系统保护力度。完成所有省份生态保护红线划定。完成全国生态状况变化（2010—2015 年）调查与评估。新建一批国家级自然保护区，推进建立以国家公园为主体的保护地体系。推进"绿水青山就是金山银山"实践创新基地建设，启动第二批国家生态文明建设示范市县创建。

五要依法加强核与辐射安全监管。全面开展核安全法实施年活动，协调推进国家核安全相关政策落实，严格核与辐射安全监管，强化核与辐射安全风险管控和化解，提高辐射环境监测能力，推进国家核与辐射安全技术研发基地建设。建设核与辐射安全监管综合管理体系。推广核电安全监管体系，支持核电"走出去"。

六要强化环境执法督察。开展中央环保督察整改情况"回头看"，针对污染防治攻坚战的关键领域组织开展机动式、点穴式专项督察，全面开展省级环保督察。开展重点区域和领域大气污染防治强化督察、打击进口废物加工利用行业和固体废物集散地及危险废物相关环境违法行为、垃圾焚烧发电行业专项执法、城市黑臭水体整治、集中式饮用水水源地环境保护、"绿盾"国家级自然保护区监督检查6大专项行动。

七要深化环保领域改革。切实保障地表水国考断面水质"采测"分离机制有效实施，并加快自动站建设，完善国家土壤环境监测网。完成石化等6个行业排污许可证核发。全面推开省以下环保机构垂直管理制度改革。推进在全国试行生态环境损害赔偿制度。调整禁止进口固体废物目录，强化进口废物监管，坚决禁止洋垃圾入境。健全环保信用评价、信息强制性披露制度，推进环境保护综合名录编制。

八要加快推进绿色发展。推进长江经济带以地市为单元编制"三线一单"，坚持规划环评与项目环评联动，依法依规做好重大项目环评管理。强化"散乱污"企业集群综合整治。推进环境标志产品政府采购改革。开展"美丽中国，我是行动者"活动，动员公众践行绿色生活方式。

九要提升支撑保障能力。推进土壤污染防治法、排污许可管理条例等领域法律法规和规章制修订。加大生态环保领域补短板投资力度。全面推进大气重污染成因与治理攻关。开展第二次全国污染源普查。稳步推进环保设施向公众开放。提升环境风险防范与化解能力，妥善应对突发环境事件。启动"一带一路"绿色发展国际联盟和生态环保大数据服务平台建设。

十要落实全面从严治党政治责任。深入开展学习宣传贯彻党的十九大精神"五大活动"，严肃党内政治生活，坚决维护以习近平同志为核心的党中

一图读懂

过去五年关于环保还有哪些你不知道？

央权威和集中统一领导。持续推进"两学一做"学习教育常态化制度化，认真开展"不忘初心、牢记使命"主题教育。坚持正确用人导向，建设忠诚干净担当的高素质专业化干部队伍。坚持"三会一课"制度，充分发挥基层党组织政治功能。持之以恒正风肃纪，驰而不息落实中央八项规定精神，对违纪行为和腐败问题坚决做到"零容忍"。

李干杰最后强调，要筹备召开好第八次全国环保大会，确保大会圆满胜利召开。全力配合做好生态环境监管体制改革，确保各项工作平稳有序积极向前推进。切实提高环境监测数据质量，构建防范和惩治环境监测行政干预的责任体系和工作机制，严厉打击监测数据弄虚作假行为。

会议由环境保护部副部长黄润秋主持，环境保护部副部长翟青、赵英民、刘华，中央纪委驻部纪检组组长吴海英，环境保护部副部长庄国泰以及部分老领导出席会议。

党中央和国务院有关部门司局负责同志，各省、自治区、直辖市和副省级城市、新疆生产建设兵团环境保护厅（局）主要负责同志，中央军委后勤保障部军事设施建设局主要负责同志，环境保护部机关各部门、各派出机构和直属单位的主要负责人出席会议。

一图读懂

环保部门 2018 年有哪些战役要打？

内蒙古等8省（区）公开中央环境保护督察整改落实情况

发布时间
2018.2.8

经党中央、国务院批准，中央环境保护督察组于2016年7—8月组织对内蒙古、黑龙江、江苏、江西、河南、广西、云南、宁夏8省（区）开展环境保护督察，并于2016年11月完成督察反馈。督察反馈后，8省（区）党委、政府高度重视，将环境保护督察整改作为政治责任来担当，作为推进生态文明建设和环境保护的重要抓手，建立机制，强化措施，积极推进，狠抓落实，取得明显的整改成效。

截至2017年年底，8省（区）督察整改方案明确的481项整改任务已完成316项，其余165项正在推进中。一批长期难以解决的环境问题得到了解决，一批长期想办的事情得到了落实。

内蒙古自治区深入推进呼伦湖、乌梁素海、岱海湖综合治理工作，目前呼伦湖水域面积和湿地面积明显扩大，鸟类种类和数量增多，水质指标总体趋于好转。

黑龙江省投入约4亿元资金用于阿什河流域污染治理，积极推进黑臭水体整治、河道清理、禁养区划定等工作，阿什河水质明显改善。

江苏省大力开展化工行业专项整治，2017年关停落后化工企业1421家，太湖流域重点断面2017年达标率同比提升6.7个百分点。

江西省积极开展鄱阳湖水环境综合治理，制定实施河道采砂管理条例、农

业生态环境保护条例等法规，不断强化治理长效机制。

河南省大力开展大气污染防治攻坚战，聚焦重点行业、重点区域，狠抓控排、控尘、控煤等措施，强化考核，严格监管，全省大气环境质量出现历史性拐点。

广西壮族自治区积极推进城镇生活污水处理设施建设，强化监督考核，九洲江、南流江、万峰湖等流域治理工作全面实施，水环境质量总体稳中向好。

云南省深化九大高原湖泊污染防治，滇池流域569个自然村实现污水处理设施全覆盖，洱海周边约2 500户餐饮客栈停业整治，异龙湖退耕还湖5 620亩。

宁夏回族自治区全面开展自然保护区清理整治，贺兰山自然保护区169处违规开发点位全部关停并开展生态环境修复治理，沙坡头、哈巴湖、白芨滩、六盘山等自然保护区内违建项目基本整改到位。

8省（区）督察整改工作取得阶段性成效，但仍然存在一些薄弱环节。

一是部分整改任务进展有所滞后。一些电解铝、钢铁等违规产能退出周期长，一些地区基础治污设施建设、尾矿库治理和生态环境恢复等工作滞后，一些自然保护区和饮用水水源保护区历史遗留问题多，虽制定整改方案，但整改工作缓慢。

二是一些地区整改力度仍需加大。个别地区对督察反馈指出的问题，没有制定更加细化的整改方案，导致部分问题没有完全整改到位；一些地区督察整改方案论证不够充分，整改措施不够精准，影响整改工作有效开展。

三是一些环境问题出现反弹。个别地区在督察进驻期间对部分污染较重企业，特别是"散乱污"企业等，采取简单关停措施，督察进驻结束后又恢复生产，导致人民群众反映较多。

督察整改是环境保护督察的重要环节，也是深入推进生态环境保护工作的关键举措。目前8省（区）督察整改报告已经党中央、国务院审核同意，但整改工作还未结束。8省（区）对外全面公开督察整改报告，就是要进一步强化

社会监督，回应社会关切，更好地做好后续各项整改工作。下一步，国家环境
保护督察办公室将继续对各地整改情况实施清单化调度，并不定期组织开展机
动式、点穴式督察，始终保持督察压力，压实整改责任，不达目的决不松手。

发布时间
2018.2.9

致"环保部发布"百万粉丝的一封信

致"环保部发布"百万粉丝的一封信：

亲爱的"环保部发布"粉丝们，自2016年11月22日"环保部发布"正式上线以来，感谢你们一年多的陪伴与支持。从初来乍到"求关注"走到今天，我们也情情告诉你，"环保部发布"新浪微博粉丝在今天上午突破了百万大关。

回看"环保部发布"443天的日日夜夜，我们怀抱着满满的真诚，期待着与大家的每一次见面，大家的热情回复——无论是支持与赞赏，还是质疑与批评，都让我们感觉到大家对环境保护的关注和实现美丽中国的期盼。

正是因为你们长期以来的关注和支持，我们才能够一点点改进，一步步向前，取得一个又一个微小但值得珍视的进步。那些用文字、图片所讲述的中国环保故事，记录了我们共同的努力、收获、幸福和喜悦，它们将在我们的记忆中留存、积淀、激励我们向前。

你们的关注，是我们前进的动力。建设美丽中国，仍需我们共同携手。

关心环境，关心你。感谢关注"环保部发布"。

北京等 15 省份生态保护红线划定方案
获国务院批准

发布时间
2018.2.12

近日，国务院批准了京津冀 3 省（市）、长江经济带 11 省（市）和宁夏回族自治区共 15 省份生态保护红线划定方案。

据悉，北京市等 15 省份划定生态保护红线总面积约 61 万平方千米，占15 省份国土总面积的 1/4 左右，主要为生态功能极重要和生态环境极敏感脆弱地区，涵盖了国家级和省级自然保护区、风景名胜区、森林公园、地质公园、世界文化自然遗产、湿地公园等各类保护地，基本实现了"应划尽划"。北京市等 15 省份生态保护红线共涉及 291 个国家重点生态功能区县域，县域生态保护红线面积平均占比超过 40%。

从不同区域看，京津冀区域生态保护红线包括水源涵养、生物多样性维护、水土保持、防风固沙、水土流失控制、土地沙化控制、海岸生态稳定 7 大类 37个片区，构成了以燕山生态屏障、太行山生态屏障、坝上高原防风固沙带、沿海生态防护带为主体的"两屏两带"生态保护红线空间分布格局。

长江经济带生态保护红线包括水源涵养、生物多样性维护、水土保持、水土流失控制、石漠化控制和海岸生态稳定 6 大类 144 个片区，构成了"三区十二带"为主的生态保护红线空间格局。其中，"三区"为川滇森林区、武陵山区和浙闽赣皖山区，"十二带"为秦巴山地带、大别山地带、若尔盖草原湿地带、罗霄山地带、江苏西部丘陵山地带、湘赣南岭山地带、乌蒙山—苗岭山

地带、西南喀斯特地带、滇南热带雨林带、川滇干热河谷带、大娄山地带和沿海生态带。

宁夏回族自治区生态保护红线包括水源涵养、生物多样性维护、水土保持、防风固沙、水土流失控制 5 大类 9 个片区，构成了"三屏一带五区"为主的生态保护红线空间格局。其中，"三屏"为六盘山生态屏障、贺兰山生态屏障、罗山生态屏障，"一带"为黄河岸线生态廊道，"五区"为东部毛乌素沙地防风固沙区、西部腾格里沙漠边缘防风固沙区、中部干旱带水土流失控制区、东南黄土高原丘陵水土保持区、西南黄土高原丘陵水土保持区。

生态保护红线是保障和维护国家生态安全的底线和生命线，是最重要的生态空间。划定并严守生态保护红线，是留住绿水青山的战略举措，是提高生态系统服务功能和生态产品供给能力的有效手段，是贯彻落实主体功能区制度、构建国家生态安全格局、实施生态空间用途管制的重大支撑，是健全生态文明制度体系、推动绿色发展的有力保障。党中央、国务院高度重视生态保护红线工作，做出一系列重大决策部署，将生态保护红线作为生态文明体制改革的重要内容，党的十九大报告明确要求"完成生态保护红线、永久基本农田、城镇开发边界三条控制线划定工作"。

2017 年 1 月，中办、国办联合印发实施《关于划定并严守生态保护红线的若干意见》（以下简称《若干意见》），明确要求，2017 年年底前京津冀区域、长江经济带沿线省（市）完成生态保护红线划定。环境保护部、发展改革委等部门和相关省份人民政府共同努力，采取国家指导、地方组织，自上而下和自下而上相结合的方式，在科学评估、部门协调、规划协调、区域协调、陆海统筹的基础上，经专家论证和部际协调领导小组审核，圆满完成了 15 省份生态保护红线划定工作。

据了解，按照《若干意见》的有关要求，北京等 15 省份将陆续发布实施本行政区域生态保护红线。环境保护部、发展改革委将督促指导山西等其余 16 省份于 2018 年底前完成生态保护红线划定，并做好衔接、汇总，按要求最终形成生态保护红线全国"一张图"。

目前，发展改革委已批复国家生态保护红线监管平台建设，总投资 2.86 亿元，土建前期工作已展开，预计 2020 年底前建成。国家生态保护红线监管平台将依托卫星遥感手段和地面生态系统监测站点，形成天—空—地一体化监控网络，获取生态保护红线监测数据，掌握生态系统构成、分布与动态变化，及时评估和预警生态风险，实时监控人类干扰活动，发现破坏生态保护红线的行为，依法依规进行处理。逐步建立生态保护红线监管机制，对生态保护红线实施严密监控和严格保护，确保生态功能不降低、面积不减少、性质不改变。

下一步，环境保护部、发展改革委将会同国务院有关部门和地方，认真学习贯彻落实党的十九大精神，以习近平新时代中国特色社会主义思想为指引，按照《若干意见》部署，深入推进生态保护红线划定与严守工作。及时启动生态保护红线勘界定标，在重要位置和拐点竖立标识标牌，实现生态保护红线准确落地。抓紧研究制定生态保护红线严守政策，根据生态功能定位，明确生态保护红线差别化的用途管控、准入清单、生态保护补偿、评价考核等政策措施，最终建立生态保护红线制度。

致敬 2017 ｜图说环保人这一年

发布时间
2018.2.13

你可能没见过他们，他们通常不会出现在你的生活里。

但他们做的每一件事，又与你的生活息息相关。

他们，是环境的守护者。

他们的形象是模糊的，他们工作的地方常常在你的视线外。

他们是动辄就要爬上数十米高的烟囱，在高台上作业的监测人，

他们是迎着日晒，在 38℃ 高温下一步一步登上垃圾山的督察干部，

他们是趁着夜色，在雨中沿河寻找有色金属生产企业排污口的中央环保督察人。

他们穿行在核电站泵房，

一支笔、一份监督程序是他们的伴侣。

他们翻山越岭，为采集样品，出入无人之境。

他们坚持每天起早贪黑，

不顾淤泥裹步，行走在被污染的土地上，

绘制出矿区重金属污染图。

他们是守护核设施安全运行的监督员，

是土壤采样员，

是矿区年轻的调查者们。

他们远离繁华，却依然繁忙。

他们交出时间，说要对使命忠诚。

他们不在你的生活里，但他们一直在你身边。

你只要打个电话，就能听到他们的声音。

他们是"12369"的接线员，

从早 8 点到晚 8 点，12 小时不间断接听环境投诉电话。

他们是不同部门的环境工作者，

但民有所呼，一声集结令下后，

2 000 余人在寒夜里出发，奔赴百姓家中，嘘寒问暖。

你可以看到他们的努力，

在凌晨 2 点的工作室，在新年假期中的第一班岗，

在飞驰的中巴车里，他们正在忙碌着。

在 2018 年全国环境保护工作会议上，

在谈及过去五年特别是 2017 年取得的工作成就时，

李干杰部长起立鞠躬，代表部党组和部领导班子向环保系统广大干部和

职工表达敬意和感谢。

他说：过去一年，环保系统干部职工始终坚持以身许国，

面对异常艰巨繁重的工作任务，

坚守科学精神、协作精神、牺牲精神，

履职尽责、迎难而上，不舍昼夜，全力拼搏，

为各项工作开展提供了基础保障。

他们的付出，给了天空，大地，山川河流，最干净的底色。

春节将至，让我们向这一年辛苦付出的环保人道一声：辛苦了！

也向支持理解环保人工作的每一个人说一声：感谢！

恭祝大家新春快乐，阖家团圆。

微博： 本月发稿 269 条，阅读量 1 290.5 万 +；

微信： 本月发稿 182 条，阅读量 95.8 万 +。

本月盘点

回眸

2018 年 3 月

■ 生态环境部部长李干杰亮相部长通道
■ "环保部发布"更名为"生态环境部"

环保部发布的486天
HUAN BAO BU FA BU DE 486 TIAN

发布时间
2018.3.1

环境保护部召开部党组会议传达学习
习近平总书记在党的十九届三中全会上的
重要讲话和全会精神

环境保护部党组书记、部长李干杰3月1日在京主持召开环境保护部党组会议，传达学习习近平总书记在党的十九届三中全会上的重要讲话和全会精神。

会议指出，党的十九大以来，以习近平同志为核心的党中央高举中国特色社会主义伟大旗帜，勇于创新、扎实工作，全面推进社会主义经济建设、政治建设、文化建设、社会建设、生态文明建设和党的建设，在决胜全面建成小康社会、开启全面建设社会主义现代化国家新征程上迈出新的步伐，推动党和国家各项事业取得新的成绩。实践证明，有习近平总书记这个核心和领袖领航掌舵，有以习近平同志为核心的党中央坚强领导，有习近平新时代中国特色社会主义思想的科学指引，党和国家事业必将取得新的历史性成就、发生新的历史性变革。

会议强调，习近平总书记在全会上发表重要讲话，深刻阐述深化党和国家机构改革的重大意义，对落实深化党和国家机构改革任务提出明确要求，高屋建瓴、总揽全局，政治性、思想性、战略性、前瞻性、针对性、指导性都很强，为我们党适应新时代新任务提出的新要求，构建系统完备、科学规范、运行高效的党和国家机构职能体系，强化决胜全面建成小康社会、开启全面建设社会主义现代化国家新征程、实现中华民族伟大复兴的中国梦的制度保障提供了基本遵循和行动指南。

会议认为，全会审议通过《中共中央关于深化党和国家机构改革的决定》和《深化党和国家机构改革的方案》，这是以习近平同志为核心的党中央站在党和国家事业发展全局，适应新时代中国特色社会主义发展要求做出的重要决策部署，是着眼实现全面深化改革总目标的重大制度安排，是推进国家治理体系和治理能力现代化的一场深刻变革，充分体现了习近平总书记作为总设计师的高瞻远瞩、深谋远虑、高超智慧、非凡勇气、深厚情怀、坚定意志，对于提高党的执政能力和领导水平，广泛调动各方面积极性、主动性、创造性，有效治理国家和社会，推动党和国家事业发展，具有重要现实意义和深远历史意义。

会议要求，要增强"四个意识"，坚定"四个自信"，做到"四个服从"，切实把思想和行动统一到总书记重要讲话精神和全会决策部署上来，坚决维护以习近平同志为核心的党中央权威和集中统一领导，以抓改革举措落地作为重大政治任务和重要政治责任，坚定不移、不折不扣落实好中央确定的改革任务。

一是深刻认识深化党和国家机构改革的重大意义。党和国家机构职能体系是中国特色社会主义制度的重要组成部分，是我们党治国理政的重要保障。新时代，面对我国发展新的历史方位，面对我国社会主要矛盾的变化，面对党的十九大描绘的新时代宏伟蓝图，迫切需要进一步深化党和国家机构改革，解决党和国家机构体系中存在的障碍和弊端，加强和完善党的全面领导，坚持以人民为中心，加快推进国家治理体系和治理能力现代化。这是新时代坚持和发展中国特色社会主义的必然要求，是加强党的长期执政能力建设的必然要求，是社会主义制度自我完善和发展的必然要求，是实现"两个一百年"奋斗目标、建设社会主义现代化国家、实现中华民族伟大复兴的必然要求。

二是全面把握深化党和国家机构改革的主要内容。《中共中央关于深化党和国家机构改革的决定》，以习近平新时代中国特色社会主义思想为指导，全

面贯彻党的十九大精神，以加强党的全面领导为统领，以国家治理体系和治理能力现代化为导向，以推进党和国家机构职能优化协同高效为着力点，对深化党和国家机构改革做出全面部署，深刻回答了党和国家机构改革中为什么改、改什么、怎么改等重大问题，具有极强的针对性、指导性、可行性。必须全面把握改革的主要内容和精神实质，统筹谋划推动涉及生态环境保护的改革任务落实工作。

三是全力以赴落实好生态环境管理体制改革举措。全会明确提出改革自然资源和生态环境管理体制，必须切实提高政治站位，坚决在思想上政治上行动上同以习近平同志为核心的党中央保持高度一致，以对党和国家事业高度负责的精神，把生态环境管理体制改革举措的落实工作做细致、做深入、做扎实、做圆满。要以党和人民的利益为最高利益，服从大局需要，服从组织安排，做到思想不乱、队伍不散、工作不断、干劲不减，同时进一步增强凝聚力、向心力、战斗力。要坚定信心、抓住机遇，推动建设职能配置科学、组织机构优化、运行顺畅高效的体制机制，不辱使命、不负重托，大力推进生态环境保护和生态文明建设，坚决打好污染防治攻坚战，向党中央和人民群众交上一份满意的答卷。

会议还研究了其他事项。

环境保护部党组成员、副部长翟青、赵英民、刘华，中央纪委驻部纪检组组长、党组成员吴海英，部党组成员、副部长庄国泰出席会议。

环境保护部副部长黄润秋列席会议。

发布时间
2018.3.7

环境保护部直属机关纪念"三八"国际妇女节暨先进表彰大会在京召开

　　3月7日，环境保护部在京召开直属机关纪念"三八"国际妇女节暨先进表彰大会，庆祝"三八"国际妇女节，对评选出的部直属机关三八红旗手（标兵）、三八红旗集体（标兵）、五好文明家庭（标兵）、优秀妇女组织和优秀妇女工作干部进行表彰。环境保护部党组书记、部长李干杰出席会议并讲话。

　　李干杰首先向环保系统广大女干部职工致以节日的问候，向受表彰的先进集体和个人表示祝贺。他说，在以习近平同志为核心的党中央坚强领导下，过去一年我国生态环境保护工作取得积极进展和明显成效。广大女干部职工巾帼不让须眉、爱岗敬业、勇于担当、甘于奉献，在推进生态文明建设和生态环境保护中发挥了半边天作用。受到表彰的优秀女干部群体，作为生态环境保护战线的骨干力量，在围绕中心服务大局的实践中走在前列，在打造"严、真、细、实、快"的干事创业氛围中做表率，苦干实干、开拓进取，发挥了示范带动作用。

　　李干杰指出，环保系统各级妇女组织要深入学习贯彻习近平新时代中国特色社会主义思想和党的十九大精神，更加

紧密地团结在以习近平同志为核心的党中央周围，带领广大女干部职工坚定不移听党话、跟党走，在全面加强生态环境保护、打好污染防治攻坚战的奋斗进程中彰显巾帼风采。

李干杰强调，一要突出政治性，进一步引导广大女干部职工增强深入学习贯彻习近平新时代中国特色社会主义思想的政治自觉、思想自觉、行动自觉，坚决维护以习近平同志为核心的党中央权威和集中统一领导，深刻学习领会习近平总书记生态文明建设重要战略思想，在打好污染防治攻坚战中建功立业。

二要突出先进性，深入挖掘、广泛宣传在推进生态文明建设和生态环境保护实践中涌现出的优秀干部和先进事迹，为广大干部职工树立接地气、可学习的身边榜样，激励更多女干部职工立足本职、比学赶超、争创一流。

三要突出群众性，始终把关注点和着力点放在广大女干部职工身上，帮助她们提升能力、增强本领，加大为她们谋实事、办好事、解难事的力度，使广大女干部职工切实感受到党组织的关心和温暖。

四要突出改革主线，加强妇女组织自身建设。要健全统一领导群团工作的规章制度，加强对群团改革的指导，把有能力、有热情的干部充实到妇女工作干部队伍中，不断增强妇女组织的凝聚力和战斗力，为更好履行职能奠定基础。

环境保护部副部长翟青主持会议并宣读表彰通报。中央国家机关妇工委副主任马莉出席会议并讲话。受表彰的先进集体和个人代表做典型发言。

环境保护部副部长赵英民，中央纪委驻部纪检组组长吴海英，副部长庄国泰出席会议。

环境保护部直属机关妇工委委员，部机关各部门和直属单位分管妇女工作党组织负责人、妇女组织负责人和女职工代表参加会议。

 >>> 一图一故事

致敬女环保人，温柔也强大

都说女人如水，但在我们身边，偏偏就有这么一群女人：她们入能执笔写报告，出能督政查企。她们进过危废区，踏过无人径；她们逢山开路，遇水搭桥，披荆斩棘只为和违法企业"死磕到底"。

在每一个环保岗位上，你都能看到一个个看似柔弱的身影，奋战在属于她们的"战场"，也正是她们，给予环保事业最温柔，也是最强大力量。

披荆斩棘的使命

这是华南督察局督察一处邹桂香处长带队开展督察工作的一天。

赤日炎炎，她全力拨开身边环绕的荆棘丛，躬腰穿过横七竖八的竹林，在人迹罕至的丛林中，强行走出一条路，勘察饮用水水源保护区的违法养殖情况。

作为一名督察干部，她在每一次督察行动中都"动真碰硬"，同每一个违法违规案件"死磕到底"。她深知要打赢污染防治攻坚战，每个督察人都要有披荆斩棘、一往无前的勇气和积极进取、一战到底的决心。

供稿：华南督察局 邓莎

国务院机构改革方案获表决通过

发布时间 2018.3.17

刚刚，十三届全国人大一次会议表决通过了关于国务院机构改革方案的决定，批准了这个方案。根据该方案，将组建生态环境部。

3 月 13 日，在第十三届全国人民代表大会第一次会议上，国务委员王勇做《关于国务院机构改革方案的说明》。

王勇在说明中表示，保护环境是我国的基本国策。为整合分散的生态环境保护职责，统一行使生态和城乡各类污染排放监管与行政执法职责，加强环境污染治理，保障国家生态安全，建设美丽中国，方案提出，将环境保护部的职责，国家发展和改革委员会的应对气候变化和减排职责，国土资源部的监督防止地下水污染职责，水利部的编制水功能区划、排污口设置管理、流域水环境保护职责，农业部的监督指导农业面源污染治理职责，国家海洋局的海洋环境保护职责，国务院南水北调工程建设委员会办公室的南水北调工程项目区环境保护职责整合，组建生态环境部，作为国务院组成部门。

生态环境部对外保留国家核安全局牌子。其主要职责是，制定并组织实施生态环境政策、规划和标准，统一负责生态环境监测和执法工作，监督管理污染防治、核与辐射安全，组织开展中央环境保护督察等。

不再保留环境保护部。

来源：新华社 人民日报

発布时间
2018.3.19

生态环境部部长李干杰亮相部长通道

19 日 11 时许，刚刚宣誓就任生态环境部部长的李干杰亮相人民大会堂北门部长通道，并回答媒体记者提问。

中央电视台记者：首先祝贺您当选首任生态环境部部长，祝贺您。如果用一个词形容现在的感受，您会选择哪个词？

李干杰：各位记者朋友大家好，谢谢您的提问。首先我要衷心感谢各位全国人大代表，表决同意我出任新组建的生态环境部的首任部长，感谢他们的肯定和信任。至于感受，两方面吧。

一方面是感觉责任更重了，压力更大了。大家知道新组建的生态环境部，

整合了环境保护部原有的全部职责和其他6部门相关职责，应该说未来的工作范围更宽了，事情更多了，挑战也更大了，要履好职尽好责，确实感到压力比较大，生怕辜负大家的期待和信任。

另外一方面是条件更好了，信心更足了。党的十八大以来，我们国家的生态环境保护工作，生态文明建设工作，决心之大、力度之大、成效之大前所未有，确实是取得历史性的成就，发生了历史性变革。不仅仅是我们的环境状况、环境质量得到改善，在此过程中也探索积累了许多行之有效的成功做法和经验，为我们后续做好工作奠定了很好的基础。

并且，这次生态环境部的组建，也很好地解决了长期以来在生态环境保护方面存在的问题和困难，创造更好的条件，因此我们也很有信心，在以习近平同志为核心的党中央的坚强领导下，在习近平新时代中国特色社会主义思想的科学指引下，一定会把工作做得更好，更快地改善生态环境质量，提供更多的优质生态产品满足人民群众日益增长的优美生态环境需要。

中央电视台记者：前几天在记者会上，您提到要制定打赢蓝天保卫战的3年计划，我们知道这是一场硬仗，要拿下来不容易，您有什么杀手锏？

李干杰：这个问题，在前天下午的记者会上，我已经提到。我们正在按照中央要求，研究制定蓝天保卫战的三年作战计划，并且就定量目标做了一些说明，您再次问到这个问题，我理解是你们特别想知道这场保卫战究竟怎么个打法，说的目标究竟怎么个实现。

这个方案我们正在研究制定，不尽完善，但是已有了一个基本思路，这个基本思路，四层意思。

第一层意思是突出重点，四个重点。

一是突出重点改善因子，就是$PM_{2.5}$，就是雾霾天气。

二是突出重点区域，京津冀及周边地区，长三角，汾渭平原，还有其他一些重点地区。

三是突出重点行业和领域，包括钢铁、火电、水泥、玻璃、焦化、石化，也包括我们的机动车、散煤燃烧这些领域。

四是突出重点时段，就是秋冬季，秋冬季的污染比平常要重一些。

第二层意思是优化结构，结构主要包括四个方面。

首先是产业结构，在产业结构优化方面，我们将继续推动过剩产能的化解、落后产能的淘汰，推动"散乱污"行业的整治，工业企业的达标排放，以及钢铁、火电这些行业的超低排放改造。

第二个是优化能源结构，在这方面将加大力度，淘汰关停不达标的燃煤小火机组，同时推动燃煤小锅炉的淘汰改造，稳步推进农村居民的散煤燃烧的煤改气、煤改电工作，着力发展、利用好清洁能源。

第三个是优化运输结构，我们将着力推动公路运输转为铁路运输，着力开展柴油货车超标排放的专项整治，继续推动黄标车、老旧车的淘汰，大力发展新能源汽车。

最后一个是优化用地结构，首先是要继续大力地开展造林、种草等绿化行动，大幅增加林草覆盖率，同时着力整治露天矿山的开采，因为这方面扬尘比较多，同时把交通、道路、工地的扬尘治理好，把秸秆禁烧这项工作抓好。

第三层意思强化支撑，强化四项支撑。

第一是强化执法督察；第二是强化区域间联防联控；第三是强化科技创新，因为我们要治好雾霾、治好大气污染，做好生态环境保护工作，技术创新，技术支撑是非常重要的；第四是强化宣传引导，让全社会的力量都加入进来，共同打好这场保卫战、攻坚战。

第四层意思实现目标，实现习近平总书记在中央经济工作会议上关于蓝天

保卫战提出的"四个明显"的目标，也就是要使 $PM_{2.5}$ 的浓度明显下降，重污染的天数明显减少，大气环境质量明显改善，人民群众的蓝天幸福感明显增强。

大致就是这么一个思路，以后有更详尽的内容，我们再向大家报告。

中国日报记者： 我们发现去年冬天有一些地方出现了天然气供应紧张的现象，有人说这是不是煤改气造成的，不知道您对这个说法怎么看？

李干杰： 关于去年冬天的天然气供应问题，所谓"气荒"的问题，方方面面都很关注，这个问题实际上在 3 月 6 日的新闻发布会上，发改委的何立峰主任，也是现在全国政协的何立峰副主席已经就相关的原因以及下一步要改进加强的举措做了很全面的、很深入的解读。对何主任的解读，我是完全赞成的，我以为是非常客观的。根据今天您的提问，我想补充介绍三点认识。

第一是煤改气、煤改电，我们叫"双代"，应该说在治理 $PM_{2.5}$，改善大气环境质量方面，作用很大、贡献很大。我们讲的煤改气、煤改电指的是农村的居民家里散烧煤的煤改气煤改电，并不是指所有煤，不是指的工业用煤。农村居民家里烧的煤，它的污染是很重的。1 吨散煤相当于 15 吨以上的电煤的排放量，我们京津冀及周边 28 个城市，大致有五六千万吨。所以在污染物排放总量中占有相当的比重，从这个意义上来讲，我们把这块治理好，对我们主要污染物排放、$PM_{2.5}$ 浓度的下降、大气环境的质量改善确实贡献很大。

去年秋冬以来，我们组织有关专家进行了比较，把一些搞了"双代"的县和没搞"双代"的县进行比较，其他措施都一样，比较的结果表明，大致要差 1/3。也就是说煤改气、煤改电在环境质量改善方面、$PM_{2.5}$ 的浓度下降方面的贡献率在 1/3 以上甚至更高。所以我想给大家介绍的第一个情况，就是煤改气、煤改电在改善环境、改善大气空气质量方面非常重要，在已经取得的成绩里面功不可没。

第二个想向大家报告的情况，去年 12 月 15—20 日，当时的环境保护部组织了 2 367 个人、839 个组到 28 个城市范围内，385 个县市区、2 590 个乡镇街道、25 220 个村进行拉网式排查。因为当时有群众反映，在煤改气、煤改电的区域内，老百姓供不上暖、受冻的问题比较突出。为了解决这个问题，不让任何一个老百姓受冻，我们开展大走访、大慰问、大督察的专项行动。

一共大概在 25 220 个村里有 553 万户，发现有 474 万户已经完成，还有将近 80 万户没有完成，正在施工的还是按照原有的取暖方式。474 万户里，发现有一部分确确实实因为一些问题，存在供暖不足的现象。我们马上派人蹲点驻守、督导解决，当地政府、燃气公司几天之内都予以解决。

之后我们就建立一个长效机制，凡是通过电话、微信、网络接到的举报、接到的信息，哪个村哪一户有问题，马上派人到现场。从 12 月 20 日到现在，一共接到了 80 起，其中 70 件是属实的，都得到了很好的解决。也就是说，从我们环保部的角度来讲，在这个问题上我们一方面要推动煤改气、煤改电，但同时，并且更为重要的是，一定要在这个过程中间，要让老百姓及时充足的得到供暖，也完全是能够做得到的，只要我们把老百姓的事放在心上，抓在手上，就不会出现问题。这是第二个情况。

第三个我想谈的是推进北方地区的冬季清洁供暖是中央治理雾霾、治理大气污染的一个重大决策部署。这件事情我们一定要坚定不移地把它推动下去，把好事抓好。

天然气总体来讲，现在也好以及未来也好，肯定是紧缺的资源，方方面面都需要，但是天然气用在不同领域和不同的方面，它的价值体系是不一样的。我个人认为，当下以及未来相当长一段时期，把它用在煤改气，改变老百姓的供暖方式这方面，价值是最高的。因为它带来的不仅仅是很好的环境效益，同时也带来很好的社会效益。撇开环境效益不说，老百姓也希望天然气进到家里，因为有了天然气老百姓做饭方便了，洗澡方便了，也不用搞很繁重的卫生了，

生活品质提高了，所以大家有机会可以到已经实施了煤改气、煤改电的这些地方的老百姓的家里走访走访，问问老百姓的感受。我的感觉是，老百姓普遍是非常欢迎的，因为这意味着一个生活质量的提高。

当然在这个过程中肯定也会有一些困难、有一些问题，但这些困难和问题我觉得是完全可以解决的，包括气源的保障，我们每年气源的增加，实际上量也不少。去年就是300亿立方米，而煤改气、煤改电需要多少呢？300万户，每户也就是平均1 500立方米的样子，45亿、50亿立方米打住了，占1/6，占的比重并不高，我想只要按照中央的要求，按照何立峰主任上次在记者会上给大家介绍的，加强产供储销方面的改进措施，这件事是一定能够做好的。

作为现在的生态环境部，我们一定会一如既往地、认真扎实地把中央的这项重大决策部署落实好，贯彻好，把好事办好。借这个机会，再次对各位记者朋友长期以来给予我们生态环境保护工作的关心、理解、支持和帮助表示衷心的感谢，也期待未来继续得到大家的关心、理解、支持和帮助，我就讲这些，谢谢大家！

环境保护部等 7 部门联合开展"绿盾 2018"
自然保护区监督检查专项行动

发布时间
2018.3.21

为持续深入贯彻落实《中共中央办公厅 国务院办公厅关于甘肃祁连山国家级自然保护区生态环境问题督察处理情况及其教训的通报》精神，强化自然保护区监管，环境保护部等部门联合印发通知，在"绿盾 2017"专项行动基础上，继续组织开展"绿盾 2018"自然保护区监督检查专项行动。

"绿盾 2018"专项行动将以习近平新时代中国特色社会主义思想为指引，深入贯彻落实党的十九大精神和党中央、国务院关于生态文明建设的决策部署，着力解决自然保护区管理中的突出问题，坚决扛起加强自然保护区监督管理的重要政治责任

"绿盾 2018"专项行动要进一步突出问题导向，全面排查全国 469 个国家级自然保护区和 847 个省级自然保护区存在的突出环境问题，坚决制止和惩处各类违法违规活动，严肃追责问责，落实管理责任，始终保持高压态势，对发现的问题扭住不放，一抓到底。

"绿盾 2018"专项行动包括四个具体方面：

一是开展"绿盾 2017"专项行动问题整改"回头看"，对问题突出的保护区进行重点检查和巡查，推动重点问题整改落实到位。

二是坚决查处自然保护区内新增违法违规问题，重点排查采矿（石）、采砂、工矿企业和保护区核心区缓冲区内旅游开发、水电开发等对生态环境影响较大

的活动，以及 2017 年以来新增和规模明显扩大的人类活动，实行"拉条挂账、整改销号"。

三是重点检查国家级自然保护区管理责任落实情况，包括勘界立标、管理机构设置、人员配备、资金保障等工作情况，压实管理责任。

四是严格督办自然保护区问题排查处理工作，组织联合巡查，对不认真组织排查、排查中弄虚作假、整改不及时、未严肃追责的行为，予以通报批评，对问题突出、长期管理不力、整改不彻底的，对负有责任的自然保护区所在市县人民政府、自然保护区省级相关主管部门进行公开约谈或重点督办。

通知要求，在"绿盾 2018"专项行动中，要加强组织协调，落实工作责任，明确任务分工，细化工作措施，层层压实责任；要敢于真抓碰硬，完善监管机制，要紧盯自然保护区工作中的关键问题和薄弱环节，确保检查到位、查处到位、整改到位；要强化社会监督，做好信息公开，各地要公布举报电话和信箱，对典型案例进行通报，主动公开专项行动的相关信息，接受群众和社会监督。

"绿盾 2018"专项行动将于 4 月启动，持续到 2018 年年底，专项行动情况将向国务院报告。

生态环境部传达学习贯彻全国"两会"精神会议在京召开

3月21日，生态环境部部长李干杰主持召开会议，传达学习贯彻十三届全国人大一次会议和全国政协十三届一次会议精神，研究部署下一阶段工作。

会议强调，生态环境部坚决拥护全国"两会"做出的各项决定和决议。部系统各级党组织和广大党员干部要认真学习领会习近平总书记在全国"两会"上的重要讲话和指示精神，把思想和行动统一到"两会"决策部署上来，牢固树立"四个意识"，坚定"四个自信"，不忘初心、牢记使命，锐意进取、攻坚克难，坚决打好污染防治攻坚战，为全面建成小康社会、建设富强民主文明和谐美丽的社会主义现代化强国做出新的更大贡献。

会议指出，习近平总书记在十三届全国人大一次会议闭幕会上的重要讲话，深情讴歌了中国人民的伟大创造精神、伟大奋斗精神、伟大团结精神、伟大梦想精神，通篇贯穿了鲜明的人民立场，发出了奋进新时代的进军号令，对加强生态文明建设和生态环境保护提出了新的重要要求，强调要以更大的力度、更实的措施推进生态文明建设，加快形成绿色生产方式和生活方式，着力解决突出环境问题，使我们的国家天更蓝、山更绿、水更清、环境更优美，让绿水青山就是金山银山的理念在祖国大地上更加充分地展示出来。习近平总书记在参加内蒙古、广东、山东、重庆等代表团审议和看望参会全国政协委员时，多次就生态文明建设和生态环境保护发表重要讲话、做出重要指示，充分体现了以

习近平同志为核心的党中央对生态文明建设和生态环境保护的高度重视，为做好新时代生态环境保护工作指明了方向。我们一定要学习好、领会好、贯彻好习近平总书记的重要讲话和指示精神，全力开创新时代生态环境保护新局面。

会议强调，今年全国"两会"是在党的十九大之后，在决胜全面建成小康社会、开启全面建设社会主义现代化国家新征程关键时期召开的一次重要会议。这次"两会"，最突出的亮点就是：换届、修宪、体改。大会选举和决定任命新一届国家机构领导人员，为带领全国各族人民实现两个百年奋斗目标提供了有力的领导保障；审议通过宪法修正案，为新时代坚持和发展中国特色社会主义提供了有力的宪法保障；审议通过《国务院机构改革方案》，为全面贯彻落实党的十九大各项决策部署提供了有力的体制保障。"两会"还审议通过监察法草案、政府工作报告以及其他报告，选举和决定任命全国政协领导人员等，对于深入贯彻落实习近平新时代中国特色社会主义思想和党的十九大精神，动员全党全国各族人民为决胜全面建成小康社会、夺取新时代中国特色社会主义伟大胜利而不懈奋斗具有十分重要的意义。

会议要求，学习贯彻"两会"精神是当前的一项重要政治任务，生态环境部各级党组织要切实抓好传达学习贯彻落实工作。

一是坚决维护以习近平同志为核心的党中央权威和集中统一领导。习近平总书记在十三届全国人大一次会议上全票当选国家主席、中央军委主席，进一步确立了习近平总书记全党核心、军队统帅、人民领袖的崇高地位，充分体现了全党、全军和全国对核心、领袖和统帅的真心拥戴、无比信赖、坚定支持，有这样一位核心、领袖和统帅为我们掌舵领航，承载着13亿多中国人民伟大梦想的中华巨轮一定能够行稳致远，胜利驶向充满希望的明天。生态环境部各级领导干部要进一步提高政治站位，牢固树立和增强"四个意识"，坚定维护习近平总书记在党中央的核心、全党的核心地位，坚决维护以习近

平同志为核心的党中央权威和集中统一领导，始终保持对党的绝对忠诚，始终保持政治上的高度清醒，始终保持坚定的政治立场、政治方向、政治原则、政治道路，始终严守政治纪律和政治规矩，始终在思想上政治上行动上同以习近平同志为核心的党中央保持高度一致，以习近平新时代中国特色社会主义思想为指导，全面贯彻党的十九大精神，坚决扛起生态文明建设和生态环境保护的政治责任。

二是坚决宣传贯彻落实好新宪法。宪法修正案草案表决高票通过，生动体现了全国各族人民坚决拥护以习近平同志为核心的党中央英明决策部署，尤其是把习近平新时代中国特色社会主义思想载入宪法，实现了国家指导思想与时俱进；把中国共产党领导是中国特色社会主义最本质的特征写入宪法，使得我国国体的表述更科学更全面；修改国家主席任职方面的有关规定，有利于维护以习近平同志为核心的党中央权威和集中统一领导，有利于完善国家领导体制，也有利于党和国家的长治久安。同时，我们也要深刻认识到，生态文明和美丽中国的有关要求写入宪法，生态环境部门的担子更重、责任更大了。要通过加强宪法修正案学习宣传贯彻，统筹谋划好新时代生态环境保护工作，全面提升依法治国、依宪治国、依宪行政水平。要在全国生态环保系统宣传好贯彻好落实好宪法修正案，坚决维护宪法作为国家根本法的权威地位，更好发挥宪法治国安邦总章程的作用。要把推动新宪法全面贯彻实施与学习贯彻习近平新时代中国特色社会主义思想和党的十九大精神结合起来，不断提高用法治思维、法治方式来深化改革、推动发展、化解矛盾以及改善生态环境质量的能力，切实把依法治国、依宪治国要求落实到生态文明建设和生态环境保护的各方面和全过程。要把学习贯彻新宪法与坚决打好污染防治攻坚战相结合，坚持依法行政，推动主要污染物排放总量明显减少、生态环境质量总体改善、绿色发展水平持续提高，不断满足人民日益增长的优美生态环境需要。要把学习贯彻新宪法与

选拔培养高素质干部队伍相结合，组织部机关和部属单位领导干部进行宪法宣誓，进一步激发各级领导干部为建设富强民主文明和谐美丽的社会主义现代化强国努力奋斗的干事创业热情，打造一支信念过硬、政治过硬、责任过硬、能力过硬、作风过硬的生态环保铁军。

三是坚决完成好生态环境部组建任务。深化党和国家机构改革，是以习近平同志为核心的党中央站在党和国家事业发展全局，适应新时代中国特色社会主义发展要求作出的重要决策部署，充分体现了习近平总书记作为总设计师的高瞻远瞩、深谋远虑、高超智慧、非凡勇气、深厚情怀、坚定意志，对于提高党的执政能力和领导水平，广泛调动各方面积极性、主动性、创造性，有效治理国家和社会，推动党和国家事业发展具有重要意义。要按照党中央、国务院统一部署，抓紧组建生态环境部，积极稳妥推进部机关内设机构设置，确保尽快实现新机构高效运行，切实担负起中央赋予的新使命、新职责和新任务。要确保机构改革积极稳妥如期落地。坚持以党和人民的利益为最高利益，服从大局需要，做细致、做深入、做扎实、做圆满，有组织、有步骤、有纪律推进，不得各行其是、擅自行动，确保人员与职能同步平稳过渡，做到思想不乱、队伍不散、工作不断、干劲不减，不断增强生态环保队伍凝聚力、向心力、战斗力、落实力。要讲政治、顾大局，讲规矩、守纪律。要积极配合做好生态环境部"三定"方案拟订工作，保证新老机构平稳过渡。要统筹做好过渡期内各项日常工作，新组建的司局和处室要迅速进入工作状态，明确工作职责、工作流程、工作规范，履好职、尽好责。

四是坚决打好污染防治攻坚战。打好污染防治攻坚战，是党的十九大做出的重大决策部署，是决胜全面建成小康社会的重大历史任务，也是这次"两会"关注的焦点话题。要围绕生态环境质量改善、主要污染物总量减排、环境风险管控目标，突出大气、水和土壤污染防治三大领域，推动形成绿色发展方式和生活方式、加快生态系统保护和修复、构建完善环境治理，抓紧完善攻坚方案，用硬措施应对硬挑战。要聚焦重点、补齐弱项，加大力度、加快治理，倒排工期、挂图作战，使主要污染物排放总量明显减少、生态环境质量总体改善、绿色发展水平持续提高，重中之重是打赢蓝天保卫战，不断满足人民日益增长的优美生态环境需要。

五是坚决落实全面从严治党政治责任。各级党组织要坚定不移地履行全面从严治党的主体责任和监督责任，把党的政治建设摆在首位，把制度建设贯穿始终，严肃党内政治生活，严明政治纪律和政治规矩。要认真组织开展"不忘初心、牢记使命"主题教育。按照党的十九大和党中央统一部署，以县处级以上领导干部为重点，以习近平新时代中国特色社会主义思想武装头脑、指导实践、推动工作。要持之以恒正风肃纪。严格执纪监督问责，驰而不息落实中央八项规定精神，对腐败问题坚决做到"零容忍"，以永远在路上的执着推动全面从严治党向纵深发展，维护风清气正的政治生态。要大兴调查研究之风。深入一线蹲点调研，摸清基层真实情况，形成务实管用举措，确保生态环境保护决策部署符合实际、落地生根。以纠正官僚主义和形式主义为重点，坚决杜绝表态多调门高、行动少落实差等"四风"问题，加快形成"严、真、细、实、快"的干事创业氛围。

生态环境部系统参加"两会"的全国人大代表、全国政协委员黄润秋、刘华、程立峰、王金南、刘炳江、汤搏、温香彩分别交流了履职体会和感受。

赵英民、吴海英、庄国泰同志出席会议，结合分管工作就学习贯彻"两会"精神打算做了发言。

生态环境部机关各部门和在京部属单位党政主要负责同志出席会议。

生态环境部通报 2017 年全国突发环境事件基本情况及重大事件简要情况

发布时间
2018.3.22

2017 年，全国共发生突发环境事件 302 起，较 2016 年下降 0.7%。其中，重大事件 1 起，同比减少 2 起；较大事件 6 起，同比增加 1 起；其余均为一般等级事件。重大突发环境事件为陕西省宁强县汉中锌业铜矿排污致嘉陵江四川广元段铊污染事件，简要情况如下：

2017 年 5 月 5 日，四川省广元市环境保护局发现嘉陵江由陕入川断面水质异常，西湾水厂饮用水水源地水质铊浓度超标 4.6 倍。事件发生后，广元市人民政府启动突发环境事件 II 级应急响应，部署开展应急监测、调蓄降污等应急处置工作，同时启用备用水源保障供水。环境保护部工作组赶赴现场，协调指导地方妥善处置。四川、陕西两省联动协作，建立信息互通和联合执法机制，统筹开展事件应对工作。

通过川陕两省共同努力，5 月 6 日 21 时，西湾水厂取水口水质铊浓度达标；7 日 18 时，广元市恢复正常供水；9 日，锁定肇事企业陕西省汉中市宁强县燕子砭镇汉中锌业铜矿有限责任公司（以下简称汉锌铜矿，为陕西有色金属控股集团汉中锌业有限责任公司的下属子公司），立即采取措施切断污染源头；10 日 20 时起，嘉陵江各监测点位水质全面稳定达标；11 日，广元市人民政府终止应急响应。

事件应急处置取得阶段性进展后，受环境保护部委托，陕西省成立由环保、

公安、监察、安监等部门组成的事件调查组，开展事件调查和责任追究工作。调查认定汉锌铜矿违法加工多膛炉烟灰原料，违法排放生产废水是造成此次重大突发环境事件的直接原因。当地政府及相关部门对企业违法建设、违法生产、违法排污承担履行监管职责不到位、监管失察等责任。

根据调查结果，相关责任单位和人员被严肃问责。因涉嫌犯罪，汉中锌业有限责任公司总经理、汉锌铜矿法人代表、总经理等10人已移送司法机关追究刑事责任。陕西有色金属控股集团有限责任公司副总经理、汉中锌业有限责任公司法定代表人等4人分别受到诫勉谈话、行政记过、党内严重警告、行政记大过等处分。宁强县委、县政府及汉中市环保局向汉中市委、市政府做出深刻书面检查。宁强县政府、汉中市环保局、宁强县环保局、燕子砭镇政府等单位的4名有关责任人分别受到行政警告、行政记过等处分。

你好，生态环境部！

发布时间
2018.3.22

"环保部发布"的朋友们，你们好！

从 2016 年 11 月 22 日上线至今，近 500 个日夜，感谢你们的陪伴。你们的关注和支持，是我们前进的动力。

近日，随着环境保护部机构名称的变更，不断有小伙伴们在留言里问我们：什么时候改名？是的，作为生态环境部的官方微信公众号，我们要改名啦！

即日起，"环保部发布"将正式更名为"生态环境部"。新起点，再出发，"生态环境部"期待你们一如既往的关注和支持！

再见，"环保部发布"！

你好，"生态环境部"！

>>> 网友声音

一条更名微博，24小时内阅读量超1400万，网友留言中呈现整齐划一的"你好，生态环境部！"

@环保部发布的成绩，绝非偶然，更不是巧合。

在官方微博上线后至改名前的486天时间里，@环保部发布内容涵盖重点城市空气质量监测、打好蓝天保卫战、督查环保工作、通报环境违法案件、新闻发布会答记者问等多维度内容，积极回应网民关切，从中能看到环保部扯掉阻碍环境治理"遮羞布"的决心，将声音和态度置于阳光之下，很好地塑造了环保部的政府部门形象。

——摘自新浪微博政务新媒体学院《由质疑"勇气可嘉"到齐声问候"你好"，这个政务微博做对了什么？》

微博： 本月发稿235条，阅读量2 961.1万＋；

微信： 本月发稿149条，阅读量1 095.8万＋。

本月盘点

单位：万次

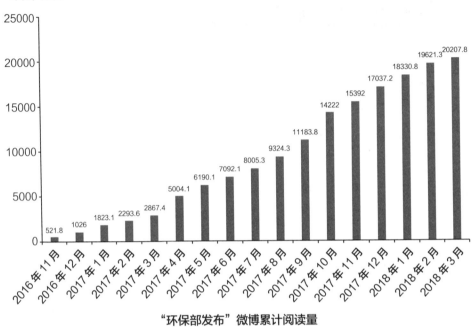

"环保部发布"微博累计阅读量

单位：万次

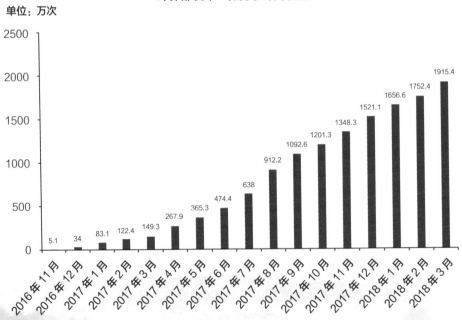

"环保部发布"微信累计阅读量

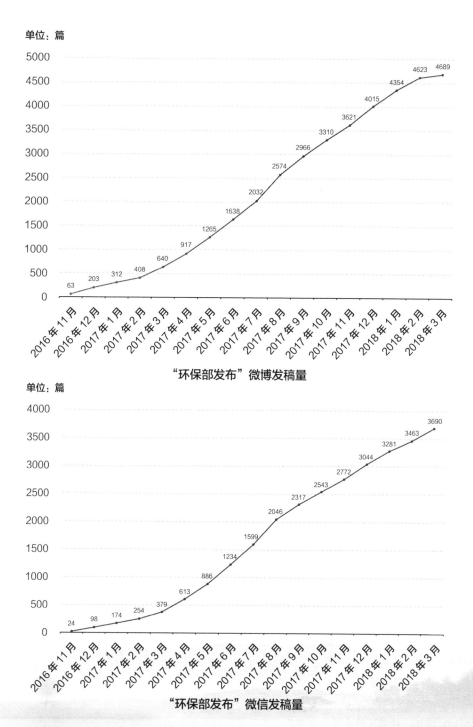

"环保部发布"微博发稿量

"环保部发布"微信发稿量

图书在版编目（CIP）数据

　　回眸：环保部发布的486天 / 生态环境部编 . — 北京：
中国环境出版集团，2018.8
　　ISBN 978-7-5111-3573-5

　　Ⅰ．①回… Ⅱ．①生… Ⅲ．①环境保护－普及读物
Ⅳ．①X-49

　　中国版本图书馆CIP数据核字(2018)第054810号

出 版 人　武德凯
责任编辑　孙　莉
责任校对　任　丽
装帧设计　岳　帅

出版发行　中国环境出版集团
　　　　　　（100062　北京市东城区广渠门内大街16号）
　　　　　　网　　　址：http://www.cesp.com.cn
　　　　　　电子邮箱：bjgl@cesp.com.cn
　　　　　　联系电话：010-67112765（编辑管理部）
　　　　　　　　　　　010-67112736（环境技术分社）
　　　　　　发行热线：010-67125803，010-67113405（传真）
印　　刷　北京中科印刷有限公司
经　　销　各地新华书店
版　　次　2018年8月第1版
印　　次　2018年8月第1次印刷
开　　本　787×1092　1 / 16
印　　张　26.75
字　　数　345千字
定　　价　98.00元